卓越 工程师教育培养计划系列教材

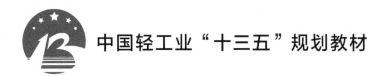

中国轻工业"十三五"规划教材

制盐工艺学

唐　娜 ◎ 主编

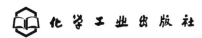

化学工业出版社

·北京·

内容简介

盐文化伴随中华民族五千年文明史孕育发展，制盐工艺亦从神农氏时代的夙沙氏"煮海为盐"发展成为现代制盐生产工艺。《制盐工艺学》全面系统地阐述了目前制盐理论基础和生产工艺。除了介绍盐的分类、性质、用途、资源分布之外，紧密结合制盐工艺产业技术等科技创新发展现状，重点介绍了制盐的理论基础、制盐原料、海盐生产工艺、湖盐生产工艺、粉碎洗涤盐生产工艺和真空盐生产工艺等方面的内容。

《制盐工艺学》为高等院校化学工程与工艺专业本科教材，也可供化学及相关专业的化工工艺学课程选用，还可供从事化工生产和设计的工程技术人员参考。

图书在版编目（CIP）数据

制盐工艺学 / 唐娜主编. —北京：化学工业出版

社，2024.3

中国轻工业"十三五"规划教材 卓越工程师教育

培养计划系列教材

ISBN 978-7-122-45209-2

I. ①制… Ⅱ. ①唐… Ⅲ. ①制盐-工艺学-高等学

校-教材 Ⅳ. ①TS3

中国国家版本馆 CIP 数据核字(2024)第 038272 号

责任编辑：徐雅妮　　　　　　　文字编辑：胡艺艺
责任校对：王鹏飞　　　　　　　装帧设计：关　飞

出版发行：化学工业出版社（北京市东城区青年湖南街 13 号　邮政编码 100011）
印　　装：北京天宇星印刷厂
787mm×1092mm　1/16　印张 12　字数 290 千字　2024 年 8 月北京第 1 版第 1 次印刷

购书咨询：010-64518888　　　　　售后服务：010-64518899
网　　址：http://www.cip.com.cn
凡购买本书，如有缺损质量问题，本社销售中心负责调换。

定　　价：49.00 元

前 言

盐是人类生活的必需品，也是重要的化工基础原料，被誉为"化学工业之母"。盐在国民经济中占有重要的地位，曾经在政治、经济和社会等诸多方面对人类历史产生过重要的影响。为满足人民日益增长的物质文化以及经济社会发展等需求，多品种食用盐、高品质医药用盐和金属钠制备所需的高纯原料盐已成为重要的高端盐产品。

我国是世界第一产盐大国，年产盐量近亿吨，占全球近 1/3。盐的生产原料可以是海水、盐湖卤水和地下卤水等，盐的生产方法包括日晒法、粉碎洗涤法和真空蒸发法等，由不同的原料和生产方法可获得不同质量的盐产品。随着科学技术发展，制盐产业由有着近五千年历史的传统日晒蒸发制盐，发展成为具有先进装备和很高劳动生产率的真空蒸发制盐，取得了长足的进步。

制盐工艺的理论基础是蒸发和结晶，基于水盐体系相图理论并结合蒸发条件可获得高品质盐的生产工艺。为了便于化学工程与工艺专业本科学生深入掌握制盐工艺相关知识，我们编写了本教材。

本书共分为 7 章：第 1 章绪论，介绍盐的分类、性质、用途、资源分布与制盐工业的历史、现状及展望；第 2 章制盐基础理论，介绍蒸发、结晶、盐田土壤、卤水浓缩过程的物化变化；第 3 章制盐原料，介绍海水、滨海地下卤水与盐矿资源；第 4 章日晒海盐，介绍日晒海盐生产相图理论及应用与日晒海盐生产工艺中的纳潮、制卤、结晶、采收与堆存等工序；第 5 章湖盐，介绍船采湖盐原生盐工艺和滩晒再生湖盐工艺与相图原理及应用；第 6 章粉碎洗涤盐，介绍粉碎洗涤盐工艺和粉碎洗涤原理及装备；第 7 章真空盐，介绍真空盐工艺、卤水处理及干燥等工序。

本书由天津科技大学唐娜教授主编。唐娜编写第 1 章、第 4 章，唐娜、张蕾和王松博编写第 2 章，唐娜和肖意明编写第 3 章，杜威编写第 5 章，项军编写第 6 章，项军和唐娜编写第 7 章。本书得到中国盐业集团有限公司、天津长芦海晶集团有限公司、天津长芦汉沽盐场有限责任公司资助，并入选了中国轻工业"十三五"规划教材。

由于编写水平有限，本书难免有疏漏，敬请读者批评指正。

编者
2023 年 5 月
于天津

目 录

第1章

绪　论

1.1　盐的分类、性质和用途

1.1.1　盐的分类与性质

通常无机化学领域定义的"盐"是指由酸根和金属离子组成的化合物，是广义的无机盐的统称。本书中的盐，依据《制盐工业术语》（GB/T 19420—2021），是指主体化学成分为氯化钠（NaCl）的物质，这也是国际制盐行业通称的盐。

盐广泛地分布于地球的盐湖矿床和岩盐矿床中，此为原生盐（primary salt）或原盐（raw salt），原盐与石油、煤炭、石灰石以及硫被列为五大化学矿产物品。一般将海水经由盐田日晒蒸发制取的盐也称为原盐。

盐可依据生产原料、加工方式和用途等进行分类。依据生产原料分为海盐（sea salt）、井矿盐（well and rock salt）和湖盐（lake salt）：海盐是指以海水、淡化浓海水或滨海地下卤水为原料制成的盐；井矿盐是指以石盐矿石或地下天然卤水（不含滨海地下卤水）为原料制成的盐；湖盐是指从盐湖中采掘的盐（原生盐）或以盐湖卤水为原料制成的盐（再生盐）。依据加工方式分为日晒盐（对湖盐而言是再生盐、对海盐而言是原盐）、精制盐（包括粉洗精制盐和真空精制盐）和粉碎洗涤盐。依据用途分为食用盐、工业盐、药用盐和畜牧盐等。

我国盐的生产区域分布很广，其中海盐生产集中在沿海地区，按照传统的盐区划分为北方海盐区和南方海盐区，包括辽宁、山东、河北、江苏、浙江、福建、广东和海南；井矿盐产地集中在四川、湖北、湖南、重庆、云南和河南；湖盐产地集中在西北部地区的内蒙古、青海和新疆。

纯净的盐是无色透明的立方晶体，属于等轴晶系。原盐或由其经加工制得的盐产品随原料和加工方式等不同均含有一定的杂质，也会呈现不同的晶习，如树枝状、柱状、片状和球晶。原盐因含无机杂质通常呈现白色、灰色、黄色和玫瑰色等。

盐的密度为（2.1~2.2）$\times 10^3 kg/m^3$，其堆积密度一般为（0.5~1.8）$\times 10^3 kg/m^3$，莫氏硬度为2.5~3。盐溶于水或甘油，难溶于乙醇，不溶于盐酸，盐水溶液呈中性并且导电。

盐是人类生活的必需品，食用盐产品质量关系国计民生。我国食用盐的国家标准和行业标准见表1-1。我国食用盐的理化指标标准（GB/T 5461—2016）见表1-2，我国工业盐的理化指标标准（GB/T 5462—2015）见表1-3。

表 1-1　我国食用盐产品相关主要标准一览表

序号	标准类型	标准名称	标准代号	发布单位	实施时间
1	食品安全国家标准	食品添加剂使用标准	GB 2760—2014	国家卫生和计划生育委员会	2015-05-24
2		食品营养强化剂使用标准	GB 14880—2012	卫生部	2013-01-01
3		食品中污染物限量	GB 2762—2022	国家卫生健康委员会	2023-06-30
4		食品盐碘含量	GB 26878—2011	卫生部	2012-03-15
5		预包装食品标签通则	GB 7718—2011	卫生部	2012-04-20
6		预包装食品营养标签通则	GB 28050—2011	卫生部	2013-01-01
7		食用盐	GB 2721—2015	国家卫生和计划生育委员会	2016-09-22
8	国家标准	食用盐	GB/T 5461—2016	国家质量监督检验检疫总局	2017-01-01
9	轻工行业标准	低钠盐	QB/T 2019—2020	工业和信息化部	2020-10-01
10		螺旋藻碘盐	QB/T 2829—2022	工业和信息化部	2022-10-01
11	农业行业标准	绿色食品　食用盐	NY/T 1040—2021	农业农村部	2021-11-01

表 1-2　我国食用盐理化指标（GB/T 5461—2016）

项目		指标						
		精制盐			粉碎洗涤盐		日晒盐	
		优级	一级	二级	一级	二级	一级	二级
粒度		在下列某一范围内应不少于75g/100g。 ——大粒：2～4 mm ——中粒：0.3～2.8 mm ——小粒：0.15～0.85 mm						
白度/度	≥	80	75	67	55	55	55	45
氯化钠（以湿基计）/(g/100g)	≥	99.1	98.5	97.2	97.2	96.0	93.5	91.2
硫酸根/(g/100g)	≤	0.40	0.60	1.00	0.60	1.00	0.80	1.10
水分/(g/100g)	≤	0.30	0.50	0.80	2.00	3.20	4.80	6.40
水不溶物/(g/100g)	≤	0.03	0.07	0.10	0.10	0.20	0.10	0.20

表 1-3　我国工业盐理化指标（GB/T 5462—2015）

项目		指标								
		精制工业盐						日晒工业盐		
		工业干盐			工业湿盐					
		优级	一级	二级	优级	一级	二级	优级	一级	二级
氯化钠/(g/100g)	≥	99.1	98.5	97.5	96.0	95.0	93.3	96.2	94.8	92.0
水分/(g/100g)	≤	0.30	0.50	0.80	3.00	3.50	4.00	2.80	3.80	6.00

项目		指标								
		精制工业盐						日晒工业盐		
		工业干盐			工业湿盐					
		优级	一级	二级	优级	一级	二级	优级	一级	二级
水不溶物/(g/100g)	≤	0.05	0.10	0.20	0.05	0.10	0.20	0.20	0.30	0.40
钙镁离子总量/(g/100g)	≤	0.25	0.40	0.60	0.30	0.50	0.70	0.30	0.40	0.60
硫酸根离子/(g/100g)	≤	0.30	0.50	0.90	0.50	0.70	1.00	0.50	0.70	1.00

1.1.2 盐的用途

盐的用途有 14000 余种，主要用于食品工业、化学工业、日常生活以及农牧业等行业领域。盐产品的 80% 用于氯碱生产、纯碱生产、食品工业和道路除冰雪。

（1）食用盐

食用盐又称食盐，是指以氯化钠为主要成分，直接食用或用于食品加工的盐。

钠和氯是人体重要的电解质，主要存在于细胞外液，对维持正常的血液和细胞外液的容量和渗透压起着非常重要的作用。盐的主要成分是氯化钠，当人体缺少氯化钠时，将发生不同程度的血液循环障碍等症，重则致死。因此，人体每天都需要摄入食用盐，从人体健康角度，世界卫生组织（WHO）建议健康成年人每日的摄入量不超过 5g。

食用盐的品种繁多，包括加碘盐、多品种食盐（调味盐、低钠盐等）、食品加工用盐（酿造盐、腌制盐等）等。

（2）工业盐

工业盐是指供各类工业（除食品工业外）使用的盐。

盐是化学工业的最基本原料之一。工业盐主要包括两碱（纯碱、烧碱）工业用盐、水处理用盐、印染用盐、金属钠盐、离子膜烧碱用盐以及融雪盐等。

（3）生活用盐

生活用盐是指满足人们日常生活中消炎、杀菌、除垢、洗涤等功能的盐产品。主要包括果蔬洗涤盐、漱口盐、足浴盐和沐浴盐等。

（4）农牧水产用盐

农牧水产用盐是指用于农牧业及水产品养殖、加工的盐产品。主要包括畜牧盐（用于畜禽食用或饲料加工）和海水精（按海水中可溶性物质比例配制的混合盐）。

1.2 盐资源及其分布

地球上盐的资源非常丰富且分布广泛。盐的储量约为 7.1×10^{16} 吨，其中海洋中各种盐类约为 5.0×10^{16} 吨（其中包含氯化钠 4.0×10^{16} 吨），井矿盐约 2.1×10^{16} 吨，江湖和地下水中储量约为 3.1×10^{11} 吨。

目前，世界上有 110 多个国家和地区产盐，广泛分布于亚洲、欧洲、北美洲、南美洲、中美洲、大洋洲和非洲等。中国是世界第一大产盐国，其次是美国、印度、德国、澳大利亚、加拿大和墨西哥。

我国盐资源储备十分丰富，目前已探明的盐资源储量为 1.44×10^{12} 吨，资源的保障程度非常高，目前我国制盐产业已形成东部地区生产海盐为主、中部和西南地区生产井矿盐以及西北地区生产湖盐的总体格局。

1.3 制盐工业的发展历史、现状及展望

1.3.1 我国制盐工业发展历史

我国盐的生产起源于神农氏时代夙沙氏"煮海为盐"，已有近五千年的历史。盐产业曾经作为国家财政的支柱产业之一，盐业经济在历史上对于推动我国经济和社会发展起到了举足轻重的作用。随着科技的进步，盐业生产装备、技术及工艺日新月异，生产效率得到显著提升。

1.3.1.1 海盐

"盐宗"夙沙氏最早的"煮海为盐"，是将海水置于鬲（古代鼎状炊具）内并在其下方以柴火加热熬煮，海水蒸发后盐结晶析出的过程。煮海为盐开创了直接煎制方法生产海盐的先河，但该方法因制盐效率低下且燃料消耗高而逐渐被淋卤煎盐制盐所替代。由海水直接煎盐发展到淋卤煎盐是古代海盐生产的一大进步。淋卤煎盐重要的环节在于淋卤，即高效获得饱和卤水的方法。淋卤方法主要有两种：一是刮取盐田之中富集盐分的土或沙，再用海水浇淋，使土或沙中盐分溶解，以提高卤水浓度；二是将煎盐所剩草灰摊铺于亭场，压实平匀以吸收海水，经日晒蒸发后，扫去灰盐，再用海水浸泡而获得高浓度的卤水。

随着海盐生产技术的不断发展，如何提高海水制成饱和卤水的成卤效率且降低卤水蒸发过程的能耗，成为推动海盐生产技术进步的关键，淋卤制盐进一步发展成为晒盐。晒盐是利用日光和风力将卤水蒸发至饱和而析盐结晶的一种制盐技术，具有经济、实用、高效的特点。海盐晒制主要分为砚晒、板晒和滩涂晒盐（滩晒）。海南盐田村是砚晒成盐的发源地，有 1200年的历史，是我国保存最完整的宋代制盐遗址。板晒以浙江为代表，从清嘉庆年间开始使用，晒板用长约 2m、宽约 1m 的杉木制成，晒制时把卤水注入盐板上 1～2 天即可成盐。滩晒是我国历史上一次重大的技术突破，滩晒的意义在于大幅度提高了产量并有效降低成本。自我国"七五"计划实施至今，海盐滩晒制盐生产工艺及装备取得了长足的发展，南北方海盐结合气候特点，通过制卤与结晶工艺、塑料苫盖防降雨装备和收盐机械等工艺装备的创新，对于有效提升滩晒海盐的产量和质量起到了重要的推动作用。以日晒海盐为原料可以生产精制海盐，包括粉洗精制盐（粉碎洗涤盐再经干燥后的盐）和真空精制盐（详见本书第 6 章、第7 章）。近年来，我国北方盐区采用以滩晒饱和卤水为原料，经预处理直接进罐真空蒸发的工艺生产精制海盐，是海盐生产的创新突破。

1.3.1.2 湖盐

我国的湖盐开采以山西运城盐池为代表，发起于尧舜时代并闻名于春秋战国时期，已有数千年历史。早期传统的湖盐生产方式有刮土淋卤熬盐、手工捞盐等。1949 年以来，我国

湖盐的生产技术取得长足进步，传统的生产技术被现代化的采盐设备所替代，湖盐生产效率和生产规模显著提升。

原生盐从传统的人工开采，历经推土机、铲装机、挖掘机、联合采盐机和采盐船等机械开采方式的发展，目前主要为挖掘机和采盐船两种方式，我国自主设计的采盐船成本低且效率高，在内蒙古、青海等湖盐产区得到推广应用。目前，随着盐湖资源的开发，湖盐固相矿床日趋匮乏，采盐船等规模化开采原生盐已经面临瓶颈，湖盐资源的利用逐渐转为再生盐生产为主。再生盐是以盐湖晶间卤水或湖表水等液相矿床为原料，经日晒蒸发而制得的湖盐。目前有湖表水的再生盐产区（如新疆），采用大面积滩晒生产再生盐；而以晶间卤水为原料生产再生盐产区（如内蒙古）仍然保留了渠式采卤日晒蒸发制盐的工艺，随着原生盐资源的日渐匮乏，以晶间卤水生产再生盐盐田的规模化科学设计成为必然。同时，盐湖老化带来的晶间卤水组成复杂，结合湖盐产区气候特点合理设计冬季冻硝产区、再生盐产区以及产盐母液的综合利用，是实现高品质再生盐生产的必然选择。

1.3.1.3 井矿盐

井矿盐的生产已有 2000 余年的历史。井矿盐是以水溶开采埋藏在地下的古代盐矿形成饱和卤水为原料，再经强制蒸发结晶工艺生产而得。

我国井矿盐的发展源于李冰在修建都江堰的过程中发现地下有盐卤，并开凿了我国第一口盐井——广都盐井，揭开了中国井盐生产的序幕，被誉为"中国井盐生产的开拓者"。20世纪 50 年代，青岛设计建成了国内第一套工业化的多效真空制盐装置；从 60 年代开始，四川自贡轻工设计研究院在行业内率先对真空制盐技术进行全面的研究与开发，成功设计建成国内首套年产 30 万吨真空制盐工艺及装备系统；80 年代以后，国内井矿盐真空制盐装置几乎都采用多效蒸发的工艺流程，从三效到后来的四效，以及四效带浓缩效或四效带提硝效等，但该阶段井矿盐真空制盐装置总体规模小，工艺技术落后，能耗高且自动化水平低。

2002 年以来，五效蒸发井矿盐真空制盐实现产业化，总体规模大，技术提升及节能效果显著；自 2008 年至今，热泵（机械蒸汽再压缩，mechanical vapor recompression，MVR）技术在井矿盐生产过程得到应用，同时井矿盐生产工艺过程的卤水净化、盐脚淘洗、分效预热、全逆流工艺等节能技术在五效或五效带提硝的生产过程中得到推广应用，目前盐行业企业实施的六效真空蒸发节能降耗技术改造等，取得了良好效果。如今我国井矿盐生产装置总体规模大，工艺先进，能耗较低，部分装置的主要经济技术指标已达到世界领先水平。

1.3.2 制盐工业现状及展望

全球盐的年产量近 3 亿吨，其中我国年产盐量约占 1/3，位居全球产盐量之首。全球产盐大国中澳大利亚位列盐出口国之首，其次是墨西哥。自 2012 年以来，全球有七个盐生产企业年产量超过 1000 万吨，总量累计近 1.14 亿吨，约占全球盐产量的 40%。全球最大的盐生产企业是德国的 K+S Group，其分布在欧洲、南美洲和北美洲的工厂年产盐量达 3100 万吨；中国盐业集团有限公司盐产量位居全球第二，年产盐量约 1800 万吨；美国的 Compass Minerals 公司位居全球第三，年产盐量约 1600 万吨。

全球盐产量的 40% 是以海水或者盐湖卤水为原料经日晒蒸发制得，26% 是以固体盐矿直接开采而得，34% 是以卤水经真空蒸发制得的真空盐或者直接用于两碱生产等化学工业的液体盐。

近年来全球盐的年消费量约为 2.8 亿吨,宏观经济形势制约盐的消耗,同时道路除冰雪用盐受气候条件影响一定程度上决定全球盐消费量的波动。近年来以中国为盐消耗大国的亚洲市场需求增长迅速,亚洲盐消费占全球总量的近 40%,其中我国约占 25%位居第二,超过北美仅次于欧洲。

我国虽然是全球产盐和用盐第一大国,但自主知识产权的关键装备技术仍旧是制约产业发展的瓶颈,主要包括:大规模 MVR 真空制盐蒸汽压缩机制造技术以及吨盐能耗距世界领先水平尚有差距;湖盐生产面临资源利用率低以及盐湖老化导致的产品质量无法满足市场需求等发展问题;受制于气象条件影响的日晒海盐生产效率及盐质提升仍需改进完善;食用盐品种的多样化、标准体系的科学化、企业生产规模化以及品牌国际化等亟待依托科学技术创新发展,等等。突破这些瓶颈是提升我国制盐产业核心竞争力的目标,也是盐业企业立足和发展的必然选择。

参考文献

[1] 辛仁臣,刘豪,关翔宇,等. 海洋资源[M]. 北京:化学工业出版社,2019.

[2] 白广美. 中国古代海盐生产考[J]. 盐业史研究,1988(01):49-63.

[3] 胡红江. 中国海洋盐业现状、发展趋势以及面临的挑战[J]. 海洋经济,2012,2(4):35-39.

[4] 朱国梁,丁捷. 中国盐业市场分析及趋势展望[J]. 盐业与化工,2016,45(2):1-9.

[5] Salt: Global Industry Markets and Outlook[M]. 14th ed. London: Roskill Information Services Ltd., 2014.

思考题

1. 简述盐的物理性质。
2. 盐可以分别根据生产原料、加工方式和用途分为哪些类?
3. 简述海盐、湖盐、井矿盐的资源分布及主要生产方式。

第2章

制盐基础理论

2.1 自然蒸发与沸腾蒸发

2.1.1 蒸发的基本概念与条件

2.1.1.1 蒸发的基本概念

（1）蒸发

蒸发是用汽化溶剂的方法浓缩溶液的单元操作，其实质是液体中溶剂分子的汽化过程。

自然蒸发是指在自然条件下进行的蒸发，蒸发汽化过程发生于液面，蒸发温度受气象条件如气温、太阳辐照和风速等因素影响，因而蒸发速率较低。水溶液自然蒸发是指水由液态或固态转变成气态并逸入大气中的蒸发过程。日晒盐生产中卤水的蒸发浓缩析盐属于典型的自然蒸发过程。

沸腾蒸发是在一定的压强下对应沸点温度的蒸发，液体同时在内部和表面发生剧烈汽化现象。沸腾时液体内部涌现大量气泡，沸腾蒸发过程气泡迅速胀大上升进而大幅增加气液分界面，促进汽化传质过程。

（2）蒸发速率

蒸发速率是指某蒸发面单位时间内蒸发的水深，见式（2-1）。

$$U = \frac{dh}{dt} \tag{2-1}$$

式中　U——蒸发速率，mm/d；h——一定时间内蒸发水深，mm；t——蒸发时间，d。

（3）蒸发量

蒸发量是描述自然蒸发过程的重要物理量之一，是指单位时间单位蒸发面积上蒸发水的质量，如式（2-2）。由于水的密度近似等于 $1g/cm^3$，所以在数值上水溶液的蒸发量与蒸发速率近似相同。

$$E = \frac{1}{A} \times \frac{dm}{dt} = \frac{1}{A} \times \frac{d(\rho h A)}{dt} = \frac{\rho A dh}{dt} \approx U \tag{2-2}$$

式中　E——蒸发量，$g/(m^2 \cdot d)$ 或 mm/d；m——蒸发质量，g；A——蒸发面积，m^2；t——蒸发时间，d；h——一定时间内的蒸发水深，mm；ρ——水的密度，近似为 $1000kg/m^3$。

蒸发量的测量方法有直接测量法和间接测量法，其中直接测量法包括蒸发器测定法和蒸渗仪测定法，间接法包括红外遥感测定法、微气象学方法和数学模型及数值模拟方法等。

1）蒸发器测定法

1687 年英国天文学家 Halley 最先使用蒸发器测定蒸发量。蒸发器测定法主要包括大型蒸发池和小型蒸发器。我国国家标准规定使用的水面蒸发器为 20cm 内径的铜质桶状蒸发皿或 E601B 型标准水面蒸发器（图 2-1），E601B 型标准水面蒸发器是使用最为广泛的水面蒸发器，它具有稳定性和实用性的特点。不同直径的蒸发皿观测的蒸发量与天然水面蒸发量是有差别的，因此，在计算水面蒸发量时，应乘以水面蒸发折算系数使用，蒸发折算系数依据时空变化规律和各地对比观测资料的分析成果确定。

2）蒸渗仪测定法

蒸渗仪测定法是一种基于水量平衡原理测定蒸发量的方法。将蒸渗仪埋设于土壤中，如图 2-2 所示，通过高精度的土壤水分测量传感器测得样品中水分含量（0～100%），再通过对蒸渗仪的质量称量得到蒸发量。

图 2-1　E601B 型标准水面蒸发器

图 2-2　通用型蒸渗仪

3）红外遥感测定法

20 世纪 70 年代以来，随着遥感技术的不断发展，利用遥感遥测技术计算蒸发量的红外遥感测定法应运而生。遥感蒸发量的估算主要是利用可见光、近红外及热红外波段的反射和辐射信息及其变化规律进行相关地表参数的反演后，结合近地层大气的风速、温度和湿度等信息，建立模型进行求取。

4）微气象学方法

随着计算机科学和气象科学的迅速发展，数据的自动采集与处理系统日益先进，微气象学方法已发展成为常见的蒸发测量测定方法，它主要针对大气边界层下层及其下部土壤-植被-大气作用层，研究微尺度、小尺度或局地尺度的大气现象、过程与变化规律。通过测量垂直风速脉动量、顺风向风速脉动量等物理量，根据经验公式估算蒸发量。主要包括波文比-能量平衡法、涡度相关法和空气动力学法等。

5）数学模型及数值模拟方法

1802 年，英国的道尔顿（Dalton）根据紊流扩散理论，综合考虑风速、空气温度、湿度对蒸发量的影响，提出了道尔顿模型，可以根据各地大型蒸发池的观测结果求出各地水面蒸发的经验公式（式 2-3），该模型对近代蒸发理论的创立起到了决定性的作用。

$$E = (e_1 - e_2) \times \phi_w \qquad (2\text{-}3)$$

式中 E——水面蒸发量，mm；e_1——水面水汽压，MPa；e_2——地面一定高度处水汽压，MPa；ϕ_w——风速函数。

天津科技大学通过室内模拟蒸发实验，控制风速、空气温度、湿度等条件，进行蒸发量测定，获得实验条件与蒸发速率的关系实验数据，采用神经网络仿真数值模拟，构建气候条件和卤水条件对卤水蒸发速率影响的数据库，可通过输入气象条件获得自然条件下卤水的蒸发速率。

（4）蒸发率

蒸发率是指蒸发水分的体积（或质量）与初始水体积（或质量）之比，分别如式（2-4）和式（2-5）所示。

$$E_V = \frac{V_W}{V_1} \times 100\% \qquad (2\text{-}4)$$

式中 E_V——水体积蒸发率；V_W——浓缩过程蒸发水的体积，m^3；V_1——初始水体积，m^3。

$$E_m = \frac{m_W}{m_1} \times 100\% \qquad (2\text{-}5)$$

式中 E_m——水质量蒸发率；m_W——浓缩过程蒸发水的质量，g；m_1——初始水质量，g。

2.1.1.2 蒸发的必要条件

蒸发是一个物态变化过程，因此随着蒸发的进行必然伴随着热量和质量传递过程的发生，蒸发过程进行的必要条件有三方面。

（1）持续向溶液供给热能以维持相变所需的能量

在蒸发过程中，溶剂由液态变化为气态，分子位能增加，体积膨胀必然消耗能量。物质由液态变为气态所需的汽化热为：

$$L = \Delta U + A = \Delta U + p(V_2 - V_1) \qquad (2\text{-}6)$$

式中 L——汽化热，J/g；ΔU——单位质量的液体分子位能增量，J/g；A——单位质量的物质体积膨胀功，J/g；p——外界压强，Pa；V_1，V_2——分别为单位质量物质相变前后的体积，m^3。

汽化热为相变热，以潜热方式进行热交换，各种物质具有不同的汽化热。同种物质的汽化热一般随温度变化。

不断供给溶液热能，将使溶液分子内能增加，并克服内部和表面其他分子的吸引而逸入空气，蒸发过程得以进行；若无能量补给，蒸发过程将因消耗溶液本身内能，溶液温度不断下降，最终停止蒸发。因此，供给溶液能量的目的，是使溶剂分子持续获得逸出液面的能力。

（2）连续排除蒸发产生的溶剂蒸气以维持蒸发过程的推动力

蒸发是气态溶剂分子的扩散过程，即靠近液面的微薄层内的气态分子向远处空间扩散。这种在宏观上表现出方向性的分子热运动，其发生条件是：沿运动方向必然存在分子浓度梯度，在此浓度梯度推动下，分子由高浓区向低浓区扩散。两处的浓度差便是扩散的推动力，传质速率与推动力大小成正比。蒸气压是与蒸气密度密切相关的物理量，在蒸发过程中常用一定温度下的某物质的饱和蒸气压与空气中该物质的蒸气压之差，即饱和差（式 2-7）来表示蒸发推动力大小，饱和差与蒸发量成正比，饱和差越大则蒸发量越大，这是影响蒸发的主要因素。

$$d = e_s - e_a \qquad (2\text{-}7)$$

式中　d——饱和差，Pa；e_s——一定温度下挥发溶剂的饱和蒸气压，Pa；e_a——一定温度下空气中该溶剂的实际蒸气压，Pa。

蒸发速率与饱和差成正比。当 $d>0$ 时，蒸发进行；当 $d<0$ 时，凝结进行；当 $d=0$ 时，蒸发、凝结两个逆向过程呈现平衡状态。

饱和差值的大小是由易挥发溶剂的饱和蒸气压与该溶剂在空气中实际蒸气压决定的，饱和蒸气压受温度影响显著。当空气中该溶剂的实际蒸气压值一定时，温度直接决定蒸发过程推动力的大小；当温度一定时，空气中该溶剂实际蒸气压越小，饱和差越大。因此只有不断地排除逸出液面的溶剂蒸气分子，才能保持蒸发的进行。

（3）必须有汽化表面

蒸发实质是传质和传热同时发生的过程。在传热过程中，只有热能的传递，当以导热方式进行传热时，介质是静止的。而在传质过程中，介质的一个或多个组分本身在进行传递，它们的位置变动了，特别是在液气界面发生的相变，则必然存在着相界面，所以蒸发过程的发生必然存在着汽化表面。当蒸发的其他因素确定时，蒸发的总量与汽化表面的大小成正比，在实际生产中这是提高产量的重要参数。在制盐生产的制卤工艺操作中，采取喷雾蒸发来提高制卤量的方法其实质是增加了汽化传递表面积。

以上蒸发过程的必要条件，对于蒸发的影响有时是相互制约的，在自然蒸发生产日晒盐和沸腾蒸发生产真空精制盐过程中，如何综合考虑过程强化传递，对于提高盐的产量具有重要意义。

2.1.2　自然蒸发

自然条件下水面蒸发的形式有多种，如海洋、江河、湖泊、水库、池塘及坑洼积水的蒸发，其共同的特点是蒸发过程的能量来自太阳能，蒸发过程受气象因素制约。

2.1.2.1　自然条件下的水面蒸发

（1）水面蒸发过程

水面蒸发即水面的水分从液态转变成气态逸出水面进入空气，分为水分汽化和水汽扩散两个过程。

1）水分汽化

水相和气相共存的系统中，分子一直在连续不断地进行无规则运动，即布朗运动。在蒸发面上有两种状态的分子：一种水分子是得到超过脱离液面所需功的动能而逸出水面（从液态变成气态），即为蒸发；另一种是空气中的分子相互碰撞或受到水面水分子吸引而跃入水面（从气态变成液态），产生凝结。而实际的蒸发量是从蒸发面逸出的与返回的水分子数之差。当系统中的水汽浓度较低时，单位时间内逸出水面的水分子多于返回的水分子，蒸发过程显著。水汽压随系统中水汽浓度增大而增大，这就为分子提供了更多的碰撞机会，造成跃入水面的水汽分子增多。在某一刻，逸出水面的水分子与返回的水分子恰好相等，这时系统内水量和水汽量达到了动态平衡，此时的水汽即称为饱和水汽，该点的水汽压即是饱和水汽压。

2）水汽扩散

自然条件下，水汽扩散存在三种形式：因为水汽压差而引发的分子扩散，使水分子从高气压处向低气压处输送；因为温度差而引发的对流扩散，使下层暖湿空气上扬，同时上层干冷空气下沉；因为起风引发的紊动扩散，即水分子随风吹离。在剧烈汽化过程中，由于水汽压差较大而引发的紊动扩散，即沸腾水面水分子大量涌出，并引发水面上方的水汽湍流。

（2）自然条件下水面蒸发速率的计算

为了得到更为真实的水面蒸发速率，引入大面积蒸发系数对气象台测定的蒸发速率进行修正。大面积蒸发系数又称为蒸发器系数，其定义为：某地区相同条件下，相同时段内大面积水体蒸发量与皿内蒸发量之比。

$$f_1 = \frac{E}{E_p} \times 100\% \qquad (2\text{-}8)$$

式中　　f_1——大面积蒸发系数；E——大面积淡水蒸发量，mm/d；E_p——皿内蒸发量，mm/d。

大面积蒸发系数随着地区和气象条件等的不同而异，即使同一地区也会因季节不同而不同，只能得出相近的统计数值，通过实验可以求得。通常我国南方海盐区 f_1 为 80%～85%，而北方海盐区 f_1 近似为 75%。

2.1.2.2　盐田卤水蒸发

盐田卤水蒸发属于大面积浅水蒸发，符合自然条件下水面蒸发的基本规律。但由于盐田卤水中存在多种盐类，是组成复杂的电解质溶液，电缩作用加强了水体内部结构并改变表面分子状况，使水的性质发生变化，如密度、黏度和表面张力增加，比热和蒸气压下降等，故其蒸发速率与大面积淡水蒸发不同。随着卤水中含盐量增加，其吸收太阳辐射的能力增大；同时，卤水深度及盐田池板颜色等条件影响卤水对太阳辐射能的吸收。一般情况下，卤水蒸发速率低于淡水，且随卤水浓度升高而降低。

卤水的比热低于淡水，随含盐量增加卤水比热值降低，在相同条件下卤水温升高于淡水，高浓卤水温升高于低浓卤水；相同条件下卤水蒸发速率低于淡水，蒸发耗热量减少也会导致卤水温度高于淡水，卤水温度升高相应卤水表面蒸气压增大，对盐田卤水蒸发有利。

（1）盐田卤水蒸发量

1）卤水蒸发系数

卤水蒸发系数是指相同气象条件下卤水蒸发量与大面积淡水蒸发量之比，如式（2-9）。

$$f_2 = \frac{E_b}{E} \times 100\% \qquad (2\text{-}9)$$

式中　　f_2——卤水蒸发系数；E_b——卤水蒸发量，mm/d；E——大面积淡水蒸发量，mm/d。

将式（2-9）代入大面积蒸发系式（2-8），整理后可得式（2-10）：

$$f_2 = \frac{E_b}{E_p f_1} \times 100\% \qquad (2\text{-}10)$$

以纯水的蒸发量为 100 计，各浓度卤水的蒸发系数如表 2-1 所示。

表 2-1 不同浓度卤水蒸发系数

卤水浓度/°Bé	f_2/%	卤水浓度/°Bé	f_2/%	卤水浓度/°Bé	f_2/%	卤水浓度/°Bé	f_2/%
1	99	8.5	89.4	16	75.7	23.5	57.1
1.5	98.4	9	88.7	16.5	74.5	24	55.5
2	97.8	9.5	87.4	17	73.4	24.5	54
2.5	97.2	10	87	17.5	72.3	25	52
3	96.8	10.5	86.2	18	71.3	25.5	50.5
3.5	96	11	85.3	18.5	70.1	26	48
4	95.5	11.5	84.4	19	68.9	26.5	47.5
4.5	94.9	12	83.4	19.5	67.9	27	44.7
5	94.2	12.5	82.6	20	66.4	28	41.2
5.5	93.5	13	81.8	20.5	65.3	28.5	39.1
6	92.8	13.5	80.8	21	64.2	29	37
6.5	92.1	14	79.8	21.5	62.7	30	33
7	91.4	14.5	78.8	22	61.3	31	29.5
7.5	90.7	15	77.8	22.5	59.9	32	25.5
8	90	15.5	76.8	23	58.5	32.5	24

注：°Bé 为波美度，是表示溶液相对浓度的一种方法，以法国化学家波美（Antoine Baume）命名。卤水浓度常用波美度表示，通常用波美表（计）测量。

盐田蒸发制卤由不同浓度的多步蒸发池衔接完成。盐田卤水蒸发系数受卤水湍动系数、浓度及液温等因素影响。随着卤水浓度的增高，蒸发系数连续变化，基于初始浓度或终止浓度计算的卤水蒸发系数不合理，故一般依据定义式（2-11）采用某一浓度区间的卤水蒸发系数（又称卤水平均比蒸发系数）计算卤水蒸发量。

$$f_2 = \frac{A-B}{C-D} \times 100\% \qquad (2\text{-}11)$$

式中　f_2——卤水蒸发系数；A——终止浓度时蒸发水量累计，mm；B——初始浓度时蒸发水量累计，mm；C——终止浓度时淡水蒸发水量累计，mm；D——初始浓度时淡水蒸发水量累计，mm。

A、B、C、D 的值可以由表 2-2 查得。

表 2-2 某一浓度区间卤水平均蒸发系数计算表

卤水浓度/°Bé	卤水蒸发系数（f_2）	蒸发水量		淡水蒸发量		由 1°Bé 起卤水平均蒸发系数
		数量	累计	数量	累计	
1.0～1.5	0.990	36.24	36.24	36.59	36.59	0.9900
1.5～2.0	0.984	17.62	53.86	17.82	54.41	0.9899
2.0～2.5	0.976	10.24	64.10	10.69	64.90	0.9877
2.5～3.0	0.972	6.64	70.74	6.83	71.73	0.9862
3.0～3.5	0.962	4.66	75.40	4.84	76.57	0.9847

卤水浓度/ °Bé	卤水蒸发系数（f_2）	蒸发水量		淡水蒸发量		由1°Bé起卤水平均蒸发系数
		数量	累计	数量	累计	
3.5～4.0	0.960	3.43	78.83	3.57	80.14	0.9836
4.0～5.0	0.949	4.70	83.53	4.95	85.09	0.9818
5.0～6.0	0.935	3.04	86.57	3.25	88.34	0.9800
6.0～7.0	0.921	2.14	88.71	2.32	90.68	0.9785
7.0～8.0	0.917	1.57	90.28	1.72	92.39	0.9772
8.0～9.0	0.890	1.22	91.50	1.37	93.76	0.9759
9.0～10.0	0.879	0.94	92.44	1.07	94.83	0.9748
10.0～11.0	0.863	0.77	93.21	0.89	95.72	0.9733
11.0～12.0	0.842	0.63	93.84	0.75	96.47	0.9727
12.0～13.0	0.826	0.53	94.37	0.64	97.11	0.9718
13.0～14.0	0.808	0.45	94.82	0.56	97.67	0.9708
14.0～15.0	0.796	0.39	95.21	0.49	98.16	0.9699
15.0～16.0	0.768	0.33	95.54	0.43	98.59	0.9691
16.0～17.0	0.745	0.29	95.63	0.39	98.98	0.9682
17.0～18.0	0.723	0.27	96.10	0.37	99.35	0.9673
18.0～19.0	0.697	0.23	96.33	0.33	99.68	0.9664
19.0～20.0	0.677	0.20	96.53	0.29	99.97	0.9650
20.0～21.0	0.643	0.18	96.71	0.28	100.25	0.9647
21.0～22.0	0.615	0.16	96.87	0.26	100.51	0.9638
22.0～23.0	0.597	0.15	97.02	0.25	100.76	0.9629
23.0～24.0	0.571	0.14	97.16	0.25	101.01	0.9619
24.0～25.0	0.504	0.13	97.29	0.24	101.25	0.9609
25.0～26.25	0.505	0.38	97.67	0.75	102.00	0.9575
26.25～27.0	0.461	0.66	98.33	1.43	103.42	0.9507
27.0～28.5	0.417	0.53	98.86	1.27	104.70	0.9442
28.5～30.2	0.362	0.18	99.04	0.50	105.20	0.9414

天津制盐研究所（现中盐工程技术研究院有限公司）的相关学者通过实验研究，确定了卤水蒸发系数与相对湿度的关系经验式，如式（2-12）所示。

$$f_2 = \left[100 - (0.1978r - 0.00167) \times B^{1.825}\right] \times 100\% \qquad (2\text{-}12)$$

式中　f_2——卤水平均蒸发系数；r——空气相对湿度；B——卤水平均浓度，°Bé。

2）盐田卤水蒸发量的计算

影响盐田卤水蒸发的因素除自然条件外，卤水浓度、深度和土壤条件等均对卤水蒸发量产生影响。可由经验式（2-13）计算盐田卤水蒸发量。

$$E_b=E_pf_1f_2f_3 \tag{2-13}$$

式中　E_b——卤水蒸发量，mm/d；E_p——皿内蒸发量，mm/d；f_1——大面积蒸发系数；f_2——卤水比蒸发系数；f_3——卤水深度蒸发系数。

卤水深度蒸发系数由实验测定，天津制盐研究所测定的不同深度卤水的蒸发系数如表 2-3 所示。深度对盐田卤水蒸发量影响不大，一般可忽略。

表 2-3　不同深度卤水的蒸发系数

卤水深度/cm	3	6	9	12	15	20
f_3/%	100	102.31	105.11	104.44	107.60	111.53

【例 2-1】　某气象台测定的皿内蒸发量为 10mm/d，求 20°Bé 卤水中制卤深度为 12cm 条件下的卤水蒸发量（大面积淡水蒸发系数为 75%）。

解：由表 2-1 查得 20°Bé 卤水的比蒸发系数为 66.4%，查表 2-3 得 12cm 深卤水的深度蒸发系数为 104.44%，故该卤水的蒸发量为：

$$E_b=10×0.75×0.664×1.0444=5.2（mm/d）$$

（2）影响盐田卤水蒸发的因素

在自然条件下影响盐田卤水蒸发的因素很多，主要包括自然条件（太阳辐射、空气温度、空气湿度、风向与风速、降雨等）、卤水条件（温度、浓度、深度等）、土壤条件（机械组成、含水量、含盐量等）和盐田生物（盐藻、卤虫、嗜盐菌等）。

1）太阳辐射

太阳辐射强度是影响蒸发的首要因素，太阳辐射以热辐射的方式把能量传递给卤水，卤水吸收热量促进蒸发。卤水吸收的太阳辐射，除直接照射外，还包括天空散射。卤水对较长波的辐射吸收能力大于对较短波的辐射吸收能力。不同纬度地区一年内的不同季节、一日内的不同时间和在不同的气候条件下，接收的太阳辐射有很大差别。

2）空气湿度

空气湿度是影响蒸发的主要因素，当空气湿度小时，饱和差大，则利于水分蒸发。同时，空气湿度小则太阳辐射能被空气中水分子吸收的能量相对减少，被卤水吸收的辐射能相对增多，同样条件下卤温升高，利于卤水蒸发。

3）温度

影响卤水蒸发的温度因素包括空气温度和卤水温度。空气温度高则空气密度小，有利于液体水分子向空气界面运动，进入空气的水分子也易于向上扩散。卤水温度越高则水分子能量越大，单位时间内由液面逸出的水分子数越多，蒸发速率越快，卤水蒸发速率与卤水温度成正比关系。

4）风向与风速

一般来自内陆的风比较干燥，有利于蒸发；来自海洋的风比较潮湿，对蒸发不利。

风速增加有助于加速液面水汽分子的扩散。一方面，风力可移走水面上方湿度较大的空气，换以湿度较小的空气，形成湍流交换。另一方面，风力可使水面形成波纹或波浪，形成部分立体蒸发，扩大水体与空气接触的界面，增加水分子汽化面积。

5）卤水深度

卤水吸收太阳辐射能过程的能量平衡可表示为：

入射卤水中太阳能=反射至空气损失能量+卤水吸收能量+池板吸收能量　　（2-14）

即太阳光线到达液面产生折射，一部分被反射回空气，一部分折射进入水体，折射入水的热能被卤水吸收一部分，另一部分透过水体到达池底，被池底反射的热能则又被卤水吸收。

卤水吸收太阳辐射能过程与卤水深度密切相关，卤水越深则热容量越大，吸收太阳辐射能越多。在相同风速时，卤水越深波浪越大，则卤水表面积扩大得越多，有利于蒸发。但卤水太深则浓度升高慢，制卤周期长，在四季制卤衔接过程中，要充分考虑结晶工序的卤量需求，掌握本地区自然气候条件下的适宜制卤深度。

6）卤水浓度

随着卤水浓度的提高卤水黏度增大，阻碍水分子逸出水面，卤水的蒸发速率降低。因此，海水比淡水蒸发速率慢，浓度高的卤水比浓度低的卤水蒸发速率慢。从表2-1卤水蒸发系数随浓度变化规律也可以得出该结论。

7）多因素协同作用

影响卤水自然蒸发的各气象因子并非孤立存在，而是互相制约对卤水蒸发产生协同影响。比如太阳辐射，它不仅为卤水蒸发过程提供最终的能量，同时影响气温、风力、湿度等因素，而这些因素间又相互作用，因此很难单独判断其中一个因素的影响。

天津科技大学基于自行设计建设的室内卤水自然蒸发模拟实验系统，模拟控制辐射强度、环境温度、空气相对湿度、风速等气象因素，并对卤水温度、卤水浓度以及卤水深度等工艺参数进行自动控制。通过模拟探究不同自然条件和卤水条件等因素对卤水蒸发速率的影响，建立了卤水蒸发速率为目标量的数据库，并采用人工神经网络模拟建立多因素协同作用的卤水自然蒸发仿真模拟模型。淡化浓海水自然蒸发模拟研究结果表明：影响作用的因素主次顺序为辐射强度>卤水温度≈风速>空气相对湿度>环境温度，其中辐射强度、环境温度、卤水温度、风速这四个因素对淡化浓海水自然蒸发过程起促进作用，而空气相对湿度对淡化浓海水自然蒸发过程起抑制作用。

8）盐田生物

盐田生物主要包括盐藻、卤虫和嗜盐菌等。其中盐藻和嗜盐菌身体内含有各种不同色素，当卤水中含有一定生物量时，可使卤水染成绿、褐、红等颜色，增加对太阳辐射能的吸收，提高卤水蒸发速率。

2.1.3　饱和卤水的沸腾蒸发

卤水沸腾蒸发过程中在内部和表面同时发生剧烈的汽化，工艺操作条件对盐产品产量和质量影响显著，是真空精制盐生产的重要工序。

2.1.3.1　真空沸腾蒸发

真空沸腾蒸发即在操作压力低于大气压的条件下料液在沸点温度下的蒸发。当液体饱和蒸气压与外界压强相等时液体沸腾，相应的温度称为液体的沸点。处于气液平衡时的气体和液体相应称为饱和蒸气与饱和液体。在一定温度，与液体成平衡的饱和蒸气所具有的压强称为饱和蒸气压，其随温度的升高而显著增大。

真空蒸发的优点包括：

① 在减压条件下溶液的沸点下降，当加热蒸气压强相同时，真空蒸发的传热推动力比

常压蒸发大，因而可以减少传热面积；

②适宜处理在较高温度下溶液分解、聚合或者变质的热敏性物料；

③可以采用低压蒸汽或者乏汽作加热介质；

④蒸发在较低温度下进行，对设备材料的腐蚀性和对外界的热损失较小。

真空盐实际生产过程采用多效蒸发，第Ⅰ效采用生蒸汽加热卤水沸腾蒸发，在第Ⅱ效及之后的各效蒸发罐内处于真空状态，相应前一效的二次蒸汽作为下一效的加热蒸汽，Ⅱ效及Ⅱ效之后卤水在各自罐内真空压强下沸腾蒸发，快速除去水分，使得卤水短时间内浓缩成盐浆。

2.1.3.2 卤水的沸点升高

真空盐生产过程的核心工序是卤水真空条件下沸腾蒸发除去水分。卤水是复杂水盐体系，其沸腾蒸发过程与淡水蒸发的不同之处在于沸点升高。

沸点是纯溶剂气-液两相平衡共混的温度，即液体饱和蒸气压等于外压时的温度。若纯溶剂中加入不挥发的溶质，溶液的蒸气压（即溶液中溶剂的蒸气压）要小于同样温度下纯溶剂的蒸气压。因此，溶液中的蒸气压曲线位于纯溶剂的蒸气压曲线下方。如图 2-3 所示，在恒定气压下纯溶剂和溶液的蒸气压曲线分别为 B^*C^* 和 BC，可以看出在纯溶剂的沸点（ T_b^* ）对应的蒸气压等于外压时，溶液的蒸气压低于外压，故溶液不沸腾。要使溶液在同一外压下沸腾，必须使温度升高到 T_b，此时溶液的蒸气压等于外压，显然 $T_b > T_b^*$，这种现象称为沸点升高。

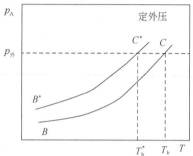

图 2-3 溶液的沸点升高原理示意

$$\Delta T = T_b - T_b^* \tag{2-15}$$

式中　ΔT——溶液沸点升高的温度，℃；T_b——溶液沸腾温度，℃；T_b^*——相同压强下溶剂沸腾温度，℃。

因此，卤水浓度越大，则蒸气压下降得越多，沸点升高得越多。理论计算不同浓度氯化钠水溶液的沸点如表 2-4 所示。

表 2-4　不同浓度氯化钠水溶液的沸点

沸点/℃	101	102	103	104	105	106	107
质量分数/%	6.19	11.03	14.67	17.69	20.32	22.78	25.09

2.1.3.3 提高蒸发强度的措施

蒸发强度是真空蒸发制盐过程中的一项重要指标，通过提高蒸发器的蒸发强度可有效提高蒸发器的生产能力。在真空蒸发制盐过程中，提高蒸发强度最有效措施是提高有效传热温差和增大总传质系数。

（1）提高有效传热温差

有效传热温差的定义式为：

$$\Delta T = T - t - \Delta t_m \tag{2-16}$$

式中　ΔT——有效传热温差，℃；T——首效（最初）加热蒸汽的温度，℃；t——末效（末端）真空操作压强对应温度，℃；Δt_m——蒸发器的温度损失，℃。

由式（2-16）可知，决定有效传热温差 ΔT 大小的三个因素是首效加热蒸汽的温度、末效真空度和蒸发器的温度损失，因此提高蒸发强度可以此入手：选择合理的首效蒸气压强和提高末效真空度。首效蒸气压强越高，对应的温度就越高，末效真空度越高，有效温差就越大，但考虑综合效能，首效蒸气压强和末效真空度的提高是有限度的。减少温度损失可以通过改变进料方式、尽量缩短管路和采用高效保温材料保温等方法实现。

（2）增大总传质系数

总传热系数如式（2-17）所示。

$$K = \cfrac{1}{\cfrac{1}{\alpha_1} + \cfrac{1}{\alpha_2} + R_{\mathrm{w}} + R_{\mathrm{s}}} \tag{2-17}$$

式中　K——总传质系数，$W/(m^2 \cdot K)$；α_1——管间蒸汽冷凝对流给热系数，$W/(m^2 \cdot K)$；α_2——管内蒸汽冷凝对流给热系数，$W/(m^2 \cdot K)$；R_{w}——管壁热阻，$(m^2 \cdot K)/W$；R_{s}——污垢热阻，$(m^2 \cdot K)/W$。

由式（2-17）可知，增大总传质系数的主要途径是减小各部分热阻。通常，管壁热阻和管内蒸汽冷凝对流给热系数很小。蒸汽冷凝时对流传热系数的大小主要取决于冷凝液膜的厚度，液膜越厚则壁面和冷凝蒸汽之间的传热阻力越大，而提高料液在管内的流速并保证稳定的设计液位可以减少管内壁溶液的污垢热阻。

在实际制盐生产过程中，采用饱和卤水直接进料进行沸腾蒸发操作，其原因是：一方面中低浓度卤水中含水量较大，进行沸腾蒸发所需设备庞大且消耗高；另一方面中低浓度卤水中含有钙、铁等离子，在沸腾蒸发过程中易结垢，设备的维护费用较高。

目前，以饱和卤水作为原料，沸腾蒸发制盐多采用五效或六效真空蒸发，充分利用效间二次蒸汽的潜热，有效节约能耗并降低盐生产成本。

2.2　结晶

盐晶体生长遵循一定规律并受其生长条件影响，结合生产实际的客观条件，控制合理的结晶工艺，妥善进行结晶管理是取得盐产品优质、高产的重要保证。

2.2.1　晶体成核与晶体生长

2.2.1.1　晶体的基本概念

结晶是固体物质以晶体状态从蒸气、溶液或熔融物中析出的过程。结晶是一个重要的化工过程，众多的化工产品及中间产物都是以晶体形态呈现。结晶是制盐工艺过程的重要工序之一。

溶质从溶液中结晶出来，要经历两个过程：首先产生微观晶粒作为结晶的核心，这些核心称为晶核；然后晶核长大成为宏观的晶体。前一过程称为成核或晶核形成，后一过程称为晶体生长。

成核与生长过程都是发生于固相界面的传质过程，该过程的推动力是溶液的过饱和度，即在一定条件下溶质含量超过溶解度的程度。

2.2.1.2 晶体成核

晶核是过饱和溶液中新生成的微小粒子，也称为晶芽，是晶体生成过程中必不可少的核心。

现代结晶理论将晶核的形成分为初级均相成核（自发成核）、初级非均相成核（多相成核）和二次成核。

（1）初级均相成核

初级均相成核是指在均相物系中的自发成核。所谓均相物系，是指该物系不含其他相，或者对于晶核生成来说可当作是均相物系。均相物系中新相可能是在不稳态和个别的在介稳态下生成的。均相物系的条件要求苛刻，所以均相成核在工业结晶过程中是罕见的。但均相成核是一种理想的成核过程，认识均相成核过程是深入探讨其他类型成核过程的基础。

（2）初级非均相成核

初级非均相成核是指物系中杂质存在条件下的成核过程。通常，固相杂质的存在将加速晶核的出现，而且杂质本性与晶格构造愈接近其对结晶物质的影响程度愈大。在初级非均相成核过程中结晶物质自身的粒子影响最为有效。

（3）二次成核

二次成核是指当物系中已存在结晶物质的晶体时所发生的成核。二次成核是一种多相成核，它是在多相物系中进行的。在二次成核过程中结晶中心的出现，在许多情况下原则上与一般的均相成核没有区别，都是由于晶种的存在引发溶液本体内固相新粒子的产生。

2.2.1.3 晶体生长

晶体生长是指溶液在过饱和度的推动下，溶质不断向晶核或晶种的表面迁移，并在其上进行有序的排列与沉积，从而使得晶核或晶种逐渐长大的过程。

晶体生长是一个动态过程，包括晶体生长热力学和晶体生长动力学。晶体生长热力学主要基于热力学判断晶体生长路线的合理性，确定生长温度以控制合适的生长速率，确定晶体可能的形态。通过研究晶体生长过程中相平衡问题和相变推动力问题解决晶体形态的问题。

晶体生长动力学主要阐明在不同生长条件下晶体的生长机制，揭示晶体生长速率与生长驱动力之间的规律。一般情况下，在其他条件相同时晶体的生长速率随温度的升高而加快。结晶时搅拌强度能改变液体相对于结晶粒子表面的运动速度，从而加速溶质从溶液中向晶体表面扩散，使表面附近扩散层厚度减小，强化溶质的传递条件，使晶体生长速率加快。

2.2.2 自然蒸发条件下盐的结晶

日晒盐的主要成分为 NaCl，次要成分包括可溶性组分、不溶物组分和水分。可溶性组分主要指盐中的可溶性离子结晶析出的无机盐，主要有 $MgCl_2$、$MgSO_4$ 和 $CaSO_4 \cdot 2H_2O$。

日晒盐生产在露天条件进行，由于各地气象条件的差异，生产操作也有所差别。自然条件下盐的结晶在复杂溶液中进行，卤水中除 Na^+ 和 Cl^- 外，还主要含有 Mg^{2+}、K^+、Ca^{2+}、SO_4^{2-}、Br^- 等，不溶物浓度为 0.1～0.4 g/L；卤水黏度为 0.015～0.05P（泊，$1P=10^{-1}Pa\cdot s$）；结晶温度随气候条件变化，一般为 4.5～40℃。日晒盐场结晶区一般为土质池板或盐池底，少数为石子、砖片、瓷砖或塑料薄膜铺底；结晶方式采用连续或间歇进行，除第一次灌池形成晶核外，大多数情况下，结晶池底都有盐底，结晶过程主要是晶体生长过程。因气候条件差异，自然条件下盐晶体生长周期为一年、数月或数天甚至更短。

2.2.2.1 盐的晶体成核与晶体生长

NaCl 要从盐卤料液中结晶析出，料液必须从外部不断地获得热能，使卤水中的水分不断蒸发，达到饱和与过饱和状态。

溶液的过饱和度与结晶的关系如图 2-4 所示。图中 AB 线为溶解度曲线，CD 线为超溶解度曲线。两条曲线将"浓度-温度"图分为三个区域：AB 线以下的区域为稳定区，AB 与 CD 之间的区域为介稳区，CD 以上区域为不稳定区。在稳定区溶液浓度低于平衡浓度，没有结晶的可能。介稳区又分为两个区：第一区位于溶解度曲线 AB 与 b'C' 之间，在此区内不可能自发成核，第二区位于超溶解度曲线 CD 与 b'C' 之间，在这一区内有可能自发成核的浓度，但晶核不是马上发生，而要经过一时间间隔才发生。在介稳区内加入晶种（溶质晶体颗

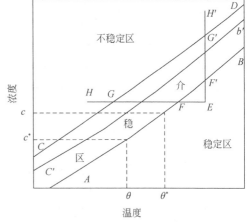

图 2-4 溶液温度与浓度关系

粒），这些晶种会长大，同时产生新晶核。在不稳定区，溶液具有高的过饱和度，在这种状态下可自发成核。EF'G' 为溶液蒸发结晶途径。

EFGH 线代表溶液冷却结晶途径，体系在 E 点处于不饱和状态，冷却至 F 点，溶液达饱和，但不能结晶，从 F 点继续冷却到 G 点的一段时间，溶液经介稳区，仍不能自发结核，只有冷却到 G 点以后，才能自发结核，越深入不稳定区（例如达 H 点）产生的自发结核就越多。

盐田自然蒸发条件下，卤水的蒸发速率缓慢，更易产生二次成核，二次成核基本上是在低过饱和溶液即第一介稳区内发生，其主要成核机理为接触成核（碰撞成核）：晶体互撞或与设备表面碰撞时会产生大量碎片，其中粒度较大者变为独立的结晶中心。除了碰撞以外，不致使晶体表面出现明显缺陷的轻微接触和晶体沿任一表面的滑动，也会造成二次成核。

由于自然条件下水分蒸发缓慢，溶液过饱和度较小。晶体生长的推动力是溶液的过饱和度。过饱和溶液中溶质扩散到晶核附近的相对静止液层，并穿过该液层到达晶体表面使晶体长大，该过程放出结晶热。自然结晶过程主要在低过饱和溶液即第一介稳区内发生，不会自发地产生晶核，在原有晶核处继续生长，因此在无外界干扰的条件下，盐产品粒度较大。

海盐生产的结晶过程中采用的"破碴、活碴"和"旋盐"操作，使连成层状的结晶得以破碎，并不断改变晶体在卤水中的位置，盐的各个晶面都有机会接触卤水，接受新的质点而得以生长，此过程还可能造成晶体互相靠拢接触，成长为粒状集合体。

一般卤水温度越高、卤水过饱和度越大，则氯化钠晶体生长速率越快。晶体生长速率的快慢是决定氯化钠晶体是否产生内部缺陷的直接原因。氯化钠晶体产生内部缺陷的晶体生长速率界限条件约为 $7 \times 10^{-8} \text{m/s}$。海盐实际生产中，在相同结晶条件下，少数晶体呈现与绝

大多数晶体不同的生长结果，这是由结晶池内结晶条件不均衡或晶体生长分散所造成的，实际海盐晶体生长结果具有不均匀性，与卤水温度和卤水深度关系密切。

2.2.2.2 盐实际晶体

自然条件下盐结晶形成的实际晶体外形是内部因素和外部因素综合作用的结果。晶体外形是内部结构的反映，基于晶体的缺陷及形态深刻认识晶体生长过程，控制晶体生长环境，对于得到高纯度的盐产品具有十分重要的意义。

（1）实际晶体的不完整性

实际上，所有的晶体都不是理想的完整晶体。它们都这样或那样地存在着偏离理想空间点阵的情况，这种对理想点阵的偏离统称为晶体的不完整性，那些偏离的区域或结构称为晶体缺陷。

晶体中是否存在缺陷以及缺陷多少直接关系着产品质量，研究缺陷形成的机制，控制它的形成，也是提高产品质量的一个重要途径。晶体缺陷按其空间延伸的几何线度来划分，可分为点缺陷、线缺陷、面缺陷和体缺陷。

1）点缺陷

晶体中原子大小的缺陷为点缺陷，包括空位、填隙原子、外来原子。

空位是晶体点阵中没有被原子占据的位置，填隙原子是指处于点阵间的空隙位置的原子，如图 2-5 所示。外来原子主要指杂质和溶剂原子，由于任何物质不可能绝对纯净，在晶体生长过程中，杂质原子或溶剂原子可能进入晶体中。这种外来原子常常以替代的方式存在于点阵中，或存在于点阵的间隙位置。其进入点阵的难易与晶体的结构和外来原子本身的尺寸及性质有关，同时受外界条件（温度、压力等）影响。

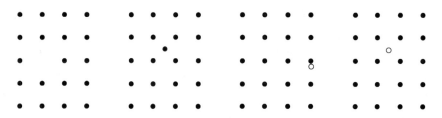

(a) 空位　　　　　(b) 填隙原子　　　　　(c) 外来原子

图 2-5　晶体点缺陷示意

晶体中点缺陷的存在，对于晶体生长的影响是相当重要的。因为它不仅会改变杂质的加入和影响相平衡关系，而且还可形成一些其他的缺陷，如错位、层错等。

2）线缺陷

线缺陷主要是指位错。位错是一种常见的一维（线性）缺陷，包括刃型位错和螺旋位错。它们都是因为某种原因在晶体中产生部分位移而成的。

结晶溶液的成分不均匀、结晶界面不稳定、液体中晶体胚芽的无规错排、起源于不同部分生长层的相互结合处等原因均可形成晶体的位错。

3）面缺陷

晶体中的面缺陷（二维缺陷）类型较多，其中包括晶粒间界、堆垛层错、孪晶间界、镶嵌结构间界等。

① 堆垛层错。晶体具有格子构造，晶体中各层的原子都是按一定的次序排列的，各层原子也是按一定次序堆积起来的，这种堆积的次序叫作堆垛次序。当正常的堆垛次序发生了错乱称为堆垛层错，简称层错。空穴的坍塌及生长过程中的一些偶然因素，都可造成原子落在成层错误位置上，构成层错源而造成层错。当过饱和度较大和原子堆积较快时更易发生。

② 孪晶间界。孪晶即是同种晶质的两个个体的对称连生体。

4）体缺陷

体缺陷为三维缺陷。镶嵌结构、孪晶、包裹体等都属于这个范畴。在此重点介绍包裹体的有关问题。

包裹体是晶体中某些与基质不同的物相所占据的区域。它是溶液中生长的晶体中最严重的缺陷之一。常见的形式有：泡状包裹体（晶体中那些大小不同的被蒸气或溶液充填的泡状空穴）、幔纱（由微细包裹体组成的层状集合）、幻影（具有一定方向的幔纱）、微细的气泡或空穴所形成的云雾状的聚集和固体碎片。

按包裹体在晶体中出现的时间可将其分为原生包裹体和次生包裹体。原生包裹体是晶体生长过程中出现的，而次生包裹体则是在生长之后形成的。

包裹体的形成机制主要有：

① 外来物质（指不能混溶的液体以及固体粒子）的存在可能阻碍溶质进入这些外来物质所在的位置，而生长的结晶只能将它们裹挟在里面形成包裹体。

② 沿生长表面过饱和度的变化所引起的晶体表面的低洼和突起，是引起包裹体的原因。这种过饱和度的变化是由扩散引起的。因为扩散，晶体角顶和棱边处比面中心具有更大的过饱和度。如果晶体生长很快，溶液过饱和度也会增大，直到在边角上层足以形成新的生长突起二维晶核，边上生长比中心快，而导致四周突起，中心低洼。如果后来生长速率减慢下来，则表面又可成为平面，而溶液被封在里面，形成包裹体。

③ 台阶生长也可导致包裹体形成，如图 2-6 所示。当生长速率很大时，一个台阶未完成，新的台阶又生长，台阶连接处易形成包裹体。沿晶棱的线状包裹体可以看成是由于四周棱先溶解然后又开始生长时，在其上形成台阶而产生包裹的自然结果。

④ 溶解在晶体表面产生蚀坑，而后继续生长将这些蚀坑覆盖，形成细微的包裹体。

⑤ 晶体生长过程中产生的裂隙形成包裹体。

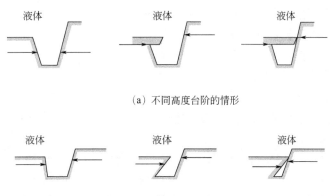

（a）不同高度台阶的情形

（b）外伸台阶的情形

图 2-6　晶体的台阶合拢形成包裹体示意

总之，晶体生长中溶液不纯或生长条件不稳定，如过饱和度突变、生长速率突变、生长过程中发生溶解现象等都是包裹体产生的原因。

日晒盐晶体中包裹体的主要形式是液泡。

（2）实际晶体的形态

1）骸晶和漏斗晶

晶体沿晶棱角顶方向特别发育，晶面中心相对凹陷，整个晶体不呈凸多面体而表现为某种形式的晶体骨架，此种晶体相应称为骸晶或漏斗晶（如图2-7所示）。

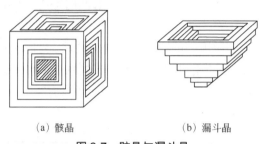

（a）骸晶 　　　　　　　（b）漏斗晶

图 2-7　骸晶与漏斗晶

骸晶或漏斗晶的形成是在溶质供应不均匀的情况下，晶体快速成长，由于晶棱及角顶部位接受溶质堆积的机会远较晶面中心大，使得晶体沿晶棱及角顶方向成长得特别快，最后形成骸晶或漏斗晶。

2）凸晶

各晶体中心均相对凸起而呈曲面，晶棱则弯曲而呈弧形的晶体，称为凸晶。所有的凸晶都是由几何多面体趋向于球面体的过渡形态。凸晶主要是由于晶体在形成后又遭受溶解而产生的结果，位于角顶的晶棱处的质点较晶面中心溶解快，进而形成凸晶。

3）球晶

在某种特定条件下，晶体成长外表近于球形的称为球晶。盐的球晶是单晶自中心向四周作放射性的排列，一般不透明。盐还可能形成柱状、针状晶体或树枝状等晶体。

除了上述特殊形态外，实际晶体的晶面上经常呈现各种图案花纹，大致有镶嵌图案、晶面条纹、晶面螺纹、蚀象和溶解丘、生长丘等。

以上讨论仅限于盐单个晶体外形的晶面状况，实际晶体经常是相互连生的多晶体。根据晶体的连生情况，可以分为规则连生和不规则连生，不同种晶体的规则连生称为浮生，它主要是由两种晶体存在构造相似的某种面网而造成的，如图2-8所示。

同种晶体的规则连生可分为平行连晶和孪晶（双晶）。最常见的还是不规则连生，如氯化钠晶体常为各种形状的粒状集合体。

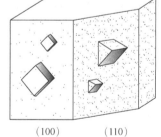

（100）　　　　（110）

图 2-8　NaCl 晶体在 NH₄Br 晶体（100）和（110）晶面上的浮生

晶体内部构造上的不完整性和外形的复杂性，必然造成晶体纯度降低和性质上的变化。如包裹体与晶体缝隙中母液和杂质的存在，将明显影响盐产品的质量。

日晒盐晶体的形态与生长过程密切相关，各因素对晶体形态的影响是其对整个生长过程产生影响的最终结果。主要影响因素包括如下几点。

1）过饱和度

溶液的过饱和度是晶体成核和生长的推动力，对晶体生长速率、质量和晶体形态影响很大。

晶体的生长速率随溶液过饱和度增加而增大。晶体在低过饱和度下生长时速度较慢，晶面发展比较充分，晶体的完整性较好。晶体在高的过饱和度下生长，常导致晶体不均匀生长，出现母液包藏（母液黏附在晶粒上或包在晶簇中的现象）甚至破坏晶体。

晶体不均匀生长并不是由溶液过饱和度本身的影响造成的，而是由晶面上过饱和度的差别造成的。溶液过饱和度越大，这种差别越大，越容易造成晶体不均匀生长。此外，过饱和度的大小还影响晶体成核速率，当过饱和度大时，晶核形成速率大，易产生大量的细碎结晶。

2）杂质

通常把溶液中与结晶物质无关的其他物质称为杂质，广义来说，溶剂本身也是一种杂质。杂质在结晶过程中是难以避免的。

杂质不仅会影响结晶物质的溶解度和性质，还会明显地改变晶体的习性，杂质对晶体的质量也有明显影响。杂质可以通过选择性吸附在一定晶面上或者改变晶面对介质的表面能等方式影响晶体的生长。

在结晶进程中，包含杂质的母液是影响产品纯度的一个重要因素。黏附在晶体上的这种母液若未除尽，则最后的产品必然因沾有杂质而降低纯度。一般是把结晶所得固体物质在离心机或者过滤机中加以处理，并用适当的溶剂洗涤，以尽量除去黏附母液所带来的杂质。若干颗晶体聚结成"晶簇"时，容易把母液包藏在内，而使以后的洗涤发生困难，也会降低产品的纯度，制盐生产中的活礁等操作可以减少晶簇的形成。

3）温度

温度不仅影响晶体习性和质量，而且影响溶解度和溶液性质。在不同温度条件下晶体形态不同（表2-5）。温度同时可以改变晶体生长过程的控制机理。在较高温度下，由于结晶质点排斥外界杂质能力增强，晶体质量一般要优于较低温度下生长的晶体。

表 2-5　不同温度下氯化钠结晶固相析出物

温度/℃	溶解度/(g/100g)	固相物种类	温度/℃	溶解度/(g/100g)	固相物种类
-21.2	24.42	$NaCl \cdot 2H_2O$+冰	10	26.32	NaCl
-14	24.41	$NaCl \cdot 2H_2O$	20	26.39	NaCl
-6	25.48	$NaCl \cdot 2H_2O$	30	26.51	NaCl
0	26.28	$NaCl \cdot 2H_2O$	40	26.68	NaCl
0.15	26.28	$NaCl \cdot 2H_2O$+NaCl			

4）位置

晶体在溶液中的位置对于晶体形态有很大影响。悬浮于溶液中的晶体，一般能有完好的外形。在容器底部（池底）或附于器壁（池壁）生长多长成板状晶体，在大批晶体同时生长的情况下易形成晶簇，或形成攀缘状以及平行排列的梳栉状晶体。在溶液表面，当在较平静的条件下迅速蒸发结晶时，易成长为漏斗形。在日晒池的池角处，由于风力的作用，卤水撞击池壁造成搅动，常出现细碎盐。

5）生产操作

具体的生产操作能改变结晶条件，如过饱和度的大小以及晶体成长的位置等，进而能对晶体生长和形态产生影响。

例如，北方盐场的活碴操作以及南方盐场的旋盐操作，在一定程度上能改变晶体与卤水在宏观上相对静止的生长状况，使卤水和晶体产生相对运动，造成更有利的生长条件，使晶体均匀生长，得到较均匀的盐晶体。

2.2.3 沸腾蒸发条件下盐的结晶

卤水在蒸汽加热条件下于蒸发罐内沸腾，一部分水被汽化，盐则因水分的不断蒸发而从溶液中达到过饱和结晶析出。

水在溶液中的蒸发速率与外界蒸气压有关：在真空操作条件下水的沸点降低，水分子逸出液面的阻力也随之降低，可在较低的温度下实现沸腾状态。

在真空制盐过程中，采用多效沸腾蒸发，由于沸腾蒸发速率快，使得卤水过饱和度迅速提高，在高过饱和度的条件下（不稳定区），氯化钠爆发成核。氯化钠的成核速率高于生长速率，晶核的大量形成导致在生长过程中推动力不足，因此真空盐产品颗粒细小，粒度分布宽。

沸腾蒸发条件影响盐晶体的成核速率和生长速率，进而影响盐产品形态，主要包括以下几点。

① 过饱和度。晶体的成核速率和生长速率是过饱和度的函数，晶核形成速率与晶体成长速率成正比关系。过饱和度越高则晶体成核速率越快，盐晶体粒径越小。

② 温度。温度对于盐晶体的影响是很复杂的，因为温度变化不仅对成核速率产生影响，而且会导致结晶物系的物理性质如黏度、粒子动能、溶剂结构、溶解度等因子的变化，这些因子的变化都会给盐晶体形态带来影响，是多因素综合作用的结果。一般情况下，成核速率随温度升高而增大，晶体的粒径随温度升高而减小。

③ 固液比。一方面增加料液的固液比，会增加结晶面积而增加过饱和度的消耗速率，使得结晶器内的过饱和度较低，有效地抑制局部初级成核的发生而减少细晶量，同时固液比提高会增加蒸发罐内晶粒停留时间，使产品粒度增大。另一方面，固液比太高，会造成晶粒与循环泵、加热管及循环管的摩擦加剧，晶体间的碰撞机会也越多，从而产生较多的二次晶核，使产品粒度降低。

④ 循环速度。一方面如果循环速度较低，会增大循环料液的过热度，从而增大溶液的过饱和度，导致晶核数增多，不利于晶粒的生长。另一方面如果循环速度过大会增大晶体相互碰撞、与器壁撞击及被叶轮撞击的力度及概率，易造成已生成的结晶破碎，产生大量二次晶核，使得氯化钠产品颗粒过小。因此，真空蒸发结晶过程选择适宜的循环速度对晶体的粒度控制至关重要。

⑤ 停留时间。晶体在生长区的停留时间越长，晶体生长的时间越长，晶体粒度越大。为了得到大颗粒真空盐产品，可以采取小加热室和大蒸发罐的配置，这样可以维持低的过饱和度和较长的停留时间。但停留时间过长也会增加晶体二次成核的数量，并降低设备的生产效率。

⑥ 进料方式。在真空制盐生产中，进料和排料方式一般包括：顺流、逆流和平流。进

料方式对盐产品的粒度影响不显著，只是在不同的蒸发器内结晶的温度不同，从而使操作条件不同，不会影响晶体的粒度。但排盐流程对盐产品的粒度有较大影响：顺流排盐把盐浆依次由Ⅰ效转向Ⅱ、Ⅲ、Ⅳ效，增长了晶体的停留时间，从而得到较大的颗粒产品，但操作过程要严格控制蒸发强度；平流排盐每效是独立蒸发器，更易控制并得到较好的晶体粒度；由于高温排盐弊端较多，真空盐生产中较少采用逆流排盐。

⑦ 机械作用。机械作用如振动、搅拌及在过饱和溶液中发生的表面相互冲击都会使成核速率明显变快。由于机械振动的作用，溶液中出现浓度的波动，因而出现高过饱和区并在其中成核。搅拌通常促进晶核生成，但由于机械破碎作用的影响不易形成大颗粒盐晶体产品。

2.3 盐田土壤

2.3.1 盐田土壤的形成与分类

2.3.1.1 盐田土壤的形成

土壤广泛分布于地壳表层，是还没有固结成沉积岩的松散沉积物，也是人类工程活动的主要对象。在自然界中，土的形成是十分复杂的，地壳表层的岩石在阳光、大气、水和生物等因素影响下，发生物理风化（温度变化、水的冻胀、波浪冲击、地震等）和化学风化（水解反应、水化反应、氧化反应和碳酸化过程等），使岩石崩解、破碎，经流水、风、冰川等动力搬运作用，在自然环境下沉积，形成土体，因此土是岩石风化的产物。

沿海或者沿湖附近滩地建成盐田后，受生产中各种因素影响，使土壤性质逐渐发生变化，发育成具有独特性质的盐田土壤。因此，盐田土壤是日晒盐生产过程中土壤受卤水及析出盐类的盐渍化作用的产物，盐渍化后土壤逐步发育为盐田土壤。

盐渍化作用主要是指土壤中的胶体颗粒被海水或者卤水中的钠离子所饱和形成钠黏土。钠离子在一定条件下能使土壤中黏粒和胶粒高度分散，并能促进次生矿物质发生分解，增加胶体颗粒含量，形成的细小胶体颗粒随渗透水流入土壤逐渐填塞土壤中的孔隙，从而形成一层紧密且胶结坚固的薄土层。此外，在日晒盐结晶析出之前，盐田卤水浓缩过程会析出其他盐类，这也是土壤在盐渍化作用下发生的黏化和熟化过程。例如，日晒海盐生产过程的 Fe_2O_3、$CaCO_3$、$CaSO_4 \cdot 2H_2O$ 等分别在土壤中沉积进而在土壤中形成铁质沉积层、石膏沉积层和黏土沉积层，大幅度降低了土壤的透水性。

发育成熟的盐田土壤剖面如图 2-9 所示，不同层次盐田土壤的形态特征如颜色、粒度、级配和密实程度等各不相同。盐田土壤的表层为淹育层，长期被卤水饱和；淹育层下方为沉积层，是土壤盐渍化过程中在沉积作用下形成的紧密、胶结、坚硬的薄土层，包括铁质沉积层、石膏沉积层和黏土沉积层，沉积层的形成是盐田土壤发育成

图 2-9 发育成熟的日晒海盐盐田土壤剖面

熟的标志；沉积层下方为土壤母质层，母质层不受淹育和沉积的作用；母质层下方为基岩层，是未经风化的基岩。发育成熟的盐田土壤包含淹育层、沉积层和母质层三层，而新建盐田缺少沉积层，中度发展的盐田土壤沉积层薄且不鲜明。淹育层和沉积层组成盐田土壤的防渗层，同时日晒盐结晶区的盐田土壤需要承载收盐机械作业，与海盐生产有着最密切的关系。

2.3.1.2　盐田土壤的分类

通过对盐田土壤进行分类，可以在兴建盐田时有针对性地施工，特别是可对新建盐场的选址提供有力依据。

（1）颗粒级配分类法

根据土壤粒组和粒径级配分类的方法是目前盐田土壤分类的主要方法。土壤粒组是土中的颗粒按照适当的粒径范围分组，我国国家标准《土的工程分类标准》（GB/T 50145—2007），按照土粒粒径范围可分为巨粒、粗粒和细粒（统称粒组），进一步按界限粒径 200mm、20mm、2mm、0.5mm、0.005mm 和 0.0001mm 可划分为漂石（块石）颗粒、卵石（碎石）颗粒、圆砾（角砾）颗粒、砂粒、粉粒和黏粒六大粒组。其中：粒径小于 0.01mm 为物理性黏粒，粒径大于等于 0.01mm 的为物理性砂粒（表 2-6）。

表 2-6　盐田土壤粒级分类　　　　　　　　　　　　　　单位：mm

物理性砂粒（$d \geqslant 0.01$）					物理性黏粒（$d < 0.01$）			
石块	细砾	粗砂粒	中砂粒	细砂粒	粗粉粒	中粉粒	细粉粒	黏粒
$d \geqslant 3$	$3 > d \geqslant 1$	$1 > d \geqslant 0.5$	$0.5 > d \geqslant 0.25$	$0.25 > d \geqslant 0.05$	$0.05 > d \geqslant 0.01$	$0.01 > d \geqslant 0.005$	$0.005 > d \geqslant 0.0001$	$d < 0.0001$

土的级配是指土中各粒组的相对含量（各粒组质量占全部粒组质量的百分比），可通过颗粒分析实验测得，常见测定方法有筛分法和沉降分析法。按照《岩土工程勘察规范（2009年版）》（GB 50021—2001）分类体系，基于土壤的颗粒级配和塑性指数，可以分为碎石土、砂土、粉土和黏性土，对照表 2-7 便可对盐田土壤进行分类。

表 2-7　盐田土壤分类表

类别		质量分数/%	
		物理性黏粒（<0.01mm）	物理性砂粒（≥0.01mm）
砂土	松砂土	0～5	100～95
	紧砂土	>5～10	<95～90
粉土	砂粉土	>10～15	<90～85
	轻粉土	>15～20	<85～80
	中粉土	>20～30	<80～70
	重粉土	>30～40	<70～60
黏性土	轻黏土	>40～50	<60～50
	中黏土	>50～65	<50～35
	重黏土	>65	<35

日晒盐田包括蒸发区和结晶区，合适的土壤粒径级配对于减少卤水渗透损失以及选择收盐机械具有重要作用。黏性土的颗粒最小、比表面积很大、孔隙小且透水通气性很弱，毛管水上升高度大，但上升很慢，可塑性和黏着性强，因此蒸发池的盐田土壤以黏性土为最好，小于 0.05mm 粒径占比 50%～70%；结晶池的盐田土壤要求力学强度高，渗透低且水稳定性好，土粒粒径小于 0.01mm 的占比为 30%～40%，大于等于 0.01mm 占比为 60%～70%。

（2）塑性指数分类法

土从某种状态进入另外一种状态的临界含水量称为土的特征含水量，或称为稠度极限，常用的稠度极限有液性界限和塑性极限，可通过锥式液限仪联合测定。

液性界限又称为液限，相当于土从塑性状态变为流动状态的含水量，此时，土中水的形态除了结合水外，已有相当数量的自由水。

塑性极限简称塑限，相当于土从半固体状态变为塑性状态的含水量，此时，土中水的形态近似是强结合水达到最大。

塑性指数为液限与塑限的差值（式 2-18），其物理意义为土所能吸着的弱结合水质量与土粒质量之比，反映土在可塑条件下的含水率范围，可作为土壤分类的指标。

$$I_p = \omega_L - \omega_p \qquad (2-18)$$

式中　I_p——塑性指数；ω_L——液性界限；ω_p——塑性极限。

根据塑性指数可以将土壤分为粉土和黏性土，通常来说，粉土的塑性指数≤10，黏性土的塑性指数＞10，其中，$10<I_p\leqslant17$ 的黏性土又被称为粉质黏土。

（3）颜色分类法

凭借经验可根据盐田土壤的颜色对盐田土壤进行分类。

对于潮湿状态下的盐田土壤而言，颜色为白色时，含砂性土比例高，土壤的透水性高，力学强度高；颜色为黄色时，含黏性土的比例高，透水性好，力学强度差；颜色为青黑色时，砂性土和黏性土约各占一半，透水性好，力学强度高，是最佳的盐田土壤土质，尤其适合用作结晶池板，常被称为青砂碱土。

2.3.2　盐田土壤的基本性质

2.3.2.1　土壤的三相组成

土的物质成分包括作为土骨架的固态矿物颗粒、骨架孔隙中的液态水及其溶解物和孔隙中的气体，因此，土是由颗粒（固相）、水（液相）和气体（气相）组成的三相体系。

固体部分通常由矿物质所组成，有时含有有机质（半腐烂和全腐烂的植物质和动物残骸等），这一部分构成土的骨架，称为土骨架。土骨架间布满相互贯通的孔隙，这些孔隙有时被水完全充满，称为饱和土；有时一部分被水占据，一部分被气体占据，称为非饱和土；有时也可能完全被空气占据，称为干土。

水和溶解于水的物质构成土的液体部分；空气和一些其他气体构成土的气体部分，因盐田池板的土壤中气体很少，故本教材对气相部分不着重讨论。

通常用示意图 2-10 表示土壤的三相组成中固体颗粒、水和气体之间的数量关系。

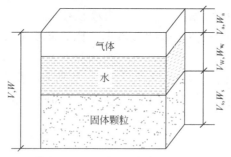

图 2-10　土壤的三相组成示意

V_s—土的固体颗粒部分总体积，cm^3；V_W—土中水的体积，cm^3；V_a—土中气体的体积，cm^3；
W_s—土的固体颗粒部分总质量（105℃烘干恒重），g；W_w—土中水的质量，g；W_a—土中气体的质量，g

2.3.2.2　盐田土壤的物理性质

（1）土的密度

天然状态下单位体积土的质量称为土的（湿）密度：

$$\rho = W/V \qquad (2-19)$$

式中　ρ——土的（湿）密度，g/cm^3；V—土的总体积，cm^3；W—土的总质量，g。

土的密度与土的矿物成分、孔隙大小、含水多少有关，天然状态下土的密度变化范围较大，一般而言：黏性土 $\rho=(1.8\sim2.0)$ g/cm^3，砂土 $\rho=(1.6\sim2.0)$ g/cm^3。

土的密度是重要的物理指标之一，其大小直接反映出土的密实程度，其值与土的机械组成、含水量、含盐量等因素有关，尤其受孔隙度的影响最大。土的密度可用环刀法和灌沙法测定。

1）饱和密度

土的孔隙全部被水充满时的单位质量称为饱和密度。

$$\rho_{sat} = \frac{W_s + \left(V_W + V_a\right)\rho_W}{V} \qquad (2-20)$$

式中　ρ_{sat}——土的饱和密度，g/cm^3；ρ_W——水的密度，等于 1 g/cm^3；其他符号意义同前。

2）干密度

单位土体积中固体颗粒部分的质量称为土的干密度。

$$\rho_d = \frac{W_s}{V} \qquad (2-21)$$

式中　ρ_d——土的干密度，g/cm^3；其他符号意义同前。

干密度反映土颗粒排列的紧密程度，一般 $\rho_d > 1.6$ g/cm^3 时土壤密实度高。

3）浮密度

一般从地下水位以下取出的土，其天然密度可作为饱和密度。当土处于地下水位以下时，则受到水的浮力作用，单位土体积中颗粒的有效质量，由单位土体积中颗粒的质量扣除浮力，此时的密度称为土的浮密度。

$$\rho' = \frac{W_s - V_s\rho_W}{V} = \rho_{sat} - \rho_W \left(\rho_W \approx 1g/cm^3\right) \qquad (2-22)$$

式中　ρ'——土的浮密度，g/cm^3；其他符号意义同前。

上述各密度指标，在数值上有如下关系：

$$\rho_{sat} \geq \rho \geq \rho_d > \rho'$$

（2）土粒相对密度

土粒相对密度定义为土中固体颗粒与同体积纯水在4℃时的质量之比，即

$$d_s = \frac{W_s}{V_s \rho_W} = \frac{\rho_{sat}}{\rho_W} \qquad (2\text{-}23)$$

式中　d_s——土粒相对密度，无量纲；其他符号意义同前。

一般情况下，土粒的相对密度就等于土粒密度，但是二者含义不同，前者为两种物质质量之比，无量纲；而后者为土粒的质量密度，有单位。土粒相对密度大小随土粒矿物成分而异，砂土为2.65～2.69，粉土为2.70～2.71，黏性土为2.72～2.76。土中含有大量有机质时，土粒相对密度则显著减小。土粒相对密度可用密度瓶法测定。

（3）含水率

土中水的质量与土的固体颗粒质量之比，称为含水率，常用百分比表示。

$$\omega = \frac{W_W}{W_s} \times 100\% \qquad (2\text{-}24)$$

式中　ω——含水率；其他符号意义同前。

含水率反映土的干湿程度，含水率越大土越湿越软，地基的承载力越弱。我国沿海软黏土含水率接近50%，高者达60%～70%，地基土承载力仅为50～80kPa。含水率可用烘干法、酒精燃烧法测定。

（4）孔隙比

土中孔隙体积与土的颗粒体积之比，称为孔隙比。

$$\varepsilon = \frac{V_W + V_a}{V_s} \times 100\% \qquad (2\text{-}25)$$

式中　ε——孔隙比；其他符号意义同前。

孔隙比表明土的密实程度，土的沉降与土的孔隙比有着密切的关系。天然状态的黏性土，一般当$\varepsilon<0.6$时，土密实压缩性低，当$\varepsilon>1.0$时，土是松软的。高压缩性的淤泥质土的ε值达到1.5以上。地基土层中含有$\varepsilon>1.0$的黏性土时，地基的沉降量较大。

（5）孔隙率

土的孔隙率n是土中孔隙所占体积与土总体积之比，即：

$$n = \frac{V_W + V_a}{V} \times 100\% \qquad (2\text{-}26)$$

式中　n——孔隙率；其他符号意义同前。

（6）饱和度

土中水的体积与孔隙体积之比称为饱和度。

$$S_r = \frac{V_W}{V_W + V_a} \times 100\% \qquad (2\text{-}27)$$

式中　S_r——土的饱和度；其他符号意义同前。

土的饱和度表示土壤的潮湿程度，如$S_r=100\%$，表示孔隙中充满水，土是完全饱和的；$S_r=0$，土是完全干燥的。

（7）含盐量与含盐度

盐田土壤由于长期被卤水所浸泡，发育成熟的盐田土壤含有大量盐类，盐田土壤含盐分多少通常可用含盐量和含盐度两个指标来表示。

含盐量是指土壤中可溶性盐类质量与土壤中固体颗粒质量的比例；含盐度是指单位体积土壤中水所含可溶性盐类的质量，可通过土壤含盐量和含水量计算得到。

$$n_{salt} = \frac{W_{salt}}{W_s} \times 100\% \qquad (2\text{-}28)$$

$$\omega_{salt} = \frac{W_{salt}}{V_W} \times 100\% \qquad (2\text{-}29)$$

式中　n_{salt}——含盐量；ω_{salt}——含盐度，g/cm^3；W_{salt}——土中可溶性盐类质量，g；其他符号意义同前。

日晒盐场通过实验测定土壤含盐度与卤水浓度（°Bé）之间的关系，进而掌握盐池板的咸度。

（8）土的比热容及导热系数

土的比热容是指 1g 土增温 1K 所需的热量或 $1cm^3$ 土增温 1K 所需的热量。土的组成不同其比热容不同。盐田土壤经压实后，含水量降低，比热容减小，对卤水蒸发有利。

$$c_m = \frac{Q}{W(\theta_2 - \theta_1)} \qquad (2\text{-}30)$$

$$c_V = \frac{Q}{V(\theta_2 - \theta_1)} \qquad (2\text{-}31)$$

式中　c_m——土的质量比热容，$J/(g \cdot K)$；c_V——土的体积比热容，$J/(cm^3 \cdot K)$；Q——热量，J；θ_1、θ_2——温度，K；其他符号意义同前。

土的导热系数是指当温度梯度为 1K 时，单位时间内通过单位面积所传递的热量。

$$\lambda = \frac{Qh}{A(\theta_2 - \theta_1)t} \qquad (2\text{-}32)$$

式中　λ——导热系数，$J/(cm \cdot s \cdot K)$；h——土层厚度，cm；A——面积，cm^2；t——时间，s；其他符号意义同前。

不同类型的土壤其导热系数不同，土壤温度的昼夜变幅随深度而减小，一般在 80～100cm 深处即不显著。

（9）土壤的塑性

土壤的塑性指的是当黏性土在其可塑状态含水量范围内，可用外力塑成任何形状而不发生裂缝，且当外力去除后仍可保持既有形状的性质。

1）塑性指数

塑性指数定义为液限和塑限的差值（式 2-18），显然，塑性指数越大，土处于可塑状态的含水量范围也越大，塑性指数的大小反映了土中结合水的可能含量。土粒越细，反离子层中低价阳离子含量越高，塑性指数越高。

2）液性指数

液性指数定义为黏性土的天然含水量和塑限的差值与塑性指数之比，用符号 I_L 表示：

$$I_L = \frac{\omega - \omega_p}{\omega_L - \omega_p} = \frac{\omega - \omega_p}{I_p} \qquad (2\text{-}33)$$

液性指数主要表示土的物理状态，天然含水量低于塑限时，土处于坚硬状态；ω 大于 ω_L 时，I_L 大于 1，土处于流动状态；ω 在 ω_p 和 ω_L 之间时，即 I_L 在 0～1 之间，则土处于可塑状态。因此，可以将液性指数作为土壤塑性状态划分指标，I_L 越高，土质越软，反之则土质越硬。

3）天然稠度

土的天然稠度指原状土样测定的液限和天然含水量的差值与塑性指数之比，用 ω_c 表示

$$\omega_c = \frac{\omega_L - \omega}{\omega_L - \omega_p} \qquad (2\text{-}34)$$

本质而言，天然稠度与液性指数均属于土壤实际含水量与其界限含水量的相对关系，为同一特征的两种表征指标。

黏性土随着含水量的不同会处于截然不同的物理状态，含水量偏低时物理状态偏硬，反之则偏软；含水量由低到高变化时，黏性土的状态可分别处于固态、半固态、可塑状态和流动状态。粉土和砂土的通气透水性强，持水性较差，基本无可塑性，因此塑性指标一般应用于黏性土。

2.3.2.3 盐田土壤的水理性质

土壤的水理性质包括持水性、冻胀性、渗透性、胀缩性和崩解性。其中渗透性、胀缩性和崩解性与日晒盐生产密切相关。

（1）渗透性

土是三相组成的多孔介质，其孔隙在空间相互连通。在饱和土中，水会充满整个孔隙，当土中不同位置存在水位差时，土中水在水位能量的作用下，从水位高的位置向水位低的位置流动。土中水从土体孔隙中透过的现象称为渗透，土体具有被液体透过的性质称为土的渗透性。

土的渗透性可用渗透系数评价，渗透系数相当于单位渗流长度上的水头损失为 1 时的渗流速度，可通过达西渗透实验测得，具体计算公式与实验装置详见 2.3.4 节内容。

（2）胀缩性

土的胀缩性是指土壤具有吸水膨胀和失水收缩的两种变形特征，土壤吸水后体积膨胀的性质称作土壤膨胀性。黏性土主要由亲水性矿物组成时具有显著的胀缩性，习惯性称为膨胀土，此类土一般强度较高但不易压缩。

自由膨胀率可较好地反映土壤矿物成分、颗粒组成、化学成分和交换阳离子性质的基本特征。土中蒙脱石矿物越多，小于 0.002mm 的土粒越多，自由膨胀率越高。对于盐田土壤而言，由于土壤可以吸附大量的活泼钠、钾阳离子，自由膨胀率更高，显示出强烈的胀缩性。

自由膨胀率可按式（2-35）计算：

$$\delta_{ef} = \frac{V_{sw} - V}{V} \times 100\% \qquad (2\text{-}35)$$

式中　δ_{ef} ——自由膨胀率；V_{sw} ——土样在水中膨胀稳定后的体积，cm^3；其他符号意义同前。

（3）崩解性

土壤与水作用后，丧失其力学强度的性质称作土壤的崩解性或湿陷性，也称作黏水性、水稳定性或湿化性。土壤的崩解性是由于水破坏了土粒间的联结物质成分（碳酸盐类）而引起的。

对黏性土壤来说，土壤颗粒依靠土壤胶体相互黏结在一起，遇水后，外层土的毛细孔内被水浸入，压缩了其间的空气，到一定程度后，被压缩空气的膨胀压强能阻止水继续浸入。这样土壤将出现外层浸润膨胀而内层仍呈原状的现象，结果内外层产生不均匀的应力，致使外层剥落。水继续浸入土体则土体继续崩解。

从土壤崩解的原因可知，土壤的崩解性大小取决于土壤膨胀程度和水浸入土壤的速度两个因素，哪个因素作用占主导地位则哪个因素决定崩解性的变化。

例如：土壤越黏重则土壤膨胀性越大，此因素会促使土体崩解，但黏重的土壤孔隙微小，水分难以进入，此因素又阻碍土体崩解。假如土体不密实，前一因素起主导作用，土体很快崩解；若土体很密实，则后一因素起主导作用，土体崩解很慢。踩压密实的盐田熟泥，浸在卤水中不崩解与此原因有关。

一般来说，土壤崩解性变化受土壤膨胀性、密实度和原始含水量的影响，土壤膨胀性越大、土壤的密实度越小或原始含水量越低则土壤崩解性越大。

在盐田建设和改造过程中利用土壤的崩解性提高土壤密实度，减少卤水渗透损失。例如：在改滩和建滩的工程中，为了把生土块变成细碎的土粒，首先需要把生土块尽量晾晒干透，然后用不同浓度卤水浸泡，利用土壤的崩解性就可以很容易地达到密实土壤的目的。

土壤中的固体盐类对崩解性也有影响，易溶盐类在水中溶解迅速促进土的崩解，而难溶盐类在水中溶解很慢且溶解度小，故将阻碍土壤的崩解。

2.3.3　土壤胶体与水分

土壤胶体是指土壤中颗粒直径在 $1\sim500nm$ 范围具有胶体性质的微粒部分。盐田土壤胶体的粒径通常小于 $250nm$，构成盐田土壤胶体的大部分为黏土，因此本教材所指土壤胶体均为黏土胶体。在黏土中，黏土颗粒和腐殖质等有机体为分散相而水为分散介质组成胶体分散系，土壤胶体的组成与结构对其崩解性和渗透性等水理性质具有显著影响。

2.3.3.1　土壤的胶体结构

黏土主要由黏土矿物和有机质组成，其中黏土矿物实际上为铝-硅酸盐晶体，由两种晶片交互成层叠置构成，一种为二氧化硅，基本单元为 Si-O 四面体，一个硅片由六个 Si-O 四面体组成；另一种为铝氢氧化物，基本单元为 Al-OH 八面体，一个铝片由四个八面体组成。晶胞的不同堆叠形成不同的黏土矿物，主要分为蒙脱石、伊利石和高岭石三类。

黏土颗粒一般为扁平状或纤维状，与水作用后经离解、吸附、同晶置换和边缘断裂等颗粒表面会带负电荷，但颗粒的边缘局部带有正电荷。离解作用：黏土矿物颗粒与水作用后离解为更小的颗粒，阳离子溶解在水中，而阴离子则保留在表面。吸附作用：溶于水中的微小黏土矿物颗粒把水介质中一些与本身结晶晶格中相同或相似的粒子选择性地吸附在表面。同晶置换：指晶格中高价阳离子被低价的阳离子置换，从而产生过剩的未饱和负电荷，这种现象在蒙脱石中尤为明显，故其表面的负电性最强。边缘断裂：理想晶体的内部电荷是平衡的，在颗粒的边缘处，产生断裂后，晶体连续性遭到破坏，造成电荷不平衡，因而比表面积越大，表面能也就越大。

由于黏土颗粒的表面带电性，围绕黏土颗粒将形成电场，因水为极性分子，电场范围内水分子和水溶液中阳离子均被吸附在颗粒表面，呈现不同程度的定向排列，这导致黏性土具有许多无黏性土所没有的性质。

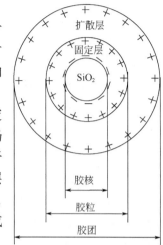

黏土颗粒周围水溶液中的阳离子（Na^+、K^+、Ca^{2+}等），一方面受到土粒电场的静电引力作用，另一方面又受到布朗运动的扩散力作用。在最靠近土粒表面处，静电引力最强，把水化离子和极性水分子牢固地吸附在颗粒表面形成固定层。在固定层外围，静电引力比较小，因此水化离子和极性水分子的活动性比在固定层中大些，形成扩散层。扩散层外的水溶液不再受土粒表面电场影响，阳离子也达到正常浓度。固定层和扩散层中所含的阳离子与土粒表面负电荷的电位相反，故称为反离子，固定层和扩散层又合称为反离子层。反离子层与土粒表层负电荷一起构成双电层，即为土壤的胶体结构，如图 2-11 所示。黏土矿物颗粒带负电并成为胶体结构的核心，由于反离子层的存在整个胶体结构（胶团）呈电中性。

图 2-11　土粒胶体结构示意

从热力学观点来看，胶体粒子处于极不稳定状态，它们有相互结合起来变成大粒子以至沉积下来的趋势，从而丧失了胶体的稳定性。胶体颗粒相互凝集成大颗粒而沉积下来的现象称为胶体的凝集。土壤胶体的凝集和分散使土壤性质发生变化，由于土壤胶体的独特组成和结构，导致其具有带电性和吸附性。

2.3.3.2　土壤胶体双电层理论

胶体中电位以及粒子浓度分布一般采用双电层理论来描述，经典双电层理论包括 Helmholtz 双电层理论、Gouy-Chapman 双电层学说、Stern 双电层理论和 Grahame 双电层模型等，其中应用较多的是 Gouy-Chapman 的双电层学说，其模型如图 2-12 所示，并进行如下假设：

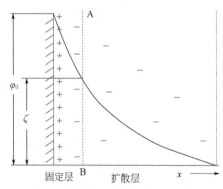

图 2-12　Gouy-Chapman 双电层模型

① 表面是无限大且电荷均匀的平面；

② 双电层扩散部分的离子是点电荷，且服从玻尔兹曼分布定律；

③ 假设溶剂对双电层影响只通过介电常数，而且在扩散层的各部分介电常数相同。

由于正、负离子浓度在扩散层中符合玻尔兹曼定律，因此：

$$c_i = c_i^0 \exp\left[-z_i e\varphi / (kT)\right] \tag{2-36}$$

式中　c_i——电位 φ 处 i 离子浓度，mol/L；c_i^0——本体溶液中 i 离子浓度，mol/L；z_i——i 离子价态数；e——单位电荷电量，1.602×10^{-19} C；k——玻尔兹曼常数，1.38×10^{-23} J/K；T——

热力学温度，K；φ——电位，V；$z_ie\varphi$——电位能，即一个价电数为 z_i 的 i 离子移至电位为 φ 处所做的功，J。

对于土壤胶体，黏土矿物颗粒的表面电位最高，在扩散层中电位随着与表面距离增加呈指数关系下降：

$$\varphi_x = \varphi_0 \exp(-\kappa x) \qquad (2\text{-}37)$$

式中　φ_x——距离表面 x 处的电位，V；φ_0——土壤胶体表面电位，V；κ——常数，与离子浓度、离子价、介电常数和温度有关，其倒数被称为"德拜长度"，习惯性称为扩散双电层的厚度。

在 298.15K 时，对称电解质水溶液的 κ 为：

$$\kappa = 3 \times 10^7 \left(\sum cz^2 \right)^{1/2} \qquad (2\text{-}38)$$

式中　c——本体溶液的浓度，mol/m^3；其他符号意义同前。

上式表明，离子价数越高以及浓度越高，则 κ 越大，$1/\kappa$ 越小，即离子浓度与价数增加，双电层厚度变小。

反离子层中水分子和阳离子越靠近土粒表面则排列得越紧密和整齐，离子浓度也越高，活动性也随之降低。扩散层水膜的厚度对黏土胶体的工程性质影响很大，扩散层厚度越大则土的塑性越大，膨胀和收缩性也大。根据双电层理论，双电层厚度与矿物本身和外界条件有关，主要取决于颗粒表面电荷浓度、离子性质、价态、pH 值和温度。以蒙脱石为例，尽管其矿物颗粒的厚度较小，但是其形成的固定层和扩散层相对厚度远高于高岭石。

水溶液中阳离子价态越高，与土粒的静电引力越强，平衡土粒表面负电荷所需的阳离子或水合离子的数量越少，则扩散层越薄；对于价态相同的阳离子，离子半径越大则扩散层越薄；外部温度越高则双电层厚度越大；土壤中常见的几种阳离子，在浓度相近的条件下，扩散层厚薄的顺序是：

$$Na^+ > K^+ > Mg^{2+} > Ca^{2+} > Al^{3+} > Fe^{3+}$$

在实际工程中可根据上述原理来改良土质。例如可以通过利用三价和二价阳离子处理黏土，使扩散层中的高价阳离子浓度增加，扩散层变薄，从而增加土的强度与稳定性，降低其膨胀性。

双电层的形成使周围固体颗粒与液相发生错动时，与无双电层的情况截然不同。无双电层时错动发生在固液之间，有双电层时错动发生在液体的薄膜上，即紧贴固体表面的薄膜变成了固体的一部分，随固体一起发生错动，运动发生在固定层和扩散层之间，即两层之间存在电位差即为电动电位，其数值的大小反映胶体粒子带电能力的强弱和稳定程度，数值越大则带电能力越强，胶粒间斥力增强，胶体呈分散状态越稳定；反之，稳定性越差。当电动电位降至某一数值时，胶体颗粒开始发生凝结，此时的电位称临界电位，当其降为零时，达到等电点，完全破坏了胶体的稳定性，引起胶体的凝聚。

在含盐高的水中沉积的黏土，由于离子浓度的增加，反离子层变薄，斥力降低，在净吸引力作用下，黏土颗粒容易絮凝成集合体下沉，形成絮凝结构。因此，河水流入海水时，由于海水中的盐度高，导致这类絮凝沉积为淤泥，故沿海滩涂主要由黏土组成。

2.3.3.3 土壤胶体的吸附性能

土壤胶体颗粒较小，比表面积巨大，因而具有吸附性。土壤的吸附主要发生于固液表面和固气表面，本教材只讨论固液表面的吸附。

土壤作为吸附剂时既可吸附溶剂也可吸附溶质。在土壤表面，溶质分子和溶剂分子相互制约。根据胶体的双电层理论，土壤表面覆盖有固定层和扩散层，溶质分子必须穿过这一层才能被吸附。显然，溶质分子越大、矿物颗粒的孔径越小、溶液浓度越大则扩散速度就越慢，故一般固液界面吸附达到平衡所需时间较长。另外，被吸附的物质既可以是电中性的分子也可以是荷电离子，前者称为分子吸附，后者称为离子吸附。

（1）分子吸附

分子吸附可以分为物理吸附和化学吸附。物理吸附的吸附热较低，一般为 $20.92 \sim 41.82\text{kJ/g}$，与气体的液化热处于同一数量级，因此物理吸附可以认为是气体的凝结过程。物理吸附产生的原因一般认为是范德华力的作用结果，无电子对的形成和选择性，受条件限制较少。

化学吸附的吸附热较高，一般在 $41.82 \sim 418.2\text{kJ/g}$，与化学反应热相当，并且在吸附过程将形成化合物，有电子对的形成。化学吸附是有选择性的，只有在被吸附物质与矿物颗粒表面能够存在化学反应的条件下才能够发生，例如：

$$\boxed{\genfrac{}{}{0pt}{}{+}{-}}\,Ca^{2+}+Na_2CO_3 = \boxed{\genfrac{}{}{0pt}{}{+}{-}}\genfrac{}{}{0pt}{}{Na^+}{Na^+}+CaCO_3 \tag{2-39}$$

黏土胶体经分子吸附后可以使土壤发生淤集和凝聚，从而降低矿物颗粒之间的间隙，起到降低渗透的作用。

（2）离子吸附

离子吸附的表现形式一般为离子的置换，即矿物颗粒与溶液作用时，表面吸附的离子被溶液中的离子置换出来。离子的置换一般发生在胶体双电层的扩散层中，离子的置换反应分为阳离子置换和阴离子置换，盐田中的土壤胶粒一般吸附阳离子，如式（2-40）所示，本教材主要介绍阳离子的置换吸附。

$$\boxed{\genfrac{}{}{0pt}{}{+}{-}}\,Ca^{2+}+2NaCl = \boxed{\genfrac{}{}{0pt}{}{+}{-}}\genfrac{}{}{0pt}{}{Na^+}{Na^+}+Ca^{2+}+2Cl^- \tag{2-40}$$

阳离子的置换吸附过程中，必须满足胶体与离子间的电中性状态，并满足以下两个条件：

① 置换吸附为可逆反应，而且平衡时间极短；

② 置换反应一般按照当量关系进行，即离子间以化合价进行交换。

置换吸附过程受价态、离子半径、离子运动速度、浓度、pH 值和温度等因素的影响：

① 价态越高离子置换能力越强；

② 价态相同时，离子半径越大则单位表面积上电荷量越小，水化程度越低且水化膜越薄，导致胶粒间吸附力越大，置换能力越强；

③ 离子运动速度对置换力影响也较大，如 H^+ 的半径极小且运动速度快，使其置换能力很强，是 Ca^{2+} 的 4 倍、Na^+ 的 17 倍，土壤中常见的几种交换性阳离子的半径及置换能力顺序为：

$$H^+>Ca^{2+}>Mg^{2+}>K^+>Na^+$$

④ 溶液中某种离子的浓度越高其对应的置换能力也就越强，例如刚投入生产的盐田，土壤中一般钙离子较多，而在卤水的浸泡下，由于卤水中钠离子含量很高，就可以将土壤中的钙离子置换出来，导致土壤逐渐被钠离子饱和而成为钠黏土；

⑤ pH值升高时土壤的负电荷增加，阳离子的吸附数量也随之增加；

⑥ 温度升高可加快置换反应的速率，但是温度升高增加了离子平均动能，扩散层加大，从而减弱了土壤对离子的吸附强度。

土壤吸附阳离子后，本身的性质将会发生变化，如表2-8所示。由于盐田土壤长期被浸泡在卤水中，Na^+的浓度最高，土壤胶体周围吸附的阳离子均被Na^+所置换（式2-39），导致膜状水加厚，从而形成具有盐田成熟标志的钠黏土。

表2-8　土壤吸附不同阳离子后性质变化比较

土壤性质	比较	土壤性质	比较
分散度	$Na^+>K^+>Mg^{2+}>Ca^{2+}$	可塑性	$Na^+>K^+>Mg^{2+}>Ca^{2+}$
升水性	$Ca^{2+}>Mg^{2+}>K^+>Na^+$	黏结性	$Na^+>K^+>Mg^{2+}>Ca^{2+}$
干时收缩度	$Na^+>K^+>Mg^{2+}>Ca^{2+}$	结构稳定性	$Ca^{2+}>Mg^{2+}>K^+>Na^+$
渗透速度	$Ca^{2+}>Mg^{2+}>K^+>Na^+$	遇水膨胀性	$Na^+>K^+>Mg^{2+}>Ca^{2+}$

2.3.3.4　土壤水分

（1）土壤水分存在状态

水可以呈固态、液态和气态存在于土壤中。从水膜理论的角度看，土壤中的水分除了一部分以结晶水形式存在于固体颗粒内部外，可以分成结合水和自由水两类，如图2-13所示。

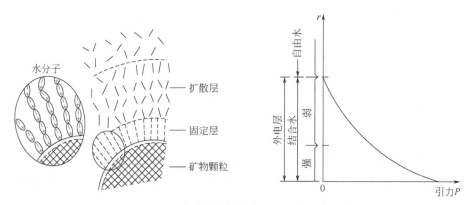

图2-13　土壤矿物颗粒与水分子的相互作用力

1）结合水

受土壤颗粒表面电场作用力吸引而包围在颗粒周围，不传递静水压力也不能任意流动的水称为结合水，根据其离颗粒表面距离不同，受电场作用力的大小也各异，可以分为强结合水和弱结合水两类。

① 强结合水：紧靠于颗粒表面的水分子，受到的电场作用力很大，几乎完全固定排列，

丧失液体的特性而接近于固体，完全不能移动。强结合水相当于反离子层内层（固定层）的水，其冰点低于 0℃，密度比自由水大，具有蠕变性，与结晶水的区别在于温度略高于 100℃ 时可以蒸发。

② 弱结合水：除强结合水外电场作用范围以内的水，相当于反离子层外层的扩散层的水。弱结合水也受表面电荷所吸引而定向排列于颗粒四周，但电场作用力随远离颗粒而减弱。这层水不是接近固态而是一种黏滞水膜。受力作用时由水膜较厚处移至水膜较薄处，也可以因电场引力从一个颗粒的周围转移至另一个颗粒的周围。因此，弱结合水的水膜可以发生变形，但不会在重力作用下流动。弱结合水的存在是黏土在某一含水量范围内表现出可塑性的原因。

2）自由水

不受土壤颗粒电场引力作用的水称为自由水，自由水分为重力水和毛细水。

① 毛细水：由土壤中毛细管力吸持的水分。毛细水在重力或表面张力作用下可移动，当土壤干燥时可失去，-1℃ 时结冻。

② 重力水：具有一般水的性质，0℃ 结冻，4℃ 时具有最大密度，可传递水压，在重力和静水压力下移动。重力水充满未被其他形态水所占据的粗大孔隙和空隙。

地下水包括上层滞水和地下径流等形式，对盐业生产影响较大的是上层滞水。上层滞水是沉积于土层中不透水层上的重力水，其形成和来源主要包括降水和地表渗水、大气中水汽和土中水汽凝结。

以上各种状态的水分不是孤立静止地存在于土壤之中，它们相互联系、相互依存、相互转化。例如土壤中结合水和自由水处于动平衡状态，结合水可以转移到自由水中，自由水也可以转移到结合水中，它们的变化引起土壤水理、力学性质的复杂变化。

（2）土壤水的运动

引起土壤水运动的原因有：水蒸气压强的变化、分子力和毛细管力的作用以及重力作用。

1）汽态水的运动

土壤中不同部位水蒸气压强的差别是汽态水运动的推动力。水汽压强的变化主要由土壤温度变化引起。

2）结合水的运动

结合水运动的推动力为分子力。运动方向为由水膜厚的位置向水膜薄的位置移动，使土壤水膜均匀分布。当温度低于 0℃ 或土壤干燥时，结合水向冻结方向或干燥方向移动，使上层土层中积累大量水分，结合水转变为自由水。

3）毛细水的运动

毛细水在毛细管力的推动力下运动，所谓毛细管力实质就是表面张力。自然土壤中，毛细水上升的高度受诸多因素影响，其中主要的因素是土壤孔隙的大小和联络情况、土壤含水量以及阳离子对土壤胶体形态的影响。

毛细水上升高度和速度对土壤透水性和持水性产生影响，如盐田压池过程中当毛细水上升较快时池板土壤就容易干燥，压实工作应抓紧进行，反之则应多晾少压。

4）重力水的运动

重力水在重力作用下运动。运动速度取决于孔隙大小，孔隙小其阻力大则运动速度小，反之运动速度大。地下水的运动主要受静水压强的作用。在日晒海盐场,地下水受到海水顶托和生产的影响,地下水位往往较高。

（3）土壤水分对土壤性质的影响

当土壤所含水分仅为强结合水时该土壤称为风干土。此时土粒间无水膜黏结力,只有分子引力作用,土壤呈坚硬状态且无可塑性,对土体做功将全部消耗在土体破碎上而无形变消耗功,故此时粉质土和黏质土最易粉碎。

当土壤内同时含有强结合水和弱结合水时,土粒间存在分子引力和水膜黏结力,土壤处于塑性状态,土的黏结力最强且最稳定,便于压实和施工,在此条件下压实,可做最小的压实功得到最大的密实度,利于盐田挖方和填方施工操作。

当土壤中存在自由水时,土壤呈流动状态,黏性降低,土壤在荷重作用下的稳定性急剧降低,盐田施工困难。

2.3.4 盐田土壤的渗透与防渗

日晒盐生产过程在盐田进行,盐田土壤的渗透性直接决定日晒盐的产量。因此,防止盐田土壤渗透至关重要。修建盐田时通过对土壤进行压密处理提高土壤的密实度,从而达到防渗的目的。此外,还可通过铺膜、生物防渗等措施降低卤水渗透量。

2.3.4.1 土壤渗透系数

由于土体中孔隙一般非常小并且曲折,水在土体的流动过程中黏滞阻力很大,流动十分缓慢,因此大多数情况下其流动状态为层流。达西(H.Darcy,1855)利用渗透实验装置(图 2-14)对均匀砂土做了大量渗透实验,得出层流条件下,土中水渗流速度与能量损失的关系,即达西定律(Darcy's law)。

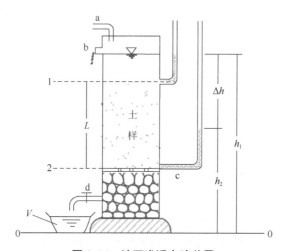

图 2-14　达西渗透实验装置

1,2—土样上下两端的过水断面处;a—进水口;b—溢流口;c—多孔滤板;d—底部排水口;
h_1—断面 1 处测量管水头;h_2—断面 2 处测量管水头;Δh—断面 1 与断面 2 处的水头差 $h_1 - h_2$;
L—断面 1 与断面 2 之间的距离;V—单位时间流入量杯中水的体积

达西渗透实验装置的主要部分为上端开口的直立圆筒,下部放碎石,碎石上放置多孔滤板,滤板上为颗粒均匀的土样。圆筒的侧壁装有两支测压管,水由上端进水管注入圆筒,并通过溢水管保持筒内水位恒定。透过土样的水经装有阀门的管道流入容器中。当筒的上部水面保持恒定后，通过土样的渗流是恒定流，测压管中的水位将保持不变。达西根据不同尺寸的圆筒和不同类型与长度的土样研究发现，单位时间内渗出水量与圆筒截面积和水力梯度成正比，且与土的透水性质有关，即：

$$v = \frac{q}{A} = ki \tag{2-41}$$

式中 v——断面平均渗透速度，cm/s；q——单位渗水量，cm^3/s；A——圆筒截面积，cm^2；i——水力梯度，表示单位渗流长度上的水头损失，$i=(h_1-h_2)/L$，无量纲；k——渗透系数，量纲与渗流速度相同，cm/s。

对于由密实黏土组成的盐田土壤而言，由于吸附的水具有较大的黏滞阻力，因此只有当水力梯度达到一定数值以克服黏滞阻力作用后才能发生渗透，密实黏土的渗透速度与水力梯度的关系可用下式表示：

$$v = k\left(i - i_b\right) \tag{2-42}$$

式中，i_b 为密实黏土的起始水力梯度；其他符号意义同前。

对于由砂砾土和巨粒土组成的盐田土壤而言，在较小的水力梯度下，渗透速度与水力梯度呈线性关系；在较大的水力梯度下，水在土中流动状态由层流变为紊流，渗透速度与水力梯度呈非线性关系，此时：

$$v = k\sqrt{i} \tag{2-43}$$

砂土、密实黏土和砾土的渗透速度与水力梯度的关系如图 2-15 所示。

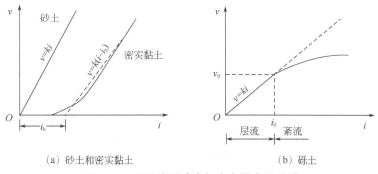

(a) 砂土和密实黏土　　　　　　　　(b) 砾土

图 2-15　土的渗透速度与水力梯度的关系

渗透系数既是反映土渗透能力的定量指标，也是渗流计算时必须用到的基本参数，可以通过试验直接测定，测定方法包括室内渗透试验和现场试验两种。现场试验的测定依据为 GB 50487—2008《水利水电工程地质勘察规范（2022 年版）》，通常采用井孔抽水试验和井孔注水试验测定渗透系数，需在现场打试验井并设置 1~2 个观测孔，具体方法参见相关勘察规范和专著，本教材不再做详细介绍。对于均质的粗粒土，由于其渗透系数较大，井内水头差较大，因此采用现场抽水试验测出的渗透系数比室内试验更为可靠；而对于细粒土而言，其渗透系数较小，井内水头变化不明显，更适合采用室内渗透试验测定其渗透系数，可依据 GB/T 50123—2019《土工试验方法标准》采用变水头渗透试验简便有效测定渗透系数，测试装置如图 2-16 所示。

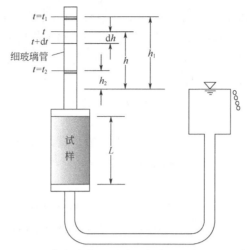

图 2-16　变水头渗透试验测定渗透系数装置示意

在整个变水头试验方法过程中，水头随时间变化，试样的一端与细玻璃管连接，在试验过程中测量某一段时间内细玻璃管中水位的变化，可根据达西定律得到渗透系数：

$$k = 2.3 \frac{aL}{A(t_2 - t_1)} \lg \frac{h_1}{h_2} \tag{2-44}$$

式中　k——渗透系数，cm/s；a——细玻璃管内截面积，cm^2；A——试样截面积，cm^2；L——试样高度，cm；t_1、t_2——测定时间，s；h_1、h_2——t_1、t_2 时刻对应的水位，cm。

式（2-44）中，a、L、A 为已知，试验时只要测量与时刻 t_1 和 t_2 对应的水位 h_1 和 h_2，即可计算渗透系数。

此外，渗透系数还可根据有效粒径和孔隙比等通过经验公式计算：

$$松砂土：k = 1.0 - 1.5d_{10}^{2} \tag{2-45}$$

$$密实砂土：k = 0.35 D_{15}^{2} \tag{2-46}$$

$$黏土：k = C_3 \frac{\varepsilon^n}{1 + \varepsilon} \tag{2-47}$$

式中　d_{10}——土的有效粒径，即土中小于此粒径的土重占全部土重的 10%，mm；D_{15}——小于某粒径土质量累计含量 15% 对应的颗粒直径，mm；C_3，n——试验确定的常数；ε——土壤的孔隙比。

2.3.4.2　影响盐田土壤渗透的因素

盐田土壤渗透受多种因素影响。依据土壤孔隙大小、构造及水与土的相互作用，影响土壤渗透的主要因素包括土壤因素和水的因素。

（1）土壤因素

1）土壤的粒径级配

土壤粒径越小，土壤包含的粒径等级越多，则土壤的孔隙度越低，其渗透性越低，70%砂粒与30%黏土构成的土壤经压实后能达到基本不透水的程度，是最优级配土壤。一般情况下土粒越粗、大小越均匀、形状越圆滑，则土壤的渗透系数越高，土壤渗透性有如下规律：

黏土<壤土<砂壤土<砂土

2）土壤的密实度

土壤越密实则渗透系数越低。对于砂土，其渗透系数与孔隙比和相对密度呈线性关系；对于黏性土，其孔隙比对渗透系数的影响较大。

3）土的结构

黏结性盐田土壤由于结构差异则透水性也不同。盐田土壤母质多为沉积土，其结构大多为蜂窝状或絮状，透水性很大。建成盐田投产后，在池板土层中能产生一层黏闭、胶结且坚固的黏土沉积层，降低池板的透水性，甚至达到基本不渗透的程度。同时土壤的构造对于渗透系数的影响也很大，黏土层中存在很薄的砂土夹层时，会使土在水平方向的渗透系数值远高于垂直方向。

4）土的饱和度

一般情况下，饱和度越低，土壤渗透系数越低。因此低饱和度土的孔隙中存在较多的气泡会减小过水断面积，甚至堵塞细小孔道。此外，水中溶解气体使水的黏度增加，从而增加渗透水流动阻力，降低土壤的渗透系数，若孔隙被封闭性气体充满则可导致土壤渗透水断流，变得基本上不渗透。同时由于土壤中的气体因孔隙水压强的变化而涨缩，使得其对饱和度的影响具有不确定性。

（2）水的因素

1）水深

水深的变化会改变水力梯度，进而影响水的渗透性能，如表2-9所示。

表2-9　水深对渗透量的影响实验结果

水深 /cm	干容重 /(g/cm³)	地下水与池板距离 /cm	水力梯度	卤水平均浓度 /°Bé	卤水平均温度 /℃	实测渗透量 /(mm/24h)	计算渗透量 /(mm/24h)	误差 /(mm/24h)
6	1.53	10	1.6	10	22	0.545	0.534	±0.011
9	1.53	10	1.8	10	22	0.613	0.635	−0.022
12	1.53	10	2.2	10	22	0.763	0.735	+0.028
15	1.53	10	2.5	10	22	0.844	0.835	+0.009
20	1.53	10	3.0	10	22	0.973	1.002	−0.029
平均	1.53	10	—	10	22	—	—	—

2）地下水位

地下水位影响水力梯度的变化，地下水位越高则土壤的透水性越小。盐田表层压实后，其透水性将小于下层，地下水位降低会引起土壤孔隙内气体的压强呈真空的情况，从而增加土壤的透水性。

3）水温

渗透系数与渗流液体的密度以及黏度有关，渗流液体的密度随水温的变化较小，但黏度随水温变化较大。水温越高则黏度越低，渗透系数与黏度成正比关系，因此水温越高，土壤的透水性越大。

4）土壤孔隙水中所含气体的影响

土壤孔隙水中经常含有吸附性气泡和溶解性气体。吸附性气泡占据一部分孔隙，使孔隙变小，因而能减小土壤透水性。水中溶解的气体使水的黏度增大，增加渗透水流动阻力，并使土壤透水性减小。若孔隙被封闭性气体充满，可使土壤渗透水断流，变得基本上不渗透。

2.3.4.3 盐田土壤防渗措施

盐田卤水渗透速度对日晒盐影响显著，直接决定产盐量。受土壤条件和水的因素影响，盐田卤水渗透不可避免，日晒盐生产过程中可以通过采用有效的防渗措施减少卤水渗透，主要包括压实防渗、化学防渗、盐田生物防渗和塑膜铺底防渗等。

（1）压实防渗

压实防渗是借用外力压实土壤，破坏土壤结构，减少土壤中的膜状含水量，减少土壤孔隙，增加土壤密实度，减少土壤渗透进而提高土壤力学强度的方法。压实防渗是盐田修建过程常用的高效且经济的防渗措施。

（2）化学防渗

化学防渗是土壤中阳离子与液相中的阳离子经过物理化学交换或经过吸附沉积后而降低渗透的方法。在本书 2.3.3 节中提到随着土壤胶体扩散层中离子的置换，可以改变土壤胶体扩散层厚度，进而改变土壤的塑性和渗透性等性质（表 2-8）。例如，可以利用三价或二价阳离子（氧化铁或石膏）处理盐田土壤，增加扩散层中高价阳离子浓度，降低扩散层厚度，增加土的强度与稳定性，降低其渗透性，但此方法速度较慢且费时较长。

除了上述化学防渗方法，近年来还发展了新型化学防渗材料，如乳化沥青、聚乙烯片材、矿渣水泥和脂肪酸等。

（3）盐田生物防渗

盐田生物防渗是利用单胞藻类和卤虫等高盐生物在初级、中级、高级制卤区大量繁殖的过程中，其代谢物和生物尸体在盐池底部沉积并形成垫层而减少卤水渗透。年代久远的盐田池底自然形成的生物防渗垫层较厚，其防渗效果较好，而新建盐田底部基本没有生物垫层故防渗效果不显著。

（4）塑膜铺底防渗

塑膜铺底防渗是采用塑料薄膜铺于盐池底部防止卤水渗透的方法，是日晒盐生产最为有效的防渗措施。

目前我国日晒海盐生产一般采用黑色塑料薄膜（土工膜）铺设于已经做好的盐池底，用于保卤井或高级蒸发池与结晶池防渗，效果非常显著。

（5）其他防渗方法

依据盐田自身性质可以采用其他有效的防渗方法，如铺设砖片和缸瓦片池板、砂性结晶池板、镁砂池板，以及采用物理吸附方法（黏土灌浆）等，均具有不同程度的防渗作用。此外，我国日晒海盐和湖盐区采用死磕盐结晶，盐田池板也具有一定的防渗作用。

2.4 卤水浓缩过程的物化变化

日晒海盐生产是以海水中主要常量元素的四元及五元水盐体系相图为理论基础，基于海水浓缩过程的析盐规律建立的生产工艺。十九世纪，随着物理、化学及相关学科理论和实验理论手段的发展，海水蒸发浓缩规律被认知。目前卤水蒸发析盐规律已成为日晒盐生产工艺建立不可或缺的实验理论基础。

2.4.1　卤水浓缩过程的体积变化

卤水在蒸发浓缩过程中体积逐渐减小，离子和盐类浓度逐渐增大，直至盐类饱和析出。海水蒸发浓缩至 NaCl 饱和以前，卤水中氧化铁、碳酸钙和硫酸钙的析出对于卤水体积影响不大，在实际生产中一般忽略不计；在 NaCl 饱和以后，其析出量大对卤水体积影响显著，需考虑析盐量对卤水体积的影响。

2.4.1.1　卤水浓缩率

（1）不考虑渗透

卤水蒸发浓缩过程的体积缩小具有一定的规律性。卤水浓缩终止体积与初始体积之比称为卤水的体积浓缩率，相应以质量表达则为卤水的质量浓缩率，分别如式（2-48）和式（2-49）所示。

$$C_V = \frac{V_2}{V_1} \times 100\% \qquad (2\text{-}48)$$

式中　C_V——卤水体积浓缩率；V_2——浓缩终止卤水体积，m^3；V_1——浓缩初始卤水体积，m^3。

$$C_m = \frac{m_2}{m_1} \times 100\% \qquad (2\text{-}49)$$

式中　C_m——卤水质量浓缩率；m_2——浓缩终止卤水质量，g；m_1——浓缩初始卤水质量，g。

基于实验结果的海（卤）水体积浓缩率如附录 1 所示，一般采用经验式（2-50）计算卤水体积浓缩率。

$$C_V = \frac{(100 - B)(b - 0.15)}{(100 - b)(B - 0.15)} \times 100\% \qquad (2\text{-}50)$$

式中　C_V——卤水体积浓缩率；B——浓缩终止卤水浓度，°Bé；b——浓缩初始卤水浓度，°Bé。

（2）考虑渗透

在盐田土质池板中进行的卤水浓缩均有一定量的渗透，渗透量与池板密实度有关，我国南北方海盐区土质条件差异较大，防渗措施各不相同。一般可以按照式（2-51）进行卤水渗透系数的估算。广东湛江制盐工业研究所（现广东省制盐工业设计研究所）依据雷州和徐闻盐场的实验数据，确定的卤水渗透系数估算经验式为式（2-52）。依据盐田土壤渗透系数可用式（2-53）计算卤水的体积浓缩率。

$$K = \frac{1.172}{B^{0.3}} \qquad (2\text{-}51)$$

$$K = \frac{1.4}{B^{0.3}} \qquad (2\text{-}52)$$

$$C_V = \frac{h - \frac{1}{2}Kt - etf_2}{h - \frac{1}{2}Kt} \qquad (2\text{-}53)$$

式中 K——渗透系数，mm/d；B——基于池内卤水初始和终止浓度的简单算术平均浓度，°Bé；C_V——体积浓缩率；h——卤水深度，mm；t——卤水蒸发天数，d；e——卤水日有效蒸发量，mm/d；f_2——卤水蒸发系数。

由于盐田制卤过程多在土质池板进行，导致卤水的渗透损失，故实际生成卤量小于理论值，以卤水回收率来说明实际制卤效果。卤水回收率为实际生成卤量与理论生成卤量之比。

$$\eta = \frac{V'}{V_1 C_V} \times 100\% \tag{2-54}$$

式中 η——卤水回收率；V'——浓缩至终止浓度的卤水实际生成量，m^3；V_1——初始卤量，m^3；C_V——由初始浓度至终止浓度卤水的体积浓缩率。

2.4.1.2 卤水蒸发率

卤水的蒸发率是指卤水蒸发浓缩过程蒸发水分的体积（或质量）与初始卤水体积（或质量）之比，其表达式和水的蒸发式一致，如式（2-4）和式（2-5）所示。

2.4.1.3 卤水浓缩率与蒸发率的应用

在卤水蒸发浓缩过程中，若仅由水分的蒸发导致卤水体积的减小，则在 NaCl 析出之前，卤水的浓缩率和蒸发率的关系为：

$$E_V = \frac{V_W}{V_1} \times 100\% = \frac{V_1 - V_2}{V_1} \times 100\% = 1 - C_V \tag{2-55}$$

$$E_m = \frac{m_W}{m_1} \times 100\% = \frac{m_1 - m_2}{m_1} \times 100\% = 1 - C_m \tag{2-56}$$

NaCl 析出之后卤水的浓缩率依据实验结果由定义式（2-48）、式（2-49）和式（2-53）计算，卤水的质量蒸发率可由式（2-57）计算。

$$E_m = \frac{V_1 d_1 - V_2 d_2 - \sum m_S}{V_1 d_1} \times 100\% \tag{2-57}$$

式中 E_m——卤水质量蒸发率；V_1——初始卤水体积，m^3；d_1——初始卤水密度，kg/m^3；V_2——终止卤水体积，m^3；d_2——终止卤水密度，kg/m^3；$\sum m_S$——卤水浓缩过程析出的总盐量，kg。

海（卤）水的浓缩率与蒸发率在日晒海盐生产过程可用于盐田制卤区面积估算和卤量计算。

【例 2-2】 某年产 5 万吨日晒海盐场，产 1 吨盐需要饱和卤约 $5m^3$。如纳入海水浓度为 2.5°Bé，渗透损失按照海水量的 40% 计算，需纳入海水的量是多少？

解：年产 5 万吨盐需要饱和卤量为 $5 \times 50000 = 250000$（m^3）。海水由 2.5°Bé 浓缩至 25.5°Bé 的体积浓缩率为（可查附录 1）：

$$C_V = \frac{(100 - B)(b - 0.15)}{(100 - b)(B - 0.15)} \times 100\% = \frac{(100 - 25.5) \times (2.5 - 0.15)}{(100 - 2.5) \times (25.5 - 0.15)} \times 100\% = 7.083\%$$

则不考虑渗透所需海水量为：

$$Q = 250000 / 0.07083 = 3529578 \quad (\text{m}^3)$$

因为渗透损失占总海水量的 40%，故实际纳入海水量为：

$$Q_1 = 3529578 / 0.6 = 5882630 \quad (\text{m}^3)$$

2.4.2 海水浓缩析盐规律及其应用

2.4.2.1 海水浓缩析盐规律

（1）地中海海水浓缩析盐规律

意大利化学家犹西克利奥（Usiglio）最早采用实验方法，获得了地中海海水在 40℃条件的等温析盐规律，结果如附录 2 所示，各种盐类的析出情况为：

① 氧化铁（Fe_2O_3）　首先析出并于卤水浓缩至 7.1°Bé 前全部析出，海水中含该盐质量为总盐质量的 0.078‰，可忽视不计。

② 碳酸钙（$CaCO_3$）　自海水浓缩开始析出并于卤水浓缩至 16.75°Bé 时全部析出，海水中含该盐质量为总盐质量的 3.05‰。

③ 硫酸钙（$CaSO_4 \cdot 2H_2O$）　海水浓缩至 14°Bé 以后开始析出至 30.2°Bé 时全部析出。卤水在 16.75～20.60°Bé 浓度范围内硫酸钙累计析出量最大，占海水中该盐质量的 64.16%。

④ 氯化钠（NaCl）　海水浓缩至 26°Bé 左右时开始析出，卤水 28.5°Bé 时约析出海水中该盐总质量的 70.07%，28.5°Bé 以后析出缓慢；卤水浓缩到 30.2°Bé 和 35°Bé 时析出 NaCl 质量分别占海水中该盐总质量的 78.90% 和 91.28%。

⑤ 硫酸镁（$MgSO_4 \cdot 7H_2O$）　卤水浓缩至 26°Bé 左右当 NaCl 析出时，硫酸镁尚未饱和，在卤水浓缩至 30.2°Bé 之前，由于 NaCl 析出母液夹带累积质量占海水中该盐质量的 2.44%，卤水自 30.2°Bé 浓缩至 35°Bé 夹带与析出盐量占海水中该盐质量的 23.44%。

⑥ 氯化镁（$MgCl_2 \cdot 6H_2O$）　海水浓缩至 35°Bé 之前，氯化镁在卤水中尚未达到饱和，故其在卤水中的损失源于氯化钠和硫酸镁析出过程母液夹带，至 35°Bé 累计夹带的量占海水中氯化镁质量的 4.62%。

犹西克利奥开展的地中海海水等温浓缩实验中，将海水浓缩到 35°Bé 时，剩余母液中尚含有全部氯化钾、大部分氯化镁、约四分之三的硫酸镁、大部分溴化钠和少量氯化钠。

依据附录 1 实验数据计算得到地中海海水浓缩至不同浓度卤水的 Na/Mg 如附录 3 所示。

犹西克利奥海水浓缩析盐规律研究实验的不足之处在于：未能给出硫酸钙、氯化钠和硫酸镁等盐类准确的析出浓度。相关学者通过实验研究表明，加勒比海海水浓缩过程硫酸钙的析出浓度为 11.94°Bé（$d=1.0897$），NaCl 的析出浓度为 26°Bé（$d=1.2185$）。

（2）渤海海水浓缩析盐规律

原天津轻工业学院盐业化学工程系（现天津科技大学化工与材料学院）的相关学者开展了渤海海水 20℃等温蒸发浓缩析盐规律实验研究，结果如附录 4 和表 2-10 所示。据此可知渤海海水硫酸钙的析出浓度为 12.19°Bé（$d=1.0911$），NaCl 的析出浓度为 25.88°Bé（$d=1.2173$），渤海海水等温蒸发浓缩过程蒸发率和浓缩率、卤水中离子及盐浓度等因素与卤水相对密度的关系分别如图 2-17 至图 2-20 所示。

表2-10　1L渤海海水 20℃浓缩得饱和卤水再浓缩缩硫酸钙和氯化钠析出规律

编号		1	2	3	4	5	6	7	8	9	10	11	12	13
相对密度		1.2173	1.2185	1.2237	1.2289	1.2342	1.2395	1.2448	1.2502	1.2557	1.2612	1.2667	1.2723	1.2779
浓度/°Bé(20℃)		25.88	26.00	26.50	27.00	27.50	28.00	28.50	29.00	29.50	30.00	30.50	31.00	31.50
卤水体积/mL		95.01	91.08	66.89	53.17	44.23	38.01	33.77	29.94	27.12	24.87	23.04	21.48	20.17
卤水体积浓缩率/%		100.00	95.86	70.40	55.96	46.55	40.01	35.54	31.50	28.54	26.18	24.25	22.61	21.23
卤水蒸发系数		—	0.480	—	0.447	—	0.412	—	0.370	—	0.330	—	0.295	—
Ca²⁺浓度(g/L)		0.371	0.362	0.299	0.216	0.164	0.130	0.105	0.088	0.074	0.068	0.055	0.048	0.043
CaSO₄·2H₂O析出情况	阶段析出质量/g	—	0.082	0.465	0.303	0.152	0.083	0.050	0.032	0.023	0.015	0.011	0.008	0.007
	累计析出质量/g	—	0.082	0.547	0.850	1.002	1.083	1.135	1.167	1.190	1.205	1.216	1.224	1.231
	析出率/%	—	6.50	43.38	67.41	79.46	86.04	89.30	92.55	94.37	96.56	96.43	97.07	97.62
Cl浓度(g/L)		18.83	188.2	187.8	187.5	187.4	187.5	187.9	188.4	189.2	190.2	191.4	192.9	194.6
NaCl析出情况	阶段析出质量/g	—	13.02	79.46	45.01	29.13	20.13	13.58	12.25	8.82	6.94	5.57	4.62	2.79
	累计析出质量/g	—	13.02	92.48	137.49	166.62	186.75	200.33	212.58	221.40	228.34	233.91	238.53	241.32
	析出率/%	—	4.93	35.04	52.09	63.13	70.75	75.90	80.54	83.88	86.51	88.62	90.37	91.42
蒸发水量	阶段蒸发质量/g	—	36.10	226.67	128.49	83.92	58.38	39.87	36.32	26.56	21.24	17.42	14.88	12.60
	累计蒸发质量/g	—	36.10	262.77	391.26	475.18	533.56	573.42	609.75	636.31	657.55	674.97	689.85	702.45
	蒸发率/%	—	2.97	21.59	32.14	39.04	43.83	47.11	50.09	52.27	54.02	55.45	56.67	57.71
产1吨NaCl蒸发水量/m³		—	2.77	2.84	2.85	2.85	2.86	2.86	2.87	2.87	2.58	2.89	2.89	2.90
产1吨NaCl需饱和卤量/m³		—	76.80	10.81	7.27	6.00	5.35	4.99	4.70	4.52	4.38	4.28	4.19	4.13
产1吨NaCl剩余母液量/m³		—	73.63	7.61	4.07	2.79	2.14	1.77	1.48	1.29	1.15	1.04	0.95	0.88
产1吨NaCl消耗淡水蒸发量/m³		—	5.77	—	6.37	—	6.94	—	7.75	—	8.73	—	9.80	—

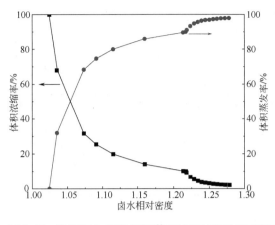

图 2-17 渤海海水 20℃等温蒸发浓缩过程体积浓缩
率和蒸发率与相对密度关系

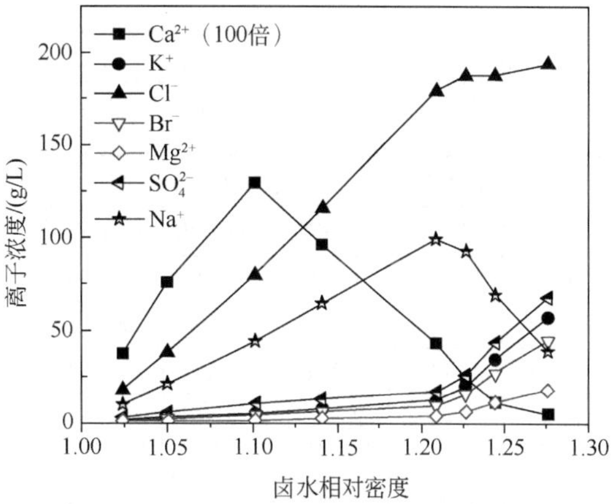

图 2-18 渤海海水 20℃等温蒸发浓缩过程卤水中离
子浓度与相对密度关系

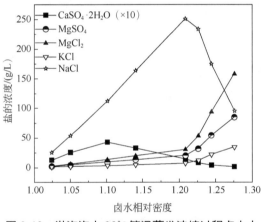

图 2-19 渤海海水 20℃等温蒸发浓缩过程卤水中
盐浓度与相对密度关系

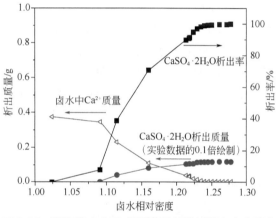

图 2-20 渤海海水 20℃等温蒸发浓缩过程卤水中钙离
子及硫酸钙析出与相对密度关系

天津制盐研究所（现中盐工程技术研究院有限公司）的相关学者研究了渤海海水制盐苦卤 30℃等温蒸发浓缩析盐规律，如表 2-11 所示。结果表明：30℃时，硫酸镁自 34°Bé 左右析出，氯化镁和氯化钾自 36°Bé 左右析出，其中氯化钾和氯化镁以光卤石（$KCl \cdot MgCl_2 \cdot 6H_2O$）复盐的形式析出。

表 2-11 渤海海水制盐苦卤 30℃蒸发浓缩析盐规律

卤水浓度/°Bé（30℃）	卤水体积/mL	卤水组成/（g/L）				阶段析盐量/g	阶段析盐组成/%				
		NaCl	$MgCl_2$	$MgSO_4$	KCl		NaCl	$MgCl_2$	$MgSO_4$	KCl	H_2O
29.99	1000.00	120.760	147.042	77.405	20.530	—	—	—	—	—	—
30.80	884.72	103.070	166.633	86.610	23.002	23.18	70.680	1.273	0.773	0.043	4.274
32.08	789.68	85.800	188.640	95.505	25.135	29.07	87.729	1.821	1.107	0.111	6.394
32.89	726.13	71.245	204.068	103.241	26.745	17.09	86.076	2.165	1.320	0.233	6.430
33.97	666.43	53.092	221.877	111.879	29.847	16.69	85.366	2.851	1.652	0.160	7.057

卤水浓度/°Bé(30℃)	卤水体积/mL	卤水组成/（g/L）				阶段析盐量/g	阶段析盐组成/%				
		NaCl	MgCl₂	MgSO₄	KCl		NaCl	MgCl₂	MgSO₄	KCl	H₂O
34.60	615.44	41.679	239.651	113.273	33.344	20.41	48.766	1.277	24.801	—	—
35.12	517.95	30.575	281.640	94.655	37.415	59.47	23.356	1.633	37.552	—	—
36.15	403.85	1.980	375.800	66.160	12.546	69.14	15.017	7.514	31.666	19.449	9.986
37.28	361.80	4.818	406.050	66.711	5.780	18.71	11.300	22.622	13.072	15.016	13.135
38.22	343.80	0.621	421.146	67.504	6.842	3.82	15.872	27.477	2.505	16.423	10.188
38.90	329.20	2.138	433.578	69.747	2.988	2.40	20.191	25.989	4.082	13.645	—

2.4.2.2 海水蒸发浓缩析盐规律的应用

海水蒸发浓缩析盐规律的研究阐明了该过程盐类的析出情况，可以利用实验结果进行工艺计算，以了解海盐结晶过程各阶段产品的产量、质量、原料消耗及剩余母液等情况，从而确定理论最优工艺条件。现以犹西克利奥实验研究地中海海水 40℃等温蒸发析盐规律数据为例，讨论其在日晒海盐生产中的应用。

① 计算卤水饱和后浓缩至不同浓度氯化钠的析出量和析出率。1L 海水为基准进行等温蒸发浓缩，卤水饱和后浓缩至不同浓度 NaCl 的析出量可从附录 2 直接查得。

【例 2-3】 求卤水从 25°Bé（近饱和）浓缩至 30.2°Bé 时 NaCl 的析出率。

由附录 2 可知，1L 海水中 NaCl 的总量为 29.6959g，卤水由 25°Bé 浓缩至 30.2°Bé 时 NaCl 的析出量为：

$$\Sigma S = 3.2614 + 9.6500 + 7.8960 + 2.6240 = 23.4314 （g）$$

则此阶段 NaCl 的析出率为：$\dfrac{23.4314}{29.6959} \times 100\% = 78.904\%$

② 计算卤水由饱和浓缩至某浓度，产 1 吨 NaCl 需要的饱和卤量及剩余母液（苦卤）量。

【例 2-4】 仍以卤水由 25°Bé 浓缩至 30.2°Bé 为例，求产 1 吨 NaCl 需要的饱和卤量及剩余母液（苦卤）量。

由附录 2 知 1L 海水浓缩至 25°Bé 时卤水的体积为 112mL，浓缩至 30.2°Bé 时析出 NaCl 的量为 23.4314g，则产 1 吨 NaCl 需 25°Bé 卤水量为：112/23.4314=4.780（m³/t）。

由附录 2 可知 30.2°Bé 时卤水体积为 30.2mL，则产 1 吨 NaCl 剩余的母液（苦卤）量为：30.2/23.4314=1.289（m³/t）。

③ 计算饱和卤水浓缩至某一浓度水分蒸发率及产 1 吨氯化钠需蒸发水量。

【例 2-5】 25°Bé 近饱和卤水浓缩至 30.2°Bé 时的水分蒸发率。

25°Bé 卤水质量：$m_1 = V_1 \times d_1 \times \rho_{水} \approx 112 \times 1.208 = 135.296$（g）

卤水浓缩至 30.2°Bé 时蒸发水的质量为：

$$m_W = (V_1 \times d_1 - V_2 \times d_2) \times \rho_{水} - \sum m_s$$
$$\approx 112 \times 1.208 - 30.2 \times 1.2627 - (3.3240 + 9.8462 + 8.1084 + 2.7066) = 73.177 （g）$$

$$E_m = \frac{m_W}{m_1} \times 100\% = \frac{73.177}{135.296} \times 100\% = 54.086\%$$

则产 1 吨 NaCl 需蒸发水量为：73.177/23.4313=3.123（m³/t）。

参考文献

[1] Maidment D R . 水文学手册[M]. 张建云，李纪生，译. 北京：科学出版社，2002.

[2] 齐文，郑绵平. 西藏盐湖卤水蒸发速率的实验与计算[J]. 地质学报，2007，81(12):1727-1733.

[3] 樊小境，杜威，周莹，等. 淡化浓海水自然蒸发速度影响规律研究[J]. 水处理技术，2016，42(10):84-88.

[4] Myerson A . Handbook of industrial crystallization[M]. Boston: Butterworth-Heinemann, 2001.

[5] Chianese A , Kramer H . Industrial crystallization process monitoring and control[M] . Hoboken: Wiley-VCH Verlag GnbH & Co. KGaA, 2012.

[6] 丁绪怀. 工业结晶[M]. 北京：化学工业出版社，1985.

[7] 唐娜. 海盐制盐工（基础知识）[M]. 北京：中国轻工业出版社，2007.

[8] 张士宾，丁吉生. 氯化钠晶体在盐田中生长的结晶动力学条件及控制[J]. 盐业与化工，1996，25(5):25-28.

[9] 唐娜，卢敏，杜威，等. 一种大颗粒漏斗晶盐及其制备方法：CN112811443A[P]. 2021-05-18.

[10] 贺华，孙之南，伍倩，等. Guelph 入渗仪在测定盐田土壤渗透性上的应用[J]. 盐业与化工，2006，35(6):53-56.

[11] 王玉杰，周秀云，马俊涛. 盐田土壤卤水渗透系数试验的研究[J]. 盐业与化工，2012，41(10): 33-35.

[12] 中华人民共和国住房和城乡建设部. 土工试验方法标准 GB/T 50123—2019[S]. 北京：中国计划出版社，2019.

[13] 高大钊，袁聚云. 土质学与土力学[M]. 北京：人民交通出版社，2006.

[14] 李广信. 土力学[M]. 北京：清华大学出版社，2004.

[15] Das B M, Sobhan K. 土力学[M]. 北京：机械工业出版社，2016.

[16] Nyle C B, Ray R W. The nature and properties of soils (15th edition)[M]. New Jersey: Person Education, Inc., 2017.

[17] Huang P M, Li Y, Sumner M E. Handbook of soil sciences[M]. Boca Raton: CRC Press, 2011.

[18] 黄昌勇，徐建明. 土壤学[M]. 北京：中国农业出版社，2010.

[19] 李学垣. 土壤化学[M]. 北京：高等教育出版社，2001.

[20] 于健，史吉刚，宋日权，等. 土壤环境化学调控技术研究与应用[M]. 北京：科学出版社，2016.

[21] 景秀，杨胜科，胡安焱. 土壤化学与环境[M]. 北京：化学工业出版社，2008.

[22] 龚子同，张甘霖，陈志诚. 土壤发生与系统分类[M]. 北京：科学出版社，2007.

思考题

1. 蒸发速度、蒸发量、蒸发率有何区别？

2. 简述蒸发的必要条件。

3. 某气象台测定的皿内蒸发量为 25mm，求 23°Bé 卤水、晒水深度为 20cm 的蒸发量（假设大面积蒸发系数为 75%）。

4. 总结影响盐田卤水蒸发的因素及各因素的影响规律。

5. 真空蒸发相比于自然蒸发有什么优缺点？

6. 什么是初级成核？什么是二次成核？二次成核的机理有哪些？

7. 氯化钠第一介稳区和第二介稳区的结晶过程分别有什么特点？

8. 实际晶体的缺陷有几种？

9. 实际晶体的包裹体是如何产生的?

10. 沸腾蒸发过程中，影响盐产品形态的因素有哪些?

11. 土壤的分类方法有哪些? 按土壤颗粒级配分类将土壤分成几类?

12. 土壤的孔隙度和孔隙比是如何定义的? 土壤的饱和度指什么?

13. 土壤的水分状态有哪些? 吸湿水和膜状水分别指的是何种状态的水?

14. 盐田土壤防渗有何意义? 影响土壤渗透的因素有哪些? 它们是如何影响土壤渗透的?

15. 不考虑渗透的情况下，将 $1000m^3$ $3.5°Bé$ 的海水浓缩至 $12°Bé$，剩余体积是多少?

16. 某年产 15 万吨盐场，每产 1 吨盐需要饱和卤约 $4.8m^3$，问需要饱和卤量为多少? 如纳入海水浓度为 $3°Bé$，若渗透损失按照海水量的 30% 计算，问应该纳入海水的量为多少?

17. 计算 $26°Bé$ 饱和卤水浓缩至 $30.5°Bé$ 时水分蒸发率为多少? 产 1 吨氯化钠需蒸发水量是多少?

18. 某年产 80 万吨日晒海盐场，产 1 吨盐需要饱和卤约为 $4.85m^3$。如纳入海水浓度为 $3°Bé$，渗透损失按照海水量的 30% 计算，则该日晒海盐场年需纳入海水量是多少（m^3）?

19. 北方海盐区某年产 50 万吨日晒海盐场，结晶区 $25°Bé$ 近饱和卤水浓缩至 $30.2°Bé$，计算该过程的水分蒸发量、蒸发率及氯化钠的析出率各是多少? 年需饱和卤量以及副产苦卤量分别为多少（m^3）?

第3章

制盐原料

依据生产原料的不同，盐分为海盐、湖盐和井矿盐。

制盐原料包括固体矿盐、海水和卤水。一般的卤水是指含盐量>5%的液体矿产。对制盐生产而言，卤水（brine）是指由浓缩海水、溶解石盐矿石制得的或自然形成的以氯化钠为主的水溶液（《制盐工业术语》，GB/T 19420—2021）。

日晒海盐是在自然条件下，以海水、淡化浓海水（浓度近似为海水的 2 倍）或滨海地下卤水为原料，利用太阳能在沿海滩涂蒸发浓缩卤水至饱和后结晶析出的盐产品。日晒海盐经粉碎洗涤（干燥）或者溶解除杂后经真空蒸发，可分别制得粉洗盐和真空盐产品。目前，海盐产区也有直接利用海水滩晒获得的饱和卤水为原料，经处理后直接进罐多效蒸发制得真空盐产品。

湖盐和井矿盐的原料为矿盐资源，包括固相盐矿和液相盐矿。盐矿按形成于第四纪（距今约一百万年）前后分为古代盐矿和现代盐矿，一般古代固相盐矿称为岩盐矿床，古代液相盐矿称为地下卤水；现代固相盐矿称为湖盐矿床，现代液相盐矿称为卤水湖。湖盐是湖盐矿床直接开采制得的原生盐，或是以盐湖卤水或者晶间卤水为原料，通过日晒蒸发或者真空蒸发工艺制得的再生盐产品。井矿盐是以地下盐岩溶采获得的饱和卤水或者富矿（NaCl 品位高）地下卤水为原料，经过真空蒸发工艺制得的盐产品。

3.1 海水与滨海地下卤水

海水与滨海地下卤水是生产日晒海盐的原料。对于日晒海盐生产过程而言，原料海水经纳潮站进入海水储水库，即称之为卤水（原料卤水），随着日晒蒸发过程的进行，在海盐生产工艺中将形成不同浓度的卤水，海盐结晶析出的直接原料是饱和卤水。

3.1.1 海水

地球上海洋的面积约为 $3.6×10^8 km^2$，海水体积约为 $1.37×10^9 km^3$，海水的总质量约为 $1.413×10^{18}t$。日晒海盐生产原料海水资源非常丰富。

3.1.1.1 海水的组成

研究表明，海水由 92 种元素组成，包含常量元素（浓度高于 0.05mmol/kg）、微量元素

（浓度为 0.05μmol/kg～0.05mmol/kg）以及痕量元素（浓度低于 0.05μmol/kg）。其中常量元素有 13 种，包括氢、氧、氯、钠、钾、镁、钙、硫、碳、氟、硼、溴和锶，它们构成了海水中 99%以上的溶解态组分，其中 O、H 主要以 H_2O 的形式存在并组成海水的主体，其他各类元素以离子、分子或以气相或固相（包括有机或者无机的胶体状态以及颗粒状态）等形式溶存于海水中。海水元素溶存形式及含量如附录 5 所示。

化学海洋学相关研究结果表明，20 亿年前海水中主要化学组分浓度与现代海水已基本接近。1965 年，克尔金综合前人的研究结果，进一步证明了海水常量元素组成相对恒定的观点，形成 Marcet-Dittmar 恒比定律，即海水的大部分常量元素，其含量比值基本保持恒定。海水中常量元素基本保持恒定的原因在于，水体在海洋中的迁移速率快于海洋中输入或迁出这些元素的化学过程速率，因为加入或迁出水不会改变海洋中盐的总量，仅仅是离子浓度和盐度的变化，对于其中的常量元素，它们之间的比值仍基本保持恒定。

海水中的化学组成是不断随时空而呈微观变化的，故各元素在海洋中呈现垂直、水平和时间分布的变化。Na^+、K^+、Ca^{2+}、Mg^{2+}、Cl^- 和 SO_4^{2-} 等离子与海水制盐关系密切，这些离子在海水中的组成符合 Marcet-Dittmar 恒比定律。

3.1.1.2　海水的物理性质

本书仅介绍与海盐生产密切相关的海水物理性质。

海水的浓度或盐度与海盐生产密切相关，在相同气象、土壤等海盐生产条件下直接影响海盐的产量。通常海水的浓度以质量百分比浓度、密度或者相对密度来表达，海水的盐度指与海水中含存的无机盐相关的物理量，与密度呈正相关关系。

（1）浓度

作为海盐生产直接原料的近岸海水，因受降雨、江河水流入、蒸发、结冰与解冰、潮汐与海流等因素影响，其浓度会有变化。

1）质量百分比浓度

亦称质量分数，即 100 克海水中所含盐类的克数。对于日晒海盐生产，海水中氯化钠的质量分数是与产量相关的重要参数。

2）密度与相对密度

海水的密度是指单位体积中所含的海水质量。在采集环境下海水特定点的密度称为现场密度（density in situ）。海水的相对密度（比重）是指在 1 大气压力下，某一温度的海水密度与 4℃纯水密度（$0.999973g/m^3$）之比，一般海水的相对密度为 1.010～1.030。也可以用波美比重计（波美表）测定海水的密度，其单位为°Bé，进而通过换算获得海水的浓度。

（2）盐度

1）盐度的定义

目前，被广泛采用的是海水的实用盐度（psu），该定义于 1978 年由 Leweis 和 Perkin 提出，用 KCl 水溶液作为海水盐度测定的标准，并且该 KCl 标准溶液的浓度应使其电导率与氯度为 19.374 的平均海水的电导率相同。实用盐度的定义为：在 1 个标准大气压、15℃的环境温度下，海水样品与 KCl 标准溶液的电导比，以符号 S 表示，为无量纲量。

由于海水离子组成的变化，同一海水样品以氯度滴定测得的绝对盐度 S_A 与实用盐度具有如下关系：

$$S_A = a + bS \qquad\qquad (3-1)$$

式中，a、b 为常数，依赖于海水的组成，对于国际标准海水，$a=0$、$b=1.00488\times10^{-3}$。

  2）海洋盐度的分布

  沿岸海域由于受到河流径流与地下水输入的影响，盐度变化很大。在开阔大洋，表层盐度主要受控于蒸发导致的水分损失与降雨导致的水分增加之间的相对平衡。开阔大洋表层水在南北纬 $20°\sim30°$ 的亚热带海域具有较高的盐度，而在赤道与极地附近海域具有较低的盐度，它们分别对应于净蒸发量（蒸发与降雨的差值）的极大值和极小值。

  全球海洋表层水盐度的空间分布情况如图 3-1 所示，它们主要受控于水体发生的物理过程。例如，蒸发与结冰导致盐度的增加，而降雨、河水输送和海冰的融化会使盐度降低。全球海洋表层水的盐度为 $33\sim37$，在具有强蒸发的局部海域，盐度较高，如地中海表层水盐度可达 39，红海表层水盐度高达 41；北大西洋表层水的盐度（37.3）高于北太平洋（35.5）。海水的盐度径向分布也存在差异，中低纬度海域表层水盐度一般比较高，且随深度增加而降低；而在高纬度海域，表层水盐度受冰融化的影响较大，而且从表层至 2000m 深度盐度逐渐增加。4000m 以上的深层水盐度是比较均匀的，一般介于 $34.6\sim34.9$。

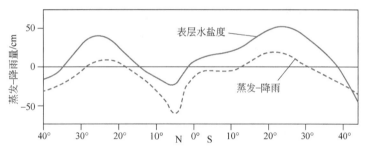

图 3-1 开阔大洋表层水盐度和净蒸发量随纬度的变化

（3）pH 值

  海水是多组分的电解质溶液，其中的主要阳离子为碱土金属离子，而阴离子除了强酸性阴离子外，还有部分弱酸性阴离子（HCO_3^-、CO_3^{2-}、$H_2BO_3^-$ 等），由于后者的水解作用，海水呈弱碱性。海水的 pH 值一般为 8 左右，海洋表层水的 pH 值变化范围为 $7.9\sim8.4$。

  图 3-2 为开阔大洋水 pH 值的典型垂直变化情况，图 3-3 为北大西洋和北太平洋 pH 值的垂直分布。尽管开阔大洋水的 pH 值变化不大，但仍存在小的波动，导致海水 pH 值变化的主要因素是海水的无机碳体系与海洋生物活动。

  日晒海盐结晶母液的 pH 值对盐质和产量均有影响，尤对盐质有明显影响，pH 值为中性特别是酸性时盐质高。

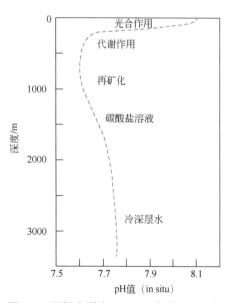

图 3-2 开阔大洋水 pH 值的典型垂直分布

（4）温度

海水的温度随深度增加而减小，在表层附近温度减小要比深层减小得快。从海水向下到几十米的水层，因海风的作用使海水得以充分混合称为混合层，混合层内的海水接近同温的状态。混合层下是温度骤变区称为温跃层，温跃层的特性因季节而异，夏季随混合层的变暖而增强，冬季则因混合层的冷却而变弱，如图3-4所示。在温跃层下，温度随深度变化比较缓慢，世界大洋较深的一半海水都是均匀的冷水，有50%的大洋温度低于2.3℃，John Ross于1818年首次得出深层海水皆来源于极地海域的结论。大洋暖水只局限于中、低纬度区，而深海和高纬度区则全部是冷水。

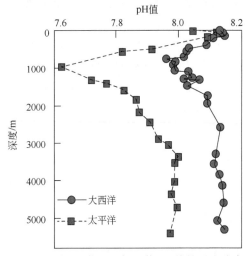

图3-3 北大西洋和北太平洋pH值的垂直分布

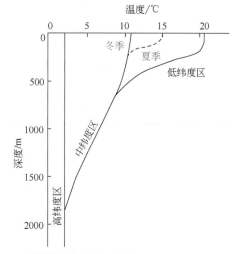

图3-4 大洋中典型的温度剖面（J.A.Knauss, 1978）

（5）黏度

运动中的海水，其各层速度不完全相同，相邻水层会出现相对运动。由于分子的不规则运动，在相邻水层之间产生切应力，其与海水的黏度成正比。

海水黏度随盐度的增加略有增大，但随温度的上升黏度的下降却相当迅速。气压为1013235Pa条件下，海水黏度随温度和盐度的变化如图3-5所示。

相对黏度为流体的动力黏度与相同温度下水的动力黏度之比，为无量纲量。不同盐度及温度海水的相对黏度如表3-1所示。

表3-1 不同盐度及温度海水相对黏度

盐度	0℃	5℃	10℃	15℃	20℃	25℃	30℃
	相对黏度						
20	1.032	0.877	0.785	0.662	0.586	0.521	0.470
30	1.056	0.891	0.772	0.685	0.599	0.533	0.481
40	1.054	0.905	0.785	0.688	0.611	0.545	0.491

（6）比热容

海水的比热容是所有固体和液体物质中较大的。海水的比热容分为比定压热容（c_p）和比定容热容（c_v），它们都是海水温度、盐度和压力的函数。依据米勒罗（Millero, 1973）等提出的经验公式计算海水 c_p 已经被广泛采纳，结果如图 3-6 所示（适用范围是水温 0～35℃，盐度 0～40）。依据 UNESCO(NO.44,1983)并考虑到 SI 的规定计算而得海水的比热容如表 3-2 所示。c_v 的值比 c_p 略小，一般而言，$c_p/c_v=1$～1.02。

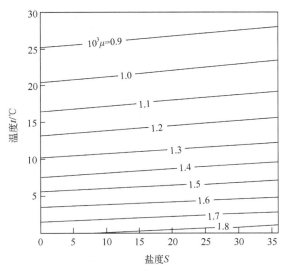

图 3-5　海水黏度（×10³）随温度和盐度的变化
（Dierrich 等，1980）

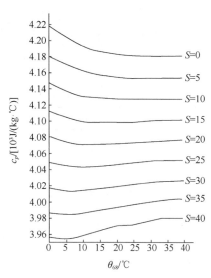

图 3-6　气压为 101325Pa 时海面不同盐度海水的比热容 c_p 随温度的变化

表 3-2　海水的比热容 c_p

S	$p/$ (10⁷Pa)	$\theta_{68}=$ 0℃	$\theta_{68}=$ 10℃	$\theta_{68}=$ 20℃	$\theta_{68}=$ 30℃	$\theta_{68}=$ 40℃	S	$p/$ (10⁷Pa)	$\theta_{68}=$ 0℃	$\theta_{68}=$ 10℃	$\theta_{68}=$ 20℃	$\theta_{68}=$ 30℃	$\theta_{68}=$ 40℃
		c_p/[J/(kg·K)]							c_p/[J/(kg·K)]				
25	0	4048.4	4041.8	4044.8	4049.1	4051.2	30	6	3851.7	3879.3	3900.6	3916.3	3931.7
	1	4011.5	4012.9	4020.2	4026.9	4031.8		7	3833.1	3863.3	3885.7	3901.1	3919.3
	2	3978.0	3986.3	3997.4	4006.2	4013.6		8	3816.5	3848.7	3872.0	3887.8	3907.9
	3	3947.8	3962.0	3976.2	3986.9	3996.7		9	3801.6	3835.4	3859.2	3875.4	3897.1
	4	3920.6	3939.8	3938.6	3952.0	3966.1		10	3788.2	3823.2	3847.4	3863.6	3887.1
	5	3896.3	3919.6	3938.6	3952.0	3966.1	35	0	3986.5	3989.3	3993.9	4000.7	4003.5
	6	3874.4	3901.1	3921.9	3936.3	3952.4		1	3953.3	3959.9	3970.9	3979.7	3985.2
	7	3854.9	3884.3	3906.5	3921.7	3939.5		2	3923.1	3935.7	3949.6	3960.2	3968.2
	8	3837.4	3869.0	3892.2	3907.9	3927.6		3	3895.9	3913.5	3930.0	3942.0	3952.3
	9	3821.8	3855.1	3879.0	3895.1	3916.4		4	3871.3	3893.2	3911.8	3925.1	3937.6
	10	3807.7	3842.3	3866.7	3883.0	3905.9		5	3849.3	3874.7	3985.0	3909.2	3923.9
30	0	4017.2	4013.8	4018.1	4024.7	4027.2		6	3829.5	3857.9	3879.5	3894.5	3911.1
	1	3892.1	3986.2	3995.4	4003.2	4008.4		7	3811.8	3842.6	3865.2	3880.7	3899.3
	2	3950.3	3960.8	3973.3	3983.1	3990.8		8	3796.0	3828.7	3851.9	3867.8	3888.2
	3	3921.6	3937.6	3953.0	3964.3	3974.4		9	3781.8	3816.0	3839.7	3855.7	3877.9
	4	3895.7	3916.3	3934.1	3946.9	3944.9		10	3769.1	3804.4	3828.3	3844.63	3868.3
	5	3872.5	3897.0	3916.7	3930.6	3944.9	40	0	3956.4	3959.3	3968.9	3977.0	3980.1

S	$p/$(10⁷Pa)	$\theta_{68}=$0℃	$\theta_{68}=$10℃	$\theta_{68}=$20℃	$\theta_{68}=$30℃	$\theta_{68}=$40℃	S	$p/$(10⁷Pa)	$\theta_{68}=$0℃	$\theta_{68}=$10℃	$\theta_{68}=$20℃	$\theta_{68}=$30℃	$\theta_{68}=$40℃
		c_p/[J/(kg·K)]							c_p/[J/(kg·K)]				
40	1	3925.0	3934.1	3946.8	3956.6	3962.3	40	6	3807.7	3836.7	3858.6	3873.8	3890.7
	2	3896.4	3910.9	3926.2	3937.6	3945.8		7	3790.9	3822.2	3844.8	3860.4	3879.3
	3	3870.6	3889.8	3907.2	3919.9	3930.5		8	3776.0	3808.9	3832.0	3847.9	3868.7
	4	3847.4	3870.4	3889.7	3903.4	3916.2		9	3762.6	3796.9	3820.2	3836.1	3858.8
	5	3826.4	3852.8	3873.5	3888.1	3903.0		10	3750.6	3785.9	3809.3	3825.1	3849.5

（7）汽化热和饱和蒸气压

1）汽化热

海水的汽化热是指单位质量的海水在一定温度和压强下转化为气体时所吸收的热量。不同温度下的海水在 1 个大气压下的汽化热如表 3-3 所示。

表 3-3　海水的汽化热

温度/℃	0	10	20	30	40	50	60	70	80	90	100
汽化热/(cal[①]/g)	596.1	590.9	585.6	580.2	574.8	569.2	583.2	557.7	551.8	545.7	539.5

①1cal=4.1868J。

2）饱和蒸气压

海水的饱和蒸气压是水分子经由海面逸出及冷凝至海水中达到动态平衡时水蒸气所具有的压强。海水的饱和蒸气压与盐度有关，盐度越大则饱和蒸气压越小，海水蒸发推动力较小，导致海洋蒸发的水量和热量较小，这是海水温度变化缓慢的因素之一。

（8）冰点与沸点

1）冰点

纯水在 1 标准大气压下的冰点是 0℃，其密度最大时的温度是 4℃。河水和湖水的冰点以及最大密度时的温度与纯水相近。海水的情况与淡水不同，海水的冰点和它最大密度时的温度并不固定，取决于海水中所含盐分的多少。随着海水盐度的增加，冰点逐渐降低。海水的冰点与盐度、压强的关系如表 3-4 所示。

表 3-4　不同盐度、不同压强下海水的冰点（UNESCO，1983）

$p/$10⁶Pa	5	10	15	20	25	30	35	40
	冰点/℃							
0	−0.274	−0.542	−0.812	−1.088	−1.358	−1.638	−1.922	−2.212
1	−0.319	−0.618	−0.877	−1.159	−1.434	−1.713	−1.998	−2.287
2	−0.424	−0.693	−0.962	−1.234	−1.509	−1.788	−2.073	−2.353
3	−0.500	−0.768	−1.038	−1.309	−1.584	−1.864	−2.148	−2.438
4	−0.575	−0.844	−1.113	−1.384	−1.650	−1.939	−2.224	−2.513
5	−0.850	−0.919	−1.188	−1.460	−1.735	−2.014	−2.299	−2.589

2）沸点

海水由于溶存无机盐，依据溶液的依数性，随着海水盐度的增加，较纯水而言其沸点将会上升（表3-5）。

表3-5 海水的沸点

盐度	20	24	28	32	36	40
沸点/℃	100.31	100.38	100.44	100.51	100.57	100.64

3.1.2 滨海地下卤水

我国渤海沿海的部分日晒海盐区是以滨海地下卤水为原料进行生产。渤海沿岸的地下卤水，是指其第四纪松散沉积物中赋存高矿化度咸水，其埋藏浅且储量丰富，是我国海岸带经济矿产资源之一。滨海地下卤水的含盐量约为海水平均含盐量（34.3g/L）的1.5～6倍，化学成分以NaCl为主，并含有Br、I、Sr、B等元素。自20世纪80年代，我国已经陆续建成多个大中型海盐场，目前集中于山东日晒海盐产区，由于滨海地下卤水比海水浓度高，因此相比海水日晒制盐，其在成卤周期以及产量等方面有显著的优势。

3.1.2.1 滨海地下卤水成因

滨海地下卤水属于液相蒸发盐矿。蒸发盐矿按地质时代可分为古代蒸发盐矿（第四纪前）和现代蒸发盐矿（第四纪以后）两类。滨海地下卤水属于现代液相矿床，充足的盐类物质补给来源、有利的蒸发条件以及保证盐类溶液浓缩结晶的封闭条件是滨海地下卤水形成的基本条件。

（1）盐类物质补给来源

保证滨海地下卤水中盐类物质的补给是其形成的基本条件。渤海沿岸的地下卤水一般属封存卤水，除表层潜水型卤水与现今海水发生联系并受其补给外，下部承压型卤水的物质均源于渤海古海水。补给量的大小与第四纪晚期海水活动（即海侵）范围、延续时间和侵入方式有关。海侵范围大，延续时间长则残留海水量较大。历次海侵活动终结后，它的残留海水（或盐分）分别在松散的砂性土层中和黏性土层中保存下来。根据土壤分析资料，渤海沿岸平原黏性土层的含盐量一般为1%～2%，高者达4%～5%。黏性土层中的含盐量虽小，但其厚度较大，一般占海侵层厚度的30%～40%，所以它的总含盐量是可观的。通过地下水的作用，黏性土层中的盐分发生运移，不断向地下卤水进行补给（图3-7）。

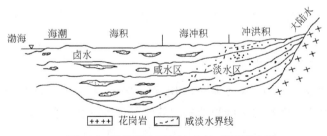

图3-7 渤海滨海平原水文地质剖面示意

（2）卤水蒸发条件

现代蒸发盐矿的堆积受气候的控制作用较大，其一般位于赤道两侧纬度15°～35°范围。

我国现代蒸发盐矿的地理纬度位于 35°～45°，由西向东在西藏、新疆、青海、陕西、山西、内蒙古和吉林西部均有现代盐矿的沉积。

渤海沿岸的纬度为 37°～41°，处于我国现代盐矿分布范围，属于干旱或半干旱地区带。年最高温度 31～40℃，年最低气温 20～27℃，年平均降雨量 500～600mm，年平均蒸发量 2000～2400mm，具有温差大，降雨集中，蒸发量大并有定向海风吹扬的特点，有利于卤水的蒸发浓缩。

渤海沿岸第四纪晚更新世以后的古气候曾发生三次大的冷暖变化，形成冰期气候，地球两极结冰使洋面下降而造成海退；间冰期地球两极消冰使洋面上升而导致海侵。与该地区地下卤水含水层相对应的三次海侵层的时代，属晚更新世早期 Q_3^1 的庐山-大理间冰期；晚更新世中期 Q_3^2 大理冰期中的亚间冰期全新世 Q_4 的冰后期，是晚更新世以后三个大的温暖时期，有利于卤水的形成。

渤海沿岸的地下卤水表现为，卤水浓度由北向南呈南强北弱的趋势，在辽东湾沿岸为 5.6～7.8°Bé，在渤海湾沿岸为 6～9°Bé，在莱州湾沿岸为 13～18°Bé。我国现代盐矿南北浓缩程度的差异，除构造的因素外，主要由气候的影响所致。

（3）卤水浓缩封闭条件

蒸发盐矿的浓缩结晶过程是在封闭、半封闭的盆地（或凹陷）中进行的。富集的石盐矿床或易溶的钾、镁盐矿床需要经过多次的浓缩过程。一般把初次浓缩的盆地称为可成盐盆地，其范围较大，封闭程度较差，使盐类溶液起到初步浓缩作用。渤海沿岸地下卤水，主要分布在滨海平面的咸水区中，其富集地段均大致平行海岸呈带状分布，为卤水富集的初级阶段，地下卤水是在此基础上进一步封闭浓缩而成的。

根据渤海滨海平原的海岸地貌、水系和构造演变情况，该区地下卤水包括基底凹陷、砂坝-潟湖、海滩洼地和潮间浅滩四种成卤类型（图3-8）。基底凹陷成卤类型的特点是卤水含水层岩性糙度粗细变化大，沉积旋回多，分布较狭窄，并受基底形状的控制，辽东湾及莱州湾沿海卤水为此类型；潟湖是砂质海岸的典型地貌，具有良好的封闭条件，砂坝-潟湖成卤的特点是卤水含水层岩性较细，一般以粉细砂、细砂为主，间夹黏土薄层，含有淤泥腐殖质，此类型各湾沿岸均可见到；海滩洼地是砂质海岸的微型地貌，它是潮汐、地表水冲蚀的结果，一般分布在潮沟及古河道的两侧，该成卤类型的特点是一般呈透镜状或鸡窝状且分布极不规则，是海岸带常见的、规模较小的一种成卤类型；潮间浅滩是平原海岸带重要的地貌组成部分，与海洋潮汐涨落幅度和滩地坡降有关，潮间浅滩的卤水属潜水型地下卤水，与现今海水有直接的水力联系，一般平行海岸呈带状分布，高浓度带一般位于日平均高潮线与月平均高潮线之间，并向陆、海两侧变低，卤水浓度变化幅度较大，一般为 5～8°Bé，是现今砂质海岸常见的成卤类型。

3.1.2.2　我国滨海地下卤水分布

滨海地下卤水的分布与渤海滨海平原海相沉积的发育程度及其海岸带的地貌、构造变化有关。渤海是在新生代初期基底沉降形成的"陆内"海，地下卤水在砂质海岸带均有零星分布，但主要分布在渤海三大内湾（即辽东湾、渤海湾、莱州湾）沿岸的滨海平原中，分布范围均在咸淡水分界线的上部靠海一侧，并与海岸线大致平行。辽东湾沿岸地下卤水主要在锦州、营口等滨海地带形成高矿化度咸水区，淡水界线为 50～90m，距海岸线一般 5～15km，分布范围约为 600km²；渤海湾沿岸地下卤水主要在宁河与静海东侧、黄骅、海兴一带形成高矿化度咸水区，咸淡水界线一般 50～150m，距海岸线一般为 10～25km，面积近 2000km²；莱州湾沿岸地下卤水主要在垦利、寿光、潍县、昌邑一带形成高矿化度咸水区，咸淡水界线 70～80m，距海岸线 10～15km，面积约 1000km²。

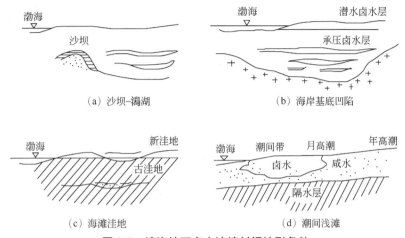

图 3-8　滨海地下卤水浓缩封闭地形条件

3.1.2.3　我国滨海地下卤水组成及特性

（1）卤水产出层位

渤海沿岸地下卤水产于第四纪滨海相沉积中，埋深均在咸淡水界面以上，一般为 40～80m。辽东湾沿岸卤水含水层埋深 40～60m，包括两个卤水层：上层卤水底板埋深 28～36m，厚度为 8～12.29m，卤水层岩性为灰色粉细砂和灰黄色粉细砂、亚砂土，并夹有亚黏土、黏土薄层；下层卤水底板埋深 37～57m，厚度为 5.13～11.56m。渤海湾沿岸卤水含水层埋深 60～75m，包括三个卤水层：第一层卤水底板埋深 15～20m，厚度为 3～5m；第二层卤水底板埋深 35～47m，厚度为 7～11m；第三层卤水底板埋深 54～71m，厚度为 6～8m，卤水层岩性一般为粉细砂、中细砂，间夹亚砂土、黏土薄层。莱州湾沿岸在 80m 深度内有 3～4 个卤水层；西部羊口一带，由上而下有三个卤水层，分别埋藏于 0～10m、15～22m、35～50m 的粉砂夹亚砂土层中；东部莱州市莱州盐田由上至下有四个卤水层，分别埋藏于 0～12m、14～25m、23～45m、35～71m 的粉细砂夹淤泥、细砂、中粗砂及粗砂砾石层中。

（2）卤水赋存状态

渤海沿岸地下卤水，按其赋存条件、水利性质可分为潜水型卤水层和承压型卤水层两类。

① 潜水型卤水层。即表层地下卤水，赋存于潮间浅滩的粉细砂层中，间夹砂质黏土及淤泥层，颗粒较均匀，厚度为 10m 左右，局部可达 20m。水位埋深 0.5～2m，富水性较弱，由海水、大气降水、地表水补给，卤水浓度一般为 5～9°Bé，高者达 10～15°Bé，浓度随季节变化较大，变化幅度为 3～8°Bé。

② 承压型卤水层。即表层黏土隔层以下的封存卤水，赋存于海陆过渡相地层中，岩性为粉细砂、中粗砂或粗砂砾石，有时间夹薄层砂质黏土及黏土层。富水性较强，卤水流量一般为 10～30m³/h，大者 40～60m³/h，个别地段可达 80～140m³/h。浓度一般为 7～10°Bé，高者达 13～18°Bé，浓度较稳定，变化幅度为 0.5～1°Bé。

（3）卤水化学成分特征

辽东湾沿岸地下卤水含盐量一般为 50~80g/L，最高达 133g/L；渤海湾沿岸地下卤水含盐量一般为 50~70g/L，最高达 146g/L；莱州湾沿岸地下卤水含盐量总的趋势中间高，两侧向陆、海变低，东部略有增高，一般为 90~150g/L，最高可达 217g/L。

分别取自辽东湾和莱州湾的滨海地下卤水化学组成如表 3-6 所示。可知，滨海地下卤水主要元素组成与海水相似，表明其取源于海水，是由于不断蒸发浓缩而导致浓度的增加。

表 3-6　我国滨海地下卤水化学组成

卤水取样点	浓度/°Bé	离子浓度/(g/L)							
		矿化度	K^+	Na^+	Ca^{2+}	Mg^{2+}	Cl^-	SO_4^{2-}	Br^-
标准海水	3.3	35.20	0.387	10.77	0.41	1.29	19.36	2.70	0.066
莱州湾羊口盐田地下卤水	12.07	127.07	0.985	37.92	1.07	5.99	71.76	9.08	0.258
莱州盐田地下卤水	15.00	172.14	1.41	53.42	0.90	7.08	97.67	11.20	0.346
辽东湾营口盐田地下卤水	8.8	86.90	0.45	22.5	2.29	3.80	51.00	0.51	0.150

注：1. 摘自 A. 波德尔瓦尔特. 地壳：上册. 张文佑，译. 北京：科学出版社，1966。
　　2. 矿化度定义为 1L 水中含有各种盐的总质量。

3.1.3　日晒海盐生产工艺过程卤水

对于海盐生产而言，海水、淡化浓海水或者滨海地下卤水为原料，其引入盐田即成为卤水，随着日晒蒸发过程的进行，原料卤水被浓缩成不同浓度的工艺过程卤水，直至形成结晶析盐的饱和卤水。

3.1.3.1　卤水的性质

日晒海盐生产过程中，工艺卤水的相对密度常用波美度比重计（波美表）测量，波美表测量卤水相对密度虽然精度不高，但因方便实用而被广泛使用。目前盐业常使用的波美表的测定值是 15℃时卤水的波美度，因此测量卤水的浓度时，必须同时测量卤水的温度，根据实际测得的温度按式（3-2）折算成实际卤温时卤水的浓度。

$$B_t = B_{15} + 0.0524(15-t) \tag{3-2}$$

式中　B_t——卤水在 t℃时的浓度，°Bé；B_{15}——卤水在 15℃时的浓度（波美表测定浓度），°Bé；t——实际卤水温度，℃。

以 15℃为标准温度的波美表测定的卤水浓度与相对密度值换算如式（3-3）所示。

$$d = \frac{144.3}{144.3-B} \tag{3-3}$$

式中　d——卤水相对密度，无量纲；B——15℃为标准温度的卤水浓度，°Bé。

随着自然蒸发的进行，进滩原料卤水不断被浓缩而形成不同浓度的制盐工艺过程卤水，其蒸气压和沸点等性质随浓度的变化而变化。卤水的饱和蒸气压、黏度、比热容、冰点以及沸点等物理性质分别如表 3-7 至表 3-11 所示。

表 3-7 卤水的饱和蒸气压

温度/℃	相对密度d	饱和蒸气压/kPa	蒸气压降低/kPa	温度/℃	相对密度d	饱和蒸气压/kPa	蒸气压降低/kPa
20	1.093	2.1465	0.1866	25	1.272	2.0931	1.0799
	1.152	2.0132	0.3200		1.297	1.9998	1.1732
	1.214	1.7598	0.5733	30	1.111	3.8663	0.3733
	1.248	1.6399	0.6933		1.157	3.6530	0.5866
	1.298	1.4799	0.8533		1.170	3.5330	0.7066
25	1.084	2.9464	0.2266		1.187	3.3864	0.8533
	1.132	3.5864	0.3866		1.206	3.2531	0.9866
	1.193	2.4931	0.6799		1.246	2.9864	1.2532
	1.217	2.3731	0.7999		1.270	2.7998	1.4399
	1.240	2.2665	0.9066		1.298	2.6398	2.3998
	1.258	2.1865	0.9866				

表 3-8 20℃时卤水的黏度

浓度/°Bé	0	1	2	3	4	5	6	7	8	9	10	11	12
相对黏度	1.000	1.018	1.038	1.058	1.080	1.104	1.129	1.155	1.183	1.204	1.246	1.202	1.320
浓度/°Bé	13	14	15	16	17	18	19	20	21	22	23	24	
相对黏度	1.360	1.407	1.450	1.510	1.569	1.633	1.704	1.782	1.887	1.981	2.063	2.175	

表 3-9 20℃不同浓度卤水的比热容

相对密度(d_4^{15})	1.0741	1.0850	1.0887	1.0989	1.1075	1.1166	1.1239
比热容/[J/(kg·K)]	3784.01	3717.04	3696.11	3670.99	3633.32	3541.23	3491.00
相对密度(d_4^{15})	1.1319	1.1429	1.1502	1.1606	1.1984	1.2243	1.2790
比热容/[J/(kg·K)]	3465.88	3424.03	3398.91	3352.87	2988.70	3030.56	2766.85

表 3-10 卤水的冰点（101.325kPa）

浓度/°Bé	3.18	4.02	4.68	5.89	6.86	8.31	9.00	10.12
冰点/℃	−1.623	−2.072	−2.453	−3.182	−3.766	−4.772	−5.27	−5.990
浓度/°Bé	12.01	13.92	16.09	18.26	20.09	22.13	24.03	
冰点/℃	−7.504	−9.311	−11.67	−14.23	−16.58	−19.85	−23.07	

表 3-11 卤水的沸点（101.325kPa）

浓度/°Bé	8.03	11.91	14.88	21.07	26.13	23.03	30.60
相对密度	1.058	1.089	1.114	1.170	1.220	1.240	1.268
沸点/℃	101.2	102.1	102.8	105.5	109.1	109.5	110.4

3.1.3.2 卤水的钠镁比值与镁镁比值

日晒海盐生产过程的工艺卤水是组成多元的复杂溶液，包含 Na^+、Mg^{2+}、K^+、Ca^{2+}、SO_4^{2-} 和 Cl^- 等，卤水蒸发浓缩达到过饱和则日晒海盐结晶析出。钠镁比值和镁镁比值是日晒海盐生产衡量卤水质量的两个重要参数。

（1）钠镁比值

钠镁比值是一定体积卤水中 Na^+ 与 Mg^{2+} 的质量比，简写为 Na/Mg。

Na/Mg 是衡量卤水质量高低的重要指标，其在 NaCl 饱和之前保持不变，当卤水饱和后不断有 NaCl 析出，Na/Mg 也随之逐渐下降。NaCl 的饱和点与卤水的钠镁比值成反比，对日晒海盐生产而言，卤水的 Na/Mg 越高则表明卤水的质量越好，这同样适用于日晒湖盐生产过程的盐质量的控制。

（2）镁镁比值

镁镁比值是指一定体积卤水中相当于氯化镁所含镁离子质量与相当于硫酸镁中所含的镁离子质量之比，简写为 Mg/Mg。

对于日晒海盐生产，制卤及产盐过程的 Mg/Mg 一般不发生变化，其值为 2 左右。北方海盐区，冬季冻硝后的卤水以及采用氯化钙或者氧化钙处理后的卤水，其 Mg/Mg 均有所增加。Mg/Mg 一定时，卤水的饱和点与 Na/Mg 成反比，Na/Mg 越低则卤水饱和点越高；Na/Mg 相同的卤水，其饱和点随变性比值增大而降低（表 3-12）。采用循环卤（制盐苦卤掺兑至原料卤水）结晶的海盐生产工艺，卤水的 Na/Mg 变小，其饱和点高且单位体积氯化钠含量减少，不利于海盐质量。使用 Na/Mg 较高的饱和卤水进行制盐，有利于保证海盐的产量和质量。

表 3-12　日晒海盐生产卤水饱和点、Na/Mg 和 Mg/Mg 关系

Mg/Mg	25.50 °Bé	25.75 °Bé	26.00 °Bé	26.25 °Bé	26.50 °Bé	26.75 °Bé	27.00 °Bé	27.25 °Bé	27.50 °Bé	27.75 °Bé
	Na/Mg									
2	8.6	7.4	6.4	5.6	4.8	4.2	3.7	3.2	2.8	2.5
3	6.5	5.7	4.9	4.3	3.7	3.2	2.8	2.4	2.1	1.9
4	6.0	4.6	4.0	3.5	2.9	2.6	2.3	2.0	1.7	1.5

Mg/Mg	28.00 °Bé	28.25 °Bé	28.50 °Bé	28.75 °Bé	29.00 °Bé	29.25 °Bé	29.50 °Bé	29.75 °Bé	30.00 °Bé
	Na/Mg								
2	2.3	2.1	1.9	1.7	1.6	1.5	1.4	1.2	1.1
3	1.7	1.5	1.3	1.2	1.1	1.0	0.9	0.8	0.7
4	1.4	1.2	1.1	1.0	0.9	0.8	0.7	0.6	0.5

3.2　盐矿资源

盐矿资源（固相盐矿和液相盐矿）是湖盐和井矿盐的原料。盐矿是 NaCl 的总称，其代表矿物为石盐。盐岩通常指由石盐组成的岩石，其主要化学成分为 NaCl，是典型的化学沉积成盐且属等轴晶系的卤化物矿物，是用作制盐原料的固相盐矿资源。作为制盐原料的液相盐矿资源是指高矿化卤水（湖表水、晶间卤水、地下卤水），其含盐量高于 50g/L。

湖盐生产可以直接开采湖盐固相矿床或者利用晶间卤水蒸发成盐，井矿盐是利用溶采地下古代盐矿获得的饱和卤水或者地下高矿化度卤水直接蒸发成盐。

3.2.1 盐矿的形成与分类

3.2.1.1 盐矿的形成与基本特征

（1）盐矿的形成

根据盐矿形成的沉积环境、物质来源和岩相古地理等因素，通常分为海相沉积盐岩矿床（海相盐矿）和陆相沉积盐岩矿床（陆相盐矿）两个基本类型。

1）海相沉积盐岩矿床

海相沉积盐岩矿床的盐类物质主要来源于海水，在封闭或半封闭的构造盆地或海湾及潟湖盆地中经过长期蒸发沉积而成。其含盐岩系除滨海（湾）湖相沉积为砂泥岩建造外，主要为碳酸盐建造。

海相盐矿中与石盐共生的盐类矿物主要为硬石膏，有的盐矿局部有杂卤石、钾石盐等。此外，还有菱镁矿、天青石、方解石、白云石等。

海相盐矿具有规模大、埋藏一般较深、NaCl 含量高、组分单一、单矿层厚度大、成矿面积大、储量丰富等特点。含矿面积可达数十万平方公里，盐层厚度可达数千米，储量规模可达数千亿吨。

2）陆相沉积盐岩矿床

陆相沉积盐岩矿床，亦称内陆湖相沉积盐岩矿床。此类矿床为盐类物质被地表水或地下水携带，并聚集于内陆盆地后，经过长时期的蒸发沉积而成，其含盐岩系均为砂泥岩建造。

陆相盐矿中与石盐共生的硫酸盐类矿物主要为钙芒硝（或无水芒硝）、硬石膏、石膏，有的盐矿局部含有钾石盐、天然碱、无水钠镁矾、钾芒硝、杂卤石等，此外还有泥沙等杂质。

陆相盐矿埋藏较浅，矿床规模和分布面积一般要比海相盐矿小，矿体埋藏深度一般较浅，NaCl 品位相对海相盐矿较低。具有矿层层数多、单层厚度小、共生组分多、相变大等特点。

关于盐岩矿床成因代表性的假说主要有：

① 1877 年德国奥克谢尼乌斯（C.Ochshenius）提出的"沙洲说"：处于半封闭的潟湖、海湾盆地，与大洋之间有沙洲（或生物礁、构造）隔开，其间有狭窄通道，使海水得以经常流入，补充潟湖、海湾。在干旱气候条件下，潟湖、海湾盆地中的海水不断蒸发浓缩，其含盐不断升高而逐步达到饱和，盐类矿物按溶解度大小顺序依次沉积，形成盐类矿床。

② 1894 年奥地利沃尔瑟（J.Walther）提出的"沙漠说"：巨大的盐类矿床只有在成为闭流盆地的大陆才能形成。而大陆面积的五分之一为内陆干燥区和沙漠区。在这些没有水道经常与海洋贯通的地区，含有分散状盐类的岩石经风化和林滤作用，其盐类物质被地下水和地表水流带入闭流盆地，在炎热的沙漠型干旱气候条件下蒸发浓缩，沉积巨厚的盐类矿物。

③ 1969 年 D. J. 金斯曼提出的"萨布哈"说：在地形相对稍高的地方，涨潮时海水可以漫入潮上平原洼地，其退潮时留下的海水形成潮上盐湖，在高温、干燥的气候条件下，经强烈蒸发浓缩而沉积蒸发岩。盐沼蒸发岩的主体是石盐和硫酸盐（一般为硬石膏），并伴有适量的碳酸盐（一般为白云岩）和钾盐。

④ 1972年美籍华人许靖华（K. J. HSu）的"干化深盆说"认为，盐类矿层的形成是由于深海（达2000米）强烈蒸发变成浅海，再沉积出盐类物质，其后海水又补充进来使浅海又变成深海，这种往复不断就形成盐类沉积层与深海沉积物的互层重复现象。

总之，盐矿的形成需要有适宜的自然地理条件和地质条件，主要包括：

① 充足的盐源。海水盐源和陆上盐源（岩石风化、火山喷出物等其中的可溶盐被溶解）。

② 封闭的地形条件。一类是海水循环受到限制形成的封闭或者半封闭沿海盆地，如黑海和亚速海海岸的盐湖，美国加利福尼亚海湾的索尔顿盆地；另一类是内陆盆地，一般被山脉和高地包围而形成，区域内形成的盐水处于闭流区域，如我国内蒙古、青海等分布盐湖都属于这种类型。

③ 促进蒸发的气候条件。汇集于凹盆地的盐水处于干燥的气候条件下，净蒸发量足够大（蒸发量与降水和淡水补给量相比占绝对优势）才有可能形成盐矿。例如现代盐矿床集中分布于近代地表干旱气候带，南纬或北纬10°～15°和40°～50°。

④ 保存盐矿层的后生条件和大地构造条件。被隔绝咸水经强烈蒸发后可形成盐矿层，若有沙土等沉积物覆盖于盐层之上，使盐层与地表水和盐层下面的潜水隔离联系，已形成的岩层才能保存下来。随着地壳运动，盐层可能上升或下降，因上升被暴露的盐层一般将剥蚀，而埋藏较深的盐矿只有在最合适的构造条件下保存下来才能被利用。

（2）盐矿的基本特征

盐类矿床形成的条件多种多样，但都是在干旱的气候条件下，于封闭或半封闭盆地中蒸发而成的，具有以下基本特征。

1）可溶性

盐类矿物最重要的性质是易溶于水，在水中或酸中发生离解，其溶解度大小取决于本身的性质、温度和压力。当溶液蒸发浓缩时，溶解度小的盐先析出，通常碳酸盐首先沉淀，其次是钙、钾、钠的硫酸盐及其他盐，最后为钾、钠的氯化物及其复盐。卤水蒸发析盐规律由蒸发条件（温度、时间等）和卤水组成所决定。

2）盐矿结晶多为粒状集合体

通常溶解度小的硫酸盐类（石膏、杂卤石、硫酸镁等）晶体粒度较小，而溶解度大的石盐（特别是钾盐）晶体粒度粗大，可达几厘米，通过聚集再结晶可形成非常大的岩盐巢，由完全透明而体积很大的晶体组成。纯净的岩盐无色透明，具有玻璃光泽，但往往因混有杂质而呈现不同颜色。

盐湖矿床的沉积形态包括层状、似层状、透镜状和锅底状等，其中层状和似层状盐层分布最普遍，呈较大范围的连续沉积，工业价值最大，如我国内蒙古吉兰泰盐湖的石盐、芒硝等盐层。

3）具有明显的沉积韵律

盐岩是一种化学沉积岩，在成盐过程中由于环境的变化，盐类的沉积总是从碳酸盐类（石灰石和白云石）开始，接着是石膏，进而是石盐，最后是钾、镁盐的沉积，这种从难溶到易溶的结晶层序称为沉积旋回或韵律。盐湖矿床沉积盐层包括石盐、芒硝、天然碱、石膏、钾镁盐、硼酸盐、菱镁矿等，盐类化学沉积的分异作用使盐层垂直方向和水平方向具有分异现象。如我国吉兰泰盐湖盐类化学沉积自下而上为石膏、芒硝和石盐沉积，自湖边缘到湖心为石膏、芒硝和石盐沉积（图3-9）。一般在矿床中完整的旋回较少见，大部分没有发展到水氯镁石阶段或钾盐沉积阶段，只在石盐阶段就停止了，这称为不完整旋回。在盐类沉积过程中或结束时，如果卤水被冲淡以后又再一次蒸发浓缩，上述结晶层序又会重新出现，通常盐岩会发育有几个旋回，如我国青海的察尔汗盐湖具有多旋回沉积特点（图3-10）。

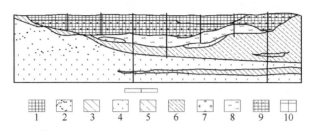

1—石盐层；2—含石膏石盐层；3—芒硝层；4—石膏层；5—亚砂土；
6—亚黏土；7—淤泥；8—黏土；9—中细砂；10—钻孔

图3-9　内蒙古吉兰泰盐湖盐层横向剖面

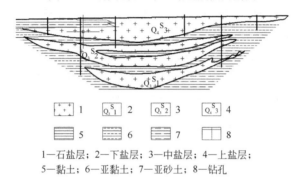

1—石盐层；2—下盐层；3—中盐层；4—上盐层；
5—黏土；6—亚黏土；7—亚砂土；8—钻孔

图3-10　青海察尔汗盐湖旋回示意

4）盐矿形状及厚度多变

盐类矿体常呈层状、似层状或扁豆体。由于盐矿溶解度大易发生强烈的次生变化，如盐类矿物被地下水溶解后，发生溶化而使得矿体变得不规则。此外，由于盐类矿物的可塑性，受压易于变形，盐矿随着围岩而发生复杂弯曲，从而改变盐层的厚度。

盐湖矿床资源易受自然条件影响而发生明显的变化，包括固液相转化（盐湖固相矿床受地表水、地下水和大气降水的溶浸化成卤水，以及盐湖卤水在蒸发作用下析盐）、盐溶（溶蚀、溶陷和盐溶洞）以及泥垒或泥柱（盐湖矿床盐类沉积过程中或沉积后的一种地质现象，其物质组成主要是泥砂质等细碎屑沉积物以及盐类晶体）。

3.2.1.2　盐矿的分类

（1）盐湖矿床（卤水）的分类

1）按湖水体积与固体沉积物体积比例分类

① 依据盐湖有无卤水分类：卤水湖（全年有表面卤水存在）、干湖（全年只有潮湿季节才有表面卤水存在）和砂下湖（全年没有表面卤水，一般在盐湖沉积层上部存在或厚或薄的浮土层）。

② 依据盐湖固相矿床充水深度分类：无水盐湖矿床（盐层底板以上无水）、浅水盐湖矿床（盐层底板以上水深小于0.6m）、中深水盐湖矿床（盐层底板以上水深为0.6～8m）和深水盐湖矿床（盐层底板以上水深大于8m）。

2）依据盐湖固相盐层沉积厚度分类

薄层盐湖矿床（沉积盐层厚度不大于 0.6m）、中厚层盐湖矿床（积盐层厚度为 0.6～<5m）、厚层盐湖矿床（沉积盐层厚度 5～10m）和特厚层盐湖矿床（沉积盐层厚度 10m 以上）。

3）依据盐湖卤水化学成分分类

盐湖卤水属于高矿化卤水，其中主要化学成分含量约占卤水离子组成的 97%，包括 Na、K、Mg、Ca、Cl 五种元素和 SO_4^{2-}、CO_3^{2-}、HCO_3^-；次要化学成分皆属于微量元素，其和约占卤水离子组成的 3%，包括 B、Li、Rb、Cs、Br、I、Sr、Ba、Au、Ag、Hg、Pb、Zn、Ni、Cu、Co、Si、Ti、Fe、F、P、Be、N、Al、Sc、Se 等 40 余种元素。

依据盐湖水（卤水）中化学成分盐湖分为碳酸盐型、硫酸盐型（包括硫酸钠亚型和硫酸镁亚型）和氯化物型三种类型，其中以氯化物型盐湖分布最广。盐湖水（卤水）的类型取决于主要阴离子（CO_3^{2-}、HCO_3^-、SO_4^{2-}、Cl^-）与主要阳离子（Ca^{2+}、Mg^{2+}、Na^+）相互结合所形成的化合物的溶解度。

依据盐湖卤水中主要化学成分计算卤水的特征系数，其计算公式（各离子浓度为摩尔浓度）及判断依据如表 3-13 所示。

盐湖卤水的酸碱度与盐湖水化学类型有一定关系。一般来说，碳酸盐型盐湖卤水的 pH 值为 8～11，酸碱度由弱碱性到碱性；而氯化物型盐湖卤水的 pH 值为 3～6，由酸性到弱酸性；硫酸盐型盐湖卤水的 pH 值为 5～9，由弱酸性到弱碱性。

表 3-13　盐湖水（卤水）特征系数的计算公式及判断依据

卤水特征系数	碳酸盐类	硫酸盐类		氯化物型
		硫酸钠亚型	硫酸镁亚型	
$K_{n1} = \dfrac{2[CO_3^{2-}] + [HCO_3^-]}{2[Ca^{2+}] + 2[Mg^{2+}]}$	>1	≤1	≪1	>1
$K_{n2} = \dfrac{2[CO_3^{2-}] + [HCO_3^-] + 2[SO_4^{2-}]}{2[Ca^{2+}] + 2[Mg^{2+}]}$	≫1	≥1	≤1	≫1
$K_{n3} = \dfrac{[SO_4^{2-}]}{[Ca^{2+}]}$	≫1	≫1	≫1	≫1
$K_{n4} = \dfrac{2[CO_3^{2-}] + [HCO_3^-]}{2[Ca^{2+}]}$	≫1	<1 或 >1	<1 或 >1	≫1

碳酸盐型盐湖成盐阶段形成的盐类矿物有镁的碳酸盐（菱镁矿、水菱镁矿、水碳镁石等）、钠的碳酸盐（苏打、水碱、天然碱）和钠钙碳酸盐（方解石、文石、白云石、氯碳酸钠石、重碳酸钠石、单斜钠钙石）；如果是富硼盐湖，还会出现钠的硼酸盐（硼砂、三方硼砂）和钠钙硫酸盐（石膏、芒硝）等沉积矿物。

硫酸盐型盐湖成盐阶段，出现的盐类矿物共生组合主要是钠钙硫酸盐类沉积矿物。在硫酸钠亚型盐湖中，其特征矿物为钠钙硫酸盐矿物（石膏、水钙芒硝、钙芒硝、芒硝等）；如果是富硼盐湖，还会出现钠钙硼酸盐矿物（钠硼解石等）。在硫酸镁亚型盐湖中，主要特征矿物为钠镁硫酸盐矿物（芒硝、无水芒硝、白钠镁矾、软钾镁矾、泻利盐等）。

4）依据盐湖底部沉积盐分类

依据盐湖底部盐类沉积可分为：新沉积盐（当年从表面卤水中结晶析出的盐，可能在同年中又被溶解）、老沉积盐（从表面卤水中结晶析出的盐，但是当年没有被溶解并沉积于盐湖底部）和根盐（又称基岩，由盐析反应或冷却作用，或牢基岩的结晶作用而从底部卤水中析出的盐，根盐是发育完善的晶体）。

（2）盐岩矿床的分类

盐岩固相矿床中，依据矿盐中氯化钠的含量分为富矿石（NaCl 品位>85%）、中矿石（NaCl 品位 85%～>50%）和贫矿石（NaCl 品位 50%～20%）。

作为井矿盐的生产原料，盐岩矿床工业类型的划分条件影响着盐矿勘查与开发工程布置、开采方法选择及产品加工工艺。从盐岩作为制盐原料角度分类，即是盐岩矿床的工业类型，是依据矿床成因、矿体埋深、矿床规模、矿石品位、矿石主要成分及矿体构造变形等条件划分的，主要包括三类：碳酸盐岩系型石盐矿床、碎屑岩系型石盐矿床、次生与变形石盐矿床。

1）碳酸盐岩系型石盐矿床

碳酸盐岩系型石盐矿床中，与石盐共生的盐类矿物主要为硬石膏，少数盐矿还共生有杂卤石、钾盐镁矾等，这些盐矿属硬石膏-石盐矿床，系海相蒸发岩沉积矿床。

我国的碳酸盐岩系石盐矿床，主要包括陕北盆地的中奥陶世盐矿，四川盆地的早震旦世、晚寒武世及早、中三叠世盐矿。与国外海相盐矿相比，我国碳酸盐岩系型石盐矿床的海相盐矿数量较少，石盐层数较多，单层厚度较薄，累计厚度较薄；但与国外的陆相盐矿相比，我国碳酸盐岩系型石盐矿床一般石盐层数较少，单层厚度较大，累计厚度亦较大，矿体埋藏较深，矿石品位较高。

2）碎屑岩系型石盐矿床

碎屑岩系型石盐矿床主要为内陆湖相沉积石盐矿床，也有少量的为海源陆相（海陆混合相）石盐矿床，主要包括石盐矿床、硬石膏-石盐矿床和硬石膏-钙芒硝（无水芒硝）-石盐等类型盐矿。

我国的碎屑岩系型石盐矿床主要形成于白垩纪—新近纪，仅安宁盐矿形成于侏罗纪，遍布全国 20 个省、市、区。由于成盐盆地物质来源的差异，成盐时古地理、古气候条件的差异，各个盐矿的盐类矿物共生组合不同。

3）次生与变形石盐矿床

次生石盐矿床在古代盐类矿床中很常见，硬石膏、石膏、钙芒硝和石盐中夹杂的脉状石盐属于此类矿床。在干旱地区，由于盐矿所处地势较高，被地表水或地下水林滤而生成卤水，其流入地势低洼的基岩孔隙和裂隙中并经蒸发浓缩结晶析出石盐，富集成为石盐矿床。此类盐矿矿床形态变化大，局部矿石品位高、埋藏浅且规模小，适于小规模开采。

变形石盐矿床（盐丘矿床），大量分布于墨西哥湾沿岸、德国北部、西班牙、罗马尼亚、俄罗斯西乌拉尔山前坳陷、波斯湾沿岸、哥伦比亚及智利等地。我国新疆库车坳陷、莎车坳陷等，亦有很多出露地表的盐丘，但规模较小。这些盐丘是下第三纪形成的海陆混合相沉积石盐矿床。

3.2.2 盐矿的分布

3.2.2.1 盐湖分布

世界各大洲都有盐湖，分布主要集中在北半球盐湖带、南半球盐湖带和赤道盐湖带三个区域。

① 北半球盐湖带：位于北纬 12°～63°，横跨亚、非、欧以及北美洲，世界大多数盐湖都集中在该区域，如中东的死海，独联体的卡拉博加兹湾；中国的察尔汗盐湖、大柴旦、柯柯、茶卡、扎仓茶卡、扎布耶、当雄错、结则茶卡、吉兰泰等；美国的大盐湖、西尔斯湖等。

② 南半球盐湖带：位于南纬 18°～42°，包括南非、澳大利亚、南美西部，其中以安第斯山脉中部智利、阿根廷、玻利维亚三国交界处内陆封闭盆地中的盐湖最为重要。

③ 赤道盐湖带：位于东非高原著名的东非大裂谷地区，以肯尼亚的马加迪盐湖最为著名。

我国是世界上盐湖分布最多的国家之一，大小盐湖共有 2000 多个，主要分布在北纬 30°～50°，青海、新疆、西藏及内蒙古大于 1km² 的盐湖有 700 多个，总面积达 27800km²，成盐面积约 60000km²。其中，内蒙古的海拉尔盆地、鄂尔多斯盆地和阿拉善高原，青海的柴达木盆地，西藏的羌塘盆地，新疆的准噶尔盆地、吐鲁番盆地和塔里木盆地盐湖数量最多，约占我国盐湖总数目的 80%，其成盐面积约占我国盐湖总面积的 90%，构成我国现代盐湖分布最密集的地区，也是世界盐湖分布比较集中的地区之一。我国较大的为青海察尔汗盐湖和新疆罗布泊盐湖。

我国盐湖盐类资源十分丰富，盐湖固相矿床的固体盐类有石盐、芒硝、菱镁矿、硼酸盐、镁盐及钾盐等。其中石盐、芒硝分布于全国各个盐湖，主要分布在内蒙古、山西和四川，硼酸盐主要分布在青海和西藏，钾盐和镁盐主要分布在青海。

3.2.2.2 古代盐矿分布

用于制盐的古代固相盐矿为盐岩资源，古代液相盐矿主要为油气田卤水。

（1）盐岩的分布

世界盐岩资源在各大洲均有分布，利用盐岩资源生产井矿盐的国家主要有：亚洲包括中国、巴基斯坦、泰国、乌兹别克斯坦以及中东的伊朗和沙特阿拉伯；欧洲包括德国、俄罗斯、乌克兰和白俄罗斯；北美洲包括美国和加拿大；南美洲包括巴西、哥伦比亚和阿根廷。

我国盐岩资源十分丰富，从震旦纪到第四纪，几乎每个世纪都有盐类沉积出现，其中主要的成矿时代是寒武纪、中奥陶世、中晚三叠世、中侏罗世、老第三纪和第四纪。在区域划分上分布极为广泛，有位于东部的亚洲板块边缘裂陷盆地系沉积、滇南的板块碰撞裂谷盆地系沉积以及西北的陆内断陷盆地系沉积。而且矿床类型繁多，除石盐、芒硝、天然碱、石膏外，还有钾盐、硼酸盐及其他一些稀有矿物矿床。

与海相沉积形成的巨厚盐丘不同，我国的盐岩大多数属于陆相沉积形成的层状结构。相比于盐丘型盐岩，层状盐岩具有岩性复杂、盐岩品位差、厚度薄、多夹层等特点。层状盐岩主要成分为岩盐、高盐分泥岩夹层、钙芒硝、泥岩、粉砂岩等，它们以一定的形式胶结在一起，代表性矿床为江苏金坛盐矿与湖北应城盐矿等。

（2）我国油气田卤水分布与利用

油气田卤水是另外一种重要的卤水资源。从广义来讲，开采石油天然气就会伴随油气田卤水的开采。

我国陆相油田水矿化度为 0.5～350g/L，以低和中等矿化度（0.5～35g/L）为主。海相油田水主体浓度仅为 2～10g/L，但也有矿化度高达 400g/L 的油气田卤水，如四川盆地的平落 4 井。

能够作为卤水资源的油气田水，必须具备两个条件：一是具有足够高的矿化度；二是有益组分的相对含量足够高且资源组分储量丰富。在已开发的油气田卤水资源中，四川盆地自流井天然气田是我国最早开发和利用油田卤水与天然气两种资源的产区，利用天然气为原料，蒸煮油田卤水制盐的历史可追溯上千年，近代工业的兴起又促进了制盐技术的发展，已从该油田水中分离出了I、Br、B、Li和K等十几种元素相关产品，有力促进了我国医药工业和材料工业的发展。20世纪80年代以来，江汉油田利用采出的矿化度为200~300g/L的油田水作原料，并与石油天然气相结合，制成了食盐、钾盐、碱、盐酸和聚氯乙酸等多种化工产品。

3.2.3 盐矿的开采

3.2.3.1 盐湖矿床的开采

盐湖矿床开采包括固相矿床开采和液相矿床开采。

（1）盐湖固相矿床的开采

盐湖固相矿床开采目前主要是船采和挖掘机开采，开采获得的原生盐经物理方法提纯获得符合标准要求的原生盐产品，或者将其溶解后制得的饱和卤水净化处理再经真空蒸发等方法制得真空盐产品。

随着盐湖矿床的不断开发，盐湖石盐矿床的品位逐渐降低，盐湖逐步缩小且老化现象严重，盐湖原生盐资源直接利用采盐船和挖掘机进行开展日趋受限。利用淡水溶采盐湖固体尾矿资源是获得湖盐原料卤水的重要途径。

盐湖尾矿水溶开采制备原料卤水是利用大气降水、盐湖边缘机井抽水漫流入湖，或者通过管道、沟槽等引水入湖溶解盐湖矿床表面石盐，抑或通过机械作用溶解矿床内部石盐，作为日晒蒸发结晶制备湖盐的原料卤水，该卤水的浓度受矿石品位、水的流动状态和矿化度、注水温度和压力、被溶盐层面和空间位置及布水方式等因素影响。

为提高注水溶采效率和卤水质量，目前主要采用"中央注水-四周引卤"方法和"淡水-晶间卤水动力混合"方法溶采盐湖固体石盐矿。其中"中央注水-四周引卤"溶采方法是：首先开挖采卤用圆形池，其四周顺次挖掘引卤沟和集卤沟，以利用沟底设计坡降引卤水入集卤池，将淡水通过输水管道注入采卤用圆形池，从引卤沟和集卤沟抽汲卤水作为制盐原料，视该卤水浓度情况也可将其与晶间卤水混合后作为制盐原料。"淡水-晶间卤水动力混合"溶采方法是：首先挖掘集液浅池以汇集晶间卤水，然后用水泵抽出部分晶间卤水并以淡水掺混剩余部分，利用水泵抽汲集液池内的混合淡卤使其呈水力搅动和机械搅动状态，基于此强化混合淡卤对盐湖固体石盐尾矿的底溶和侧溶，加快石盐溶解速率，获得近饱和制盐原料卤水。

（2）盐湖液相矿床的开采

1）盐湖液相矿床的水文地质条件

按盐湖水体的赋存条件可分为湖表水、底部卤水、晶间卤水、湖下水及边缘水，其中具有工业开采价值的盐湖液相矿床是湖表水和晶间卤水。湖表水是盐湖液体矿床主要开采对象之一，各盐湖湖表水深浅不同，一般由几十厘米到一米左右。晶间卤水是盐湖盐类沉积孔隙中的卤水，也是最有工业开采价值的盐湖液相矿床。晶间卤水的浓度比湖表水高而稳定，相对密度为1.2~1.3，矿化度一般为300~400g/L。晶间卤水含水层视盐层厚度及孔隙度不同而异，以石盐层为最大，可占盐层的20%~30%。晶间卤水的水位埋深一般在盐层顶层以下

0.2～0.5m。我国盐湖多为固液相并存矿床，且晶间卤水的储量大于湖表储量。

盐湖湖表水和晶间卤水的水量与水质受湖区水文地质条件和气候环境影响，因而随时间和空间而变化。一是受季节性气候变化影响而发生的短期变化，如吉兰泰盐湖水位变化幅度为 0.35～0.45m；二是受多年气候变化规律制约而形成的长期变化，如察尔汗盐湖晶间卤水水位变幅为 0.4～0.6m。

盐湖水的补给来源为大气降水、地表水和地下水，唯一的排泄途径是蒸发。盐湖盆地地表水系的分布受地形新构造运动的控制多呈向心状辐射分布，同时季节性影响较大，多在7～8月融雪盛期有地表水；地下水的分布、赋存与运动规律受盆地地质构造、岩性及自然地理条件制约。盐湖补水的水源与盐湖卤水没有直接的水力联系，可以通过地表漫流补灌（直接利用大气降水、盐湖周边淡水和盐湖边缘机井抽水漫流补灌至盐湖）、管道和沟槽补水（适用于盐层出露地表且杂质较多的盐层，以管道或沟渠将淡水引入盐湖溶解盐层形成制盐原料饱和卤水）、机械动力溶盐补水（打井开采地下淡水或者低矿化度水，经泵站周转卤水强化晶间溶盐效果并形成制盐原料饱和晶间卤水）等方法实施盐湖补水。

2）盐湖液相矿床的水化学特征

● 盐湖卤水的化学组成特征

盐湖卤水化学组成中主要元素集中在元素周期表 1～4 周期，主要元素及微量元素在不同盐湖卤水中含量差异明显。湖表水和晶间卤水中含的主要阳离子包括 Na^+、Mg^{2+}、K^+、Ca^{2+}，主要阴离子包括 Cl^-、SO_4^{2-}、HCO_3^-、CO_3^{2-}，盐湖原始矿床一般理论上用 Na^+、Mg^{2+}、$K^+//Cl^-$、$SO_4^{2-}-H_2O$ 五元水盐体系或 Na^+、Mg^{2+}、$K^+//Cl^--H_2O$ 四元水盐体系相图研究其析盐规律和生产工艺条件。

● 盐湖卤水水化学的空间变化

湖表水在水循环和风的作用下，其水化成分垂直方向上分布较均匀，通常下部比上部湖水的浓度大；盐湖卤水在水平方向化学组成浓度由湖水的淡水补给区向盐类沉积区逐渐增高。

晶间卤水的化学组成因盐湖不同而异，同一盐湖卤水具有水化学垂直方向的分异现象，高矿化度盐湖的晶间卤水空间分异现象更显著；由于湖边补给、微地形、物理化学条件等多因素影响，晶间卤水的水平方向上，一般以湖边向中心浓缩，呈环带状依次分布各种含盐水质；卤水的类型上也有明显分带性，晶间卤水在垂直方向上，不仅不同层位水层的水质不同，同一层位水层水质也存在垂直分异现象。

盐湖液相矿床（主要是湖表水和晶间卤水）的开采主要采用深挖沟渠，利用位差将其引入渠道内，再经由泵引入盐田或者卤水净化处理装置，分别采用盐田自然蒸发或者真空蒸发等工艺获得湖盐产品。结合盐湖矿床开采的湖盐制盐工艺详见本书第 5 章。

3.2.3.2　古代盐岩矿床的开采

根据古代盐岩矿床的赋存特点和矿石性质，盐矿资源的开采主要分为旱采法和水溶开采法。其中旱采法主要采用露天开采法，水溶开采法主要采用地下硐室水溶开采法和钻井水溶开采法。

盐矿旱采法是指从地下或地面直接采出岩盐的方法。旱采法适用于埋藏较浅或出露地表、分布面积广，并且利用干式作业的盐岩矿床。其中地下开采的主要采矿方法是房柱法和长壁法，即通过开拓、采准、回采工作，把开采的矿石从地下运至地面、加工制成品盐。

基于盐类矿物易溶于水的特性，对盐类矿床的开采常用水溶开采法。水溶开采法是根据盐类矿物易溶于水的特点，把水作为溶剂注入矿床，在矿床赋存地进行物理化学作用，将矿床中的盐类矿物就地溶解，固体盐矿物转变为流动状态的盐溶液（卤水），然后对其进行采集、输运的一种采矿方法。与旱采法相比，水溶采矿集采、选、冶于一体，运用化学工艺方法直接从矿石中提取液态的高价值组分，具有施工易、工序简、投资少和效益高等优点，因此水溶采矿也被称为化学采矿法。

钻井水溶开采盐矿是目前井矿盐生产最常用的原料卤水获取方法，是指用钻井在石盐矿层中建造初始碉室，注水溶盐并生成卤水，地面采集卤水用于制盐的开采方法，它因具生产工序简化、基建费用和生产成本低、开采深度大、可采储量大和矿石采收率高等优点，在国内外广泛应用。同时，通过钻井水溶开采盐矿，可以利用开采的岩盐溶腔建造地下储库，用以储存石油、天然气和核废料等资源，实现盐矿与盐穴的综合利用。

根据钻井水溶开采工艺的不同，从水溶开采的井组数目上来区分包括单井对流法和双井对流法；从控制向上溶解工艺上来区分包括自然对流法、油垫对流法和气垫对流法；从井组连通工艺上来区分包括自然溶蚀连通法、水力压裂连通法、定向对接连通法以及组合连通法等；从开采水平上来区分包括单水平开采法和多水平开采法。

（1）盐岩水溶开采机理

盐岩水溶开采过程是一个复杂的流体动力学和化学动力学过程。从流体动力学的观点看，盐岩溶解是指发生在边界层内的物质交换，溶解过程主要就是溶质在溶剂流动体系中的输运过程；从化学动力学的观点看，盐岩溶蚀是指盐类矿物（矿石）在溶剂（水）中的溶解，溶解过程可以看成是盐类矿物（矿石）与溶剂（水）界面（即固相-液相界面）上发生的非均质反应，这种反应包括溶剂（水）进入被溶盐类矿物表面扩散等基本过程。

盐岩水溶开采过程实际是盐岩分子（溶质）在水（溶剂）中的溶解扩散过程，因此盐岩水溶机理主要是探究盐岩溶解机理和盐岩溶解速率的影响因素。

1）盐岩溶解机理

溶解是溶剂（包括水）有选择或无选择地溶解矿物中的可溶性物质，盐岩的溶解是无选择性的溶解。水分子在结构上由于氢和氧分布的不对称性，在接近氧离子的一端形成负极，氢离子的一端形成正极，水分子为一个偶极分子。当水与盐类矿物接触时，组成结晶格架的离子被水分子带有相反电荷的一端所吸引；当水分子对离子的引力足以克服结晶格架中离子间的引力时，盐类矿物结晶格架遭到破坏，离子进入水中，这即是盐类矿物被水溶解的过程。

由于盐类矿物的极其致密性，溶解作用主要发生在矿物的表层，即矿物由表及里逐渐溶解。在初始溶解阶段，溶液的含盐度极低，矿物溶解速度快。随时间的延续、溶解的进行，矿物表层附近的溶液浓度逐渐增大，溶液溶解和接收盐类物质的能力逐渐减弱，溶解速度就逐步变慢，而远离矿物表面的溶液浓度依然较低。这样，靠近矿物表层与远离矿物区域的溶液就存在一定的浓度差。根据溶质扩散原理，这一浓度差要促使高浓度卤水区域的盐类物质向低浓度的方向扩散，从而降低矿物表层附近区域溶液的浓度，增强其继续溶解的能力，直至整个溶液达到饱和，扩散作用才停止进行。这就是盐类矿物溶解过程中的溶质扩散。

因此，盐类矿物溶解过程的推动力是溶液的浓度差。实际上溶解过程是双向的，即溶解和结晶过程同时进行。当溶剂作用到矿物表面时，由于溶质分子本身的运动和溶剂分子对它的吸引，溶质离开固体表面扩散到溶液中去；同时溶液中的溶质在运动过程中遇到没有溶解的矿物时，又重新从溶液中结晶到矿物表面。也就是说，溶解到溶剂中的溶质分子或离子，在其运动过程中遇到尚未溶解的溶质，有可能被吸引住，重新回到固体表面上来。边界上的溶解示意图如图 3-11 所示。

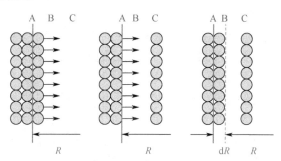

图 3-11　盐岩边界溶解示意

图中 A 为盐岩表面，B 为边界的底层，C 为边界上的扩散区域，溶解过程可以解释为：

① 在溶解的边界区域内，边界上底层的盐岩分子在由浓度差造成的扩散梯度影响下扩散进入扩散区域，致使底层的浓度降低，低于饱和浓度；

② 盐岩固体表面的盐分子溶解，进入边界的底层，维持浓度的平衡，使底层溶液浓度达到新的动态平衡；

③ 对于溶腔来说，盐岩的溶解使溶腔半径增大 dR，总的半径变为 $R+dR$，同时溶液在底层的溶腔表面和扩散区域达到新的动态平衡。

2）盐岩溶解特性

描述盐类矿物溶解特性的两个重要参数是矿物的溶解度和溶解速度。

不同盐类矿物的溶解度各不相同，从盐类化合物类型上看，其溶解度由大到小的顺序为：氯化物＞硫酸盐＞碳酸盐＞硼酸盐。温度和压力的变化对溶解度的大小也有不同程度的影响。

溶解速度是指单位时间内在盐类矿物某个方向的溶解长度（距离）。在生产实际中，由于对某个方向的溶解长度（距离）难以确定，常常以"溶解速率"替代"溶解速度"，其定义为单位时间内单位面积上盐类矿物的溶解质量。

在实际盐岩水溶开采过程中需要提高盐岩矿石的溶解速率，以便在较短时间采出较多的饱和卤水，进而提高产盐量。影响盐类矿物溶解速率的因素很多，既有矿石本身决定的内在因素，又有可以调控的外部因素。

影响盐类矿物溶解速率的内在因素主要有以下几点。

● 盐类矿物的水溶性

不同盐类矿物的水溶性不同，其溶解速率也不相同。一般溶解度大的盐类矿物属易溶盐，其溶解速率大，如石盐、钾石盐、芒硝等；溶解度小的盐类矿物，属难溶盐或较难溶解的盐类矿物，其溶解速率小，如钙芒硝等缓慢溶于水，石膏、硬石膏等都难溶于水。

● 盐类矿物的品位

盐矿品位越高，矿物的溶解速度越快，溶解速率越大；反之亦然。

● 盐类矿石组分

盐类矿床往往是多种矿物组分共同作用所生的矿床。盐岩溶解速率是针对某种单盐而言，对于多种盐类矿物共生的矿床其主要盐类矿物的溶解速率受其他组分的影响。

● 盐类矿石结构构造

矿物结构致密，水与矿物接触的面积较小，溶解速率就小；相反，结构疏松或裂隙发育的矿物，水与其接触面积大，其溶解速率就大。现代盐湖沉积的盐类矿物，未经硬结成岩作用，矿石结构疏松，孔隙度较高，其溶解速率一般较大。

影响盐类矿物溶解速率的外在因素主要有以下几点。

● 溶解面积

由于盐类矿物溶解主要在盐岩与水溶液的接触表面进行，在溶剂量相同的情况下，溶解面积不同则盐矿物的溶解特性会不同。从定义可知，溶解面积对溶解速率无影响，盐岩溶解速率随溶解面积的增加趋于一个稳定值。但是溶解面积越大对矿物溶解越多，越利于水溶开采。在盐岩矿藏水溶开采过程中，应尽力扩大盐岩的溶解面积，加速盐溶液的溶解，提高生产效率。

● 溶解面倾角

盐岩矿石的溶解过程是矿石中的 NaCl 与水的接触并在其诱导下离开矿石界面的过程。要实现这一过程，溶液的 NaCl 分子必须克服盐岩对 NaCl 分子的引力与盐岩界面垂直且指向盐岩体内部的重力分力，这种分力与矿石界面倾角有关。因溶解盐面空间位置的不同，粒子受到垂直向下的重力、不同方向（相对溶解盐面）水体水分子和盐岩吸引力的作用是不相同的，即粒子受到的合力大小、方向对应于溶解盐面空间位置的不同而不同，使转入水中的粒子离开晶体表面及其附近区域的速度与盐岩矿石溶解速率也是不相同的。盐岩矿石一般正常的溶解规律是上溶＞侧溶＞底溶。

● 溶液浓度

从化学动力学观点看，溶液浓度与饱和溶液浓度之差是盐岩发生溶解反应的化学势之一。两者差值越大其溶解速率就越大，当溶液浓度为 0 时差值最大，盐岩溶解速率达到最大值；当溶液浓度等于溶液饱和浓度时差值为零，盐岩溶解速率为零。通常盐岩矿石的溶解速率随着浓度的增加逐渐减小，在饱和溶液中盐岩不再溶解。在盐岩开采过程中，要想达到高的出卤量与出卤浓度，就需要掌握溶解速率与溶液浓度的协同作用关系。

● 溶解温度

溶解速率温度效应的内在机理可从热力学的观点得到很好的解释。随着溶液温度的升高，溶剂分子与盐岩中分子的活性增强，发生相互碰撞的概率增大，使溶解速率增大。温度对氯化钠溶解速率的影响非常显著。在盐岩水溶开采中，应该利用好温度与溶解速率关系，以实现较低温度下高溶解速率溶解矿体的目的，从而提高开采效率。

● 溶液流速

盐岩在造腔过程中腔体内是浓度场和流场的叠加，溶液的运动加速了盐溶液及溶液中盐粒子的对流与扩散，由此可在一定程度上加快矿物的溶解速率。因此，在生产实践中要适当控制注入水的速度以促进盐岩矿物的溶解。

基于对盐岩溶解速率影响因素的分析，可通过开展盐岩溶解速率实验，建立数学模型，应用于盐岩水溶开采或水溶造腔数值模拟，基于数值仿真模拟结果有效指导盐岩开采工艺或盐腔形态设计。

（2）钻井工艺

盐岩资源除少数距地表较浅的矿床可利用坑道开采外，大多深埋地腹，必须采用钻井水溶法生产。因此，利用钻凿盐井作为从地下开采盐卤的通道成为必须和主要的手段，盐井是井矿盐水溶开采的主要工程。

钻井工程的实施过程，一般分为三个阶段：钻前准备阶段、钻井阶段和完井阶段。

1）钻前准备阶段

钻前准备阶段是确保钻井工程顺利进行，达到钻井预期目的的前期工作。它包括钻井设计、井位测量、"三通一平"、钻井设备的搬迁和安装、钻井工作和各种记录所需工具与仪表设备等。其中，盐井钻井设计包括地质设计和钻井工程设计。

2）钻井阶段

钻井就是用机械力量破碎岩石，并将岩屑返至地表，建立一个截面小、达到设计深度的圆筒状井眼。此井眼是盐类矿床进行水溶开采的通道。钻井阶段的主要工作包括钻机类型的选择、钻井方式的选择、钻具的配合、钻井地质工作、钻井工程的实施等。

钻井的基本流程是：钻进时，由转盘带动吊升系统悬吊着的方钻杆（或六方钻杆）、钻杆、钻铤、钻头等钻具一同旋转，剪切伸入地层破碎岩石，使井眼不断加深。与此同时，经循环系统，被泥浆泵加压后的循环液（泥浆或淡水）沿水龙带、水龙头、方钻杆、钻杆、钻铤、钻头的水眼路线流出，冲刷岩石、清洗井底后，顺钻杆外环形空间返到地表，循环液经沉淀除去岩屑后再次循环利用。

3）完井阶段

完井阶段是钻井工程的最后一个重要阶段，它包括测井、固井、完井、试采和移交生产等工作。

● 测井

目前在盐类矿床水溶开采的钻井中常用的测井方法为：电法测井、放射性测井和工程测井。通过各种测井资料，并综合分析岩心录井、岩屑录井和泥浆录井等资料，可以解决以下地质与工程问题：划分钻井地层，确定地层岩性、厚度和埋藏深度，确定盐类矿层的层位、厚度和顶底板地层的岩性与厚度，寻找井内漏失层、出水层和管外窜流位置，测量和检查钻井工程质量情况，测量水采溶洞的形状和大小。

● 固井

固井是盐井建井过程中的重要环节。一口井固井质量的好坏，不仅影响该井能否继续钻进，而且影响到能否顺利生产、盐井的寿命和矿石采收率。

固井工程主要包括两项内容：下套管和注水泥浆。

下套管是指在建井过程中需要下一层或多层套管。先进行套管程序设计，确定井身结构，包括套管层次、各层套管的管径、下入深度等，主要原则是避免出现井漏、井塌、卡钻等情况，便于修井和处理井下事故，满足开采工艺与生产能力要求，在进行套管柱设计时，采用等安全系数法确定套管的安全系数，保证各段套管的最小安全系数等于或大于规定的安全系数。

注水泥浆的目的在于封隔含水层、严重漏失层和其他复杂地层，支撑和保护套管，保护岩类矿层。由于要把水泥浆用泵往井下输送几百米甚至几千米，井下的温度和压力随井深的增加而增加。因此，对油井水泥的要求不同于普通硅酸盐水泥，需要特殊的水泥材质。

● 完井

盐井完成是钻井工程的最后一个重要环节，主要包括完井与洗井、下中心管和内套管、安装井口装置等。

盐井完成主要有两种形式：先期完井法和后期完井法。前者是先将技术套管下到盐类矿层顶部，用油井水泥固井后，再用饱和盐水作冲洗液，钻穿岩类矿层，优点是施工较方便，可提高固井质量，含盐段井底较干净。后者是钻穿盐类岩层后，再将技术套管下到盐类矿层顶部，用油井水泥固井，优点是便于进行盐类矿层对比，这对于采用井组连通法开采的钻井尤为重要，可以较准确地确定技术套管下入的位置，常在地层产状和矿层厚度变化较大、矿层层数多而厚度薄时采用，以及在新采区进行钻井施工时采用；缺点是固井时需打悬空水泥塞，当其下沉时影响固井质量。

洗井：钻穿盐类矿层后，必须用饱和卤水或清水进行充分洗井，直到洗井液中含砂量小于 5‰ 为止。

用简易对流法开采的井，需下中心管（即石油系统的油管），用油（气）垫对流法开采的井，除下中心管外，还需下内套管。

井口装置是装在地表用以悬挂中心管柱和内套管管柱、控制和引导地面流体（淡水和/或柴油）注入、井下卤水流出的设备，其结构见图 3-12 和图 3-13。

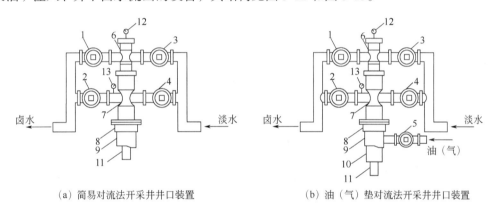

(a) 简易对流法开采井井口装置　　　　(b) 油（气）垫对流法开采井井口装置

图 3-12　对流法开采井井口装置示意

1～5—阀门；6—小四通；7—大四通；8—表层套管；9—技术套管；10—内套管；11—中心管；12，13—压力表

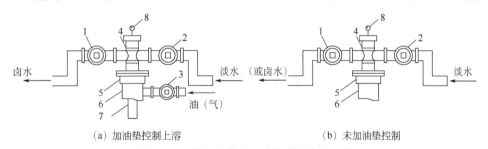

(a) 加油垫控制上溶　　　　　　　　(b) 未加油垫控制

图 3-13　井组连通法开采井井口装置示意

1～3—阀门；4—四通；5—表层套管；6—技术套管；7—中心管；8—压力表

● 试采

试采是指在井口装置安装好后，用一定量的淡水进行试采（建槽）定时取样观测并记录卤水浓度上升情况，当卤水达到一定的浓度时即可结束试采。

（3）单井对流水溶开采法

单井对流水溶开采法起源于我国早期的单井提捞法，盐井钻成后，暴露出盐岩矿层，向井内注入淡水溶解盐岩，之后将卤水用提桶提捞出地表。

单井对流水溶开采法，指在多层同心管柱处于密闭状态的盐井中，从其中一层管内注入淡水溶盐制卤，卤水从另一层管内返出地面的开采方法。单井对流水溶开采法是以一口井为一个开采单元，可分为简易对流水溶开采法和油（气）垫对流水溶开采法。

1）简易对流水溶开采法

简易对流水溶开采法，在井内两层同心管的密闭系统中，从其中一层管内往井下注入淡水，溶解盐类矿物生成饱和卤水，利用注水余压使卤水从另一层管送到地面，而对井下盐层的溶解作用不加控制的采矿方法（图 3-14）。其中，水溶开采过程中注水采卤的循环方式有两种：正循环水溶开采和反循环水溶开采。正循环水溶开采就是指淡水从下往井里的中心管内注入溶腔，对盐岩进行溶解至近饱和状态，再通过中心管外环形空间的套管返出地面，即淡水从洞穴底部进入，卤水从洞穴顶部抽出。反循环水溶开采是指淡水通过中心管外环形空间的套管注入，对盐岩进行溶解至近饱和状态，再从中心管内返出地面，即淡水从洞穴顶部进入，卤水从洞穴底部抽出。在水溶开采初期采用正循环方式，以避免生产中发生堵管现象；后期采用反循环方式，以增大采卤浓度，提高开采效率。

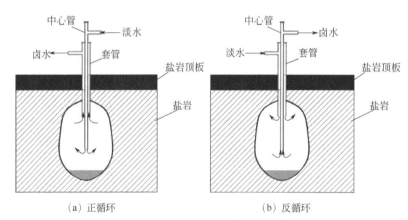

（a）正循环   （b）反循环

图 3-14　简易对流水溶开采正反循环示意

简易对流井的生产阶段：

① 建槽期。采用正循环生产，在靠近盐层底部溶漓出一个类似碗状的溶腔，用以堆放水溶开采过程中的不溶物。

② 生产期。当溶腔建成后，需要对采卤管串进行提升，由下而上对岩盐进行溶漓，采用反循环生产，最大限度地溶解盐岩生产饱和卤水。

③ 衰老期。溶腔已接近最大可采直径，顶板垮塌，底部堆积大量碎屑物，卤水浓度产量下降，不能维持正常生产而停止开采。此阶段的时间较短，占盐井服务年限的 15%～20%。

简易对流法的优点是开采工艺简单，操作容易，适用性强，基建投资少，生产成本低。缺点是服务年限短，一般为 2～3 年；溶腔呈倒锥体，顶板暴露早且易垮落，影响矿石溶解，矿石采收率低，井下事故多，中心管下部常发生弯曲、变形和断裂，顶板垮塌导致技术套管变形甚至断裂。适于矿层顶板较稳固、密封条件好、未受成矿后的断层破坏、品位较高的易溶性盐类矿床。矿层厚度两米至数十米，开采深度 3000m 以内。

2）油（气）垫对流水溶开采法

油（气）垫对流水溶开采法的工艺与简易对流法基本相同，该方法主要是在井内三层同心管的密闭系统中，间歇性地从技术套管与内套管环隙注入阻溶剂，使其在水溶开采溶洞顶部形成一个很薄的垫层（油垫或气垫），将水与矿体隔开，控制上溶，迫使溶解作用往水平方向进行，油（气）垫对流水溶开采法示意如图 3-15 所示。其中，油垫法主要是利用油水不相容、石油密度小且不溶解盐类矿物的特性；气垫法主要利用空气密度小的特性。

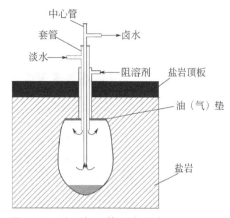

图 3-15　油（气）垫对流水溶开采法示意

油（气）垫对流井的生产阶段：

① 建槽期。采用油（气）垫的方法严格控制上溶，迫使溶解作用向水平方向进行，在开采矿层底部建造一个有一定直径的圆盘状溶洞，为上溶生产创造条件。

② 上溶生产期。在建槽完成后，排除油（气）垫，提升中心管和内套管，进行上溶开采。提升井管的间隔时间和再次添加油（气）垫的时间是根据溶采直径达到设计要求而定。

③ 衰老期。矿层开采至最上部，矿层顶板暴露甚至垮塌，溶解面缩小而导致生产能力下降，最后停采。

油（气）垫对流法的优点是：建成圆盘状盐槽后，形成有利的顶溶面，卤水产量大，浓度高，生产能力比简易对流法高；可有效控制上溶，防止矿层顶板过早暴露和垮塌，延长盐井服务年限，溶腔形状可控，可建成近似圆柱状溶腔，矿石采收率可达 25%～35%。缺点是：建槽时间较长，矿石品位越低，油（气）耗越大，常发生井下管柱弯曲、变形和断裂事故。油（气）垫对流法在矿石品位大于 70%、矿层厚度大于 15m 的易溶性盐类矿床广泛采用。相对于油垫法开采，气垫法较适用于埋床较浅、品位低的盐矿，因空气压缩机的功率有限，若开采过深，空压设备不适应，气垫层不稳定，调控较难；此外，卤水中溶解的空气较多，采卤设备和井下管柱腐蚀严重。

（4）井组连通水溶开采法

我国盐矿的基本特点是：盐层层数较多，单层厚度较薄。采用单井对流法水溶开采，其建槽时间较长，卤水产量较低。自 20 世纪 70 年代以来，对多层、薄层盐矿的开采国内外多采用井组连通水溶开采法。

井组连通水溶开采法是指由两井或多井构成井组，在井间盐层中建造溶解通道，从一井或多井注入淡水溶盐制卤，卤水从其他井返出地面的开采方法。井组连通水溶开采中最典型为双井水溶对流开采，首先通过单井对流开采盐岩，形成两个独立的溶腔，当井距较小时，发生两盐井间溶蚀连通，变为双井对流，即一口盐井注水，另一口盐井出卤。双井水溶对流开采法示意如图 3-16 所示。

根据双井连通的不同方法，双井对流法可分为：对流井溶蚀连通法、水力压裂连通法和定向水平井连通法。

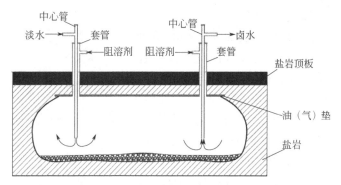

图 3-16 双井水溶对流开采法示意

1）对流井溶蚀连通法

根据单井对流水溶开采时是否控制上溶，可分为自然溶蚀连通法、油（气）垫建槽连通法。

● 自然溶蚀连通法

自然溶蚀连通法是指两口或多口用简易对流法开采的盐井，生产后期于盐层上部溶蚀连通后，改用井组连通法开采的方法。该方法由于连通时期及连通部位不确定，同时溶采范围较小、产卤量低且回采率也低，故现已很少采用。

● 油（气）垫建槽连通法

油（气）垫建槽连通法是指在油、气垫对流井的石盐溶解过程中，用油、气垫控制上溶，拓展侧溶，促使邻井溶腔在盐层下部溶蚀连通，再自下而上地用井组连通法开采的方法。这种方法虽然存在连通时间较长、耗油、动力消耗多等缺点，但具有连通部位可控、卤水产量大、浓度高、矿石采收率高、盐井服务年限较长等突出优点，具有先进性，适用于矿层厚度较大、矿石品位较高的盐类矿床。

2）水力压裂连通法

水力压裂连通法是指用高压淡水在两井间石盐矿层中建造压裂通道，再从一井注入淡水溶盐制卤，卤水从另一井返出地面的开采方法。这种方法的优点是连通成本较低，连通之后采卤量大，矿石回采率较高，井下事故较少；缺点是受地质构造的制约，不能有效控制压裂主裂缝的延伸方向和连通部位，易造成邻近井组间压裂窜槽和地层充水。该方法适用于浅埋的矿石品位高的易溶盐类矿床：产于碎屑系中的多层、薄层盐类矿床，矿层顶底板砂岩与泥岩具有较高的抗压和抗剪强度，并具有良好的隔水性；产于碳酸盐系中的盐类矿床，矿层的层数少，直接顶底板为硬石膏、白云岩、石灰岩，矿层与底板界面清晰。最大开采深度在1500～1700m。

3）定向水平井连通法

定向水平井连通法是指采用定向钻井技术，使两口定向水平井朝同一"靶点"钻进，或一口定向水平井朝目标井（直井）钻进，使两井在开采盐层下部连通的水溶开采方法。定向水平井连通法的示意如图 3-17 所示，定向水平井连通法的单井一般分为 3 个井段，即上部的垂直井段、中部的造斜井段和下部的水平井段。

定向水平井连通法在目标矿层直接实现对接连通，

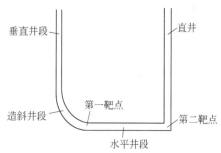

图 3-17 定向水平井连通法示意

因此，这种方法的优点是矿石采收率高，资源利用率高，而且卤水质量好，对接方向可控，采井的生产管理简单，环境污染较小等；缺点是钻井费用大，生产成本高。该方法对钻井技术和装备要求较高，其关键技术在于连通井设计、钻井设备及工艺技术、钻井测量和数据处理技术、井眼轨迹控制技术、井眼清洗及井眼稳定技术等，适用于开采矿层较厚的盐类矿床。

（5）盐岩水溶采卤制备井矿盐原料卤水工艺流程

根据盐岩水溶开采进度安排确定采卤站的规模。为加快盐岩开采进度，通常是将拟水溶开采井进行分组，每阶段同时有两组井参与盐岩开采，一组注淡水，另一组注未饱和卤水。如第一批井 A、B 两组，A 组井注入淡水，B 组井注入 A 组井采出的未饱和卤水。根据不同阶段 A+B 组的组合以及各单井的注水梯度变化，综合分析最终确定采卤站的规模及注水泵的配置。

盐岩水溶采卤制备井矿盐原料卤水工艺单元包括：取水单元（含取水泵房、阀室、输水管道）、采卤站进出站阀组、注水泵房、淡水和卤水罐区、注油罐区、井场、注水采卤集输管网等。

井矿盐原料卤水采卤站主要工艺流程如下：

① 从水源地（河流或湖水等）取水，经水泵升压，通过输水管道送至盐岩开采注水站内的淡水储罐进行缓冲、沉降。

② 基于采注淡水储罐本身静水压将水输送至淡水主水泵进口。

③ 经淡水注水泵升压至高压阀组进行分配、控制、调节和计量后，由高压注水管路输送至 A 组注水井口。

④ 从 A 组井口返出卤水经低压回水管网输送至盐岩开采注水站内。

⑤ 在低压阀组进行分配、控制、调节、计量和取样分析后，根据卤水含盐量多少决定卤水不同去处：当卤水的矿化度达标时（一般≥285g/L），直接输至井矿盐制盐企业原料卤水储池（罐）；当卤水的矿化度未达标时（一般<285g/L），未饱和卤水进入未饱和卤水储罐，经未饱和卤水注水泵升压至高压阀组分配、控制、调节和计量后，由高压注水管路输送至 B 组注水井口，从 B 组井口返出卤水经低压回水管网输送至造腔工艺区内低压阀组进行分配、控制、调节和计量后，卤水输至井矿盐制盐企业原料卤水储池（罐）。

盐岩水溶采卤制备井矿盐原料卤水工艺流程如图 3-18 所示。

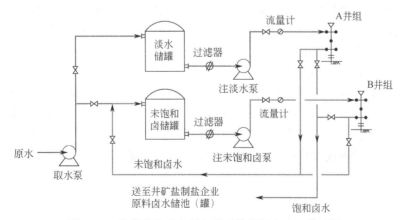

图 3-18　盐岩水溶采卤制备井矿盐原料卤水工艺流程

（6）盐岩溶腔利用

水溶法开采地下盐矿后会留下巨大的空腔，深度一般距地表 800～3000m，体积为 10^4～$10^6 m^3$，实际采盐溶腔腔体形状如图 3-19 所示。

盐岩具有诸多优良力学特性，比如抗蠕变特性强、热传导性良好、渗透率小、孔隙度低、塑性变形能力强、自我损伤恢复能力强等，使得其在能源安全密闭储备方面有不可替代的突出优

图 3-19　采盐溶腔的三维立体形状

势，是公认的能源储备以及废物埋置的理想选择；此外，巨大的盐腔留在地下，隐藏着巨大的安全隐患，全国已有多个井矿盐企业发生采空区的沉降、塌陷等地质灾害，因此，地下盐岩矿床除了用于井矿盐企业采卤生产原料卤水外，还可以利用溶空的大容量空间作为地下储存固体、液体和气体的产品，或化学的、核工业的有害废弃物。从国外最近几十年的发展趋势来看，在地下盐岩矿床中建造储库，已经成为盐岩矿床水溶采矿技术发展的主流，不论从技术上或经济上都占主导地位。所以，现代盐岩方面的技术研究已经转移至对盐岩溶腔用于存储以及相关方面。

地下盐穴储库由于具有容量大、成本低、安全性好的优点，成为世界上诸多国家主要的油气储备方式。在世界天然气储气总容量中，地下储库约占 90%。建造地下盐穴储气库，可以协调供求关系与调峰，缓解因各类用户对天然气需求量的不同和负荷变化而带来的供气不均衡性。同时，有助于优化生产系统和输气管网运行，可以保证供气的可靠性和连续性。盐岩溶腔作为地下储库，盐岩溶腔形态是盐穴储气库稳定的主要影响因素之一。关于盐穴储气库的稳态研究，目前主要采用将计算机数值模拟和大量室内试验相结合的方法来预测盐穴地下溶腔运营期间的变化趋势以及评价其稳定性。通过大量的室内试验，可以获取盐岩的相关计算参数尤其是盐岩溶解速率和蠕变参数，之后结合有限元软件或者有限差分软件，对储气溶腔稳定性进行数值模拟预测。盐穴压缩空气储能与实现二氧化碳深地存储也是国家能源战略和"双碳"战略实施的重要举措。

地下盐穴储库还可用于纳污，即利用地下稳定的盐腔储存工业生产中产生的难以处理的废料，包括废固料、废液料和放射性物料。在封闭的地质储存空间中，废弃物不参与人类和生物的物质循环，其安全性在很大程度上优于其他环保工艺。如井矿盐和氨碱法制备纯碱联产的企业，将碱渣回填至地下采卤盐腔，即将原状碱渣在地面与饱和卤水调制成一定浓度的碱渣浆体，之后用泥浆泵把浆体输送到充满卤水的地下盐腔中，同时置换出相同体积的卤水输回工厂利用，这既能有效规避废弃地下盐腔造成的地质隐患，又能减小碱渣地面堆积对环境的污染破坏，实现资源的高值化利用。

在对盐岩矿床进行水溶开采的过程中，应用科学的开采技术方法，制订科学的生产技术参数，对盐类矿床进行高回采率、低成本开采的同时，科学合理地控制盐岩溶腔的发展，有目的有计划地进行盐岩溶腔的建造，对我国油气资源、压缩空气与二氧化碳储存和核废料地质处置等瓶颈问题的解决大有裨益，有助于实现井矿盐原料卤水的水溶法高效开采与盐腔高值化利用协同发展。

参考文献

[1] 陈敏. 化学海洋学[M]. 北京：海洋出版社，2009.

[2] 陈正斌. 海洋化学[M]. 青岛：中国海洋大学出版社，2015.

[3] 潘应辅. 渤海沿岸地下卤水地质特征及其成因的初步认识[J]. 海盐与化工，1982（1）：8-14.

[4] 高世扬，宋彭生，夏树屏，等. 盐湖化学[M]. 北京：科学出版社，2007.

[5] 宋良曦，林建宇，黄健，等. 中国盐业史辞典[M]. 上海：上海辞书出版社，2010.

[6] 王清明. 盐类矿床水溶开采[M]. 北京：化学工业出版社，2003.

[7] 肖意明，赵建国，张蕾，等. 岩盐溶解特性研究综述[J]. 盐科学与化工，2017，46（06）：26-30.

[8] 林元雄. 盐类水溶采矿技术[M]. 成都：四川人民出版社，1990.

[9] 完颜祺琪，丁国生，垢艳侠，等. 层状盐岩建库技术难点与对策[J]. 中国盐业，2015（24）：23-30.

思考题

1. 作为海盐的生产原料，世界不同海域海水制备的海盐质量差异如何？海盐质量是否受海水盐度影响？海水组成的恒定性内涵是什么？

2. 滨海地下卤水与海水组成有何异同？分析滨海地下卤水的成因。

3. 15℃条件下取样测得某日晒盐田的卤水相对密度为 1.020，则 20℃时该卤水的浓度为多少（°Bé）？

4. 日晒海盐生产过程中 Na/Mg 和 Mg/Mg 是工艺控制的两个重要参数，分析为何使用 Na/Mg 较高的饱和卤水进行制盐有利于保证海盐的产量和质量。

5. 简述盐矿的成因与基本特征。

6. 某盐湖卤水主要化学组成如表 3-14，按照卤水化学成分分类方法计算说明该盐湖卤水的类型。

表 3-14　某盐湖卤水主要化学组成

化学组成	Mg^{2+}	Ca^{2+}	Na^+	K^+	Cl^-	CO_3^{2-}	SO_4^{2-}
浓度/(g/L)	0.36	0.10	44.24	2.61	66.93	3.33	3.15

7. 盐岩水溶开采过程中，影响盐类矿物溶解速率的外在因素主要有哪些？简述盐岩水溶采卤制备井矿盐原料卤水的工艺流程。

第4章

日晒海盐

4.1 日晒海盐生产相图理论及应用

海水是日晒海盐的原料（淡化浓海水、滨海地下卤水与海水组成相似，只是浓度较高），海水中的主要常量元素离子包括 Na^+、K^+、Ca^{2+}、Mg^{2+}、Cl^-、SO_4^{2-}，相比于 Na^+ 和 Mg^{2+}，K^+ 和 Ca^{2+} 含量较少，由海水蒸发析盐规律可知，$CaSO_4$ 在 NaCl 结晶之前会析出，而 K^+ 含量较低在 NaCl 析出阶段不会成盐析出。因此，对于以海水蒸发浓缩的海盐（NaCl）结晶析出过程，若不考虑 K^+ 的影响，海水体系简化为 Na^+、$Mg^{2+}//Cl^-$、$SO_4^{2-}-H_2O$ 四元交互体系；若考虑 K^+ 的影响，海水体系简化为 Na^+、Mg^{2+}、$K^+//Cl^-$、$SO_4^{2-}-H_2O$ 简单五元体系。以此作为指导日晒海盐生产的相图理论基础，本章基于上述两个体系，结合日晒海盐区的气候特点，分析海盐生产过程的定性及定量问题。

4.1.1 Na^+、$Mg^{2+}//Cl^-$、$SO_4^{2-}-H_2O$ 体系相图理论及其在日晒海盐生产中的应用

考虑生产的季节性，本书以日晒蒸发制海盐的典型气候温度，分别讨论 Na^+、$Mg^{2+}//Cl^-$、$SO_4^{2-}-H_2O$ 四元交互水盐体系 25℃和-5℃相图在日晒海盐生产中的应用。

4.1.1.1 Na^+、$Mg^{2+}//Cl^-$、$SO_4^{2-}-H_2O$ 体系 25℃相图在海盐生产中的应用

利用 Na^+、$Mg^{2+}//Cl^-$、$SO_4^{2-}-H_2O$ 体系 25℃相图（图 4-1、图 4-2 和附录 6、附录 7）对海盐蒸发结晶析盐过程进行理论分析，并可通过相关理论计算获得某一海水（卤水）组成条件下的海盐生产相关工艺参数。

下面，以如表 4-1 所示的某海盐区海水组成为例，讲述以海水简化为四元水盐体系条件下蒸发析盐规律、制卤过程蒸发水量、海盐析出量和析出率等工艺参数的分析确定和计算。

表 4-1　某海盐区海水组成

浓度（25℃）/°Bé	相对密度 d（25℃）	海水中盐的组成（g/100g）						
		NaCl	MgCl₂	MgSO₄	KCl	CaSO₄	干盐合计	H₂O
3.1	1.0208	2.464	0.283	0.187	0.051	0.115	3.10	96.90
组分		NaCl	$\frac{1}{2}$ MgCl₂	$\frac{1}{2}$ MgSO₄	—			H₂O

浓度（25℃）/°Bé	相对密度 d（25℃）	海水中盐的组成（g/100g）						
		NaCl	$MgCl_2$	$MgSO_4$	KCl	$CaSO_4$	干盐合计	H_2O
以等效价计组分的量/mol		0.0422	0.0059	0.0031	—		0.0512	5.3833
耶内克指数 J/（mol/100mol 干盐）		82.4219	11.5234	6.0547	—		100	10514.2578

注："空白"表示待测，"—"表示不存在。

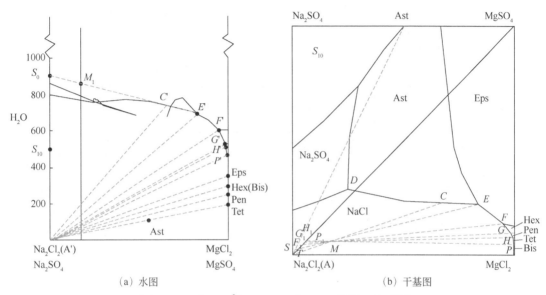

（a）水图　　　　　　　　　　　　（b）干基图

图 4-1　Na^+、Mg^{2+}// Cl^-、SO_4^{2-}–H_2O 体系 25℃相图

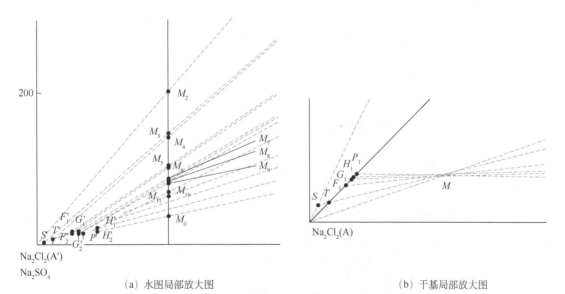

（a）水图局部放大图　　　　　　　（b）干基局部放大图

图 4-2　Na^+、Mg^{2+}// Cl^-、SO_4^{2-}–H_2O 体系 25℃相图局部放大图

（1）海水等温蒸发过程分析

由相图分析可知，表 4-1 组成的海水体系点分别位于干基图和水图的 M 点和 M' 点。依据等温相图蒸发过程分析理论，该海水在 25℃下的等温蒸发过程分析如表 4-2 所示。

表 4-2　某海盐区海水 25℃等温蒸发过程分析表

阶段	过程情况	干基图			水图		
		系统	液相	固相	系统	液相	固相
一	未饱和溶液浓缩	M	M	无	$M'{\to}M_1$	$M'{\to}M_1$	无
二	NaCl 析出	M	$M{\to}C$	A	$M_1{\to}M_2$	$M_1{\to}C'$	A'
三	NaCl、Ast 共析	M	$C{\to}E$	$A{\to}S$	$M_2{\to}M_3$	$C'{\to}E'$	$A'{\to}S'$
四	NaCl、Eps 析出，Ast 溶解	M	E	$S{\to}T$	$M_3{\to}M_4$	E'	$S'{\to}T'$
五	NaCl、Eps 共析	M	$E{\to}F$	$T{\to}F_1$	$M_4{\to}M_5$	$E'{\to}F'$	$T'{\to}F_1'$
六	Eps 转溶为 Hex	M	F	F_1	$M_5{\to}M_6$	F'	$F_1'{\to}F_2'$
七	Hex、NaCl 共析	M	$F{\to}G$	$F_1{\to}G_1$	$M_6{\to}M_7$	$F'{\to}G'$	$F_2'{\to}G_1'$
八	Hex 转溶为 Pen	M	G	G_1	$M_7{\to}M_8$	G'	$G_1'{\to}G_2'$
九	Pen、NaCl 共析	M	$G{\to}H$	$G_1{\to}H_1$	$M_8{\to}M_9$	$G'{\to}H'$	$G_2'{\to}H_1'$
十	Pen 转溶为 Tet	M	H	H_1	$M_9{\to}M_{10}$	H'	$H_1'{\to}H_2'$
十一	Tet、NaCl 共析	M	$H{\to}P$	$H_1{\to}P_1$	$M_{10}{\to}M_{11}$	$H'{\to}P'$	$H_2'{\to}P_1'$
十二	Tet、NaCl、Bis 共析	M	$P{\to}$无	$P_1{\to}M$	$M_{11}{\to}M_0$	$P'{\to}$无	$P_1'{\to}M_0$

注：矿物盐缩写名称意义见附录 8。

（2）制卤蒸发水量

表 4-1 组成的海水其体系点分别位于干基图和水图的 M 点和 M' 点，S_0 点为 25℃饱和 NaCl 溶液的含水量，连接 AM 交 DE 于点 C，在水图上找到对应的 C' 点，连接 S_0C' 交 MM' 于 M_1。海水由 M' 蒸发至 M_1，得到饱和卤。

从水图读得 M_1 点的含水量的 J 值为 859.1590，当以 100g 海水为基准时，制卤蒸发的水量为：

$$w_1 = \frac{10514.2578 - 859.1590}{100} \times 0.0512 \times 18 = 88.9814(\mathrm{g})$$

得到饱和卤水量为：100-88.9814=11.019（g）。

（3）NaCl（海盐）析出量

从图 4-1 中可读得 C 点处 $\frac{1}{2}\mathrm{Mg}^{2+}$ 的耶内克指数为 66.2622，设析出 NaCl 的量为 x mol，余下苦卤的干盐量为 y mol，则由物料衡算可知：

$$总干盐：0.0512 = x + y \tag{4-1}$$

$$\frac{1}{2}\mathrm{Mg}^{2+}：0.0059 + 0.0031 = \frac{66.2622}{100}y \tag{4-2}$$

解得：x=0.0376（mol），y=0.0136（mol）。则 NaCl（海盐）的析出量为 0.0376×58.44=2.197（g）。

（4）NaCl 的析出率

$$\eta = \frac{0.0376}{0.0422} \times 100\% = 89.10\%$$

随着卤水浓度的增加，卤水的蒸发速率降低，同时 NaCl 结晶所夹带的可溶性杂质也将增加，盐的质量下降。因此，在海盐生产过程中过高的 NaCl 析出率是不利的，通常 NaCl 析出率控制在 80%，相应苦卤的浓度约为 28°Bé。

（5）新卤结晶与循环卤结晶工艺的比较

新卤结晶是海水蒸发浓缩制得的饱和卤水直接进入结晶产盐工序，而循环卤结晶是指在制卤所得饱和卤水中兑入析盐后的苦卤，将混合卤用于结晶产盐工序。图 4-3 表示两种结晶工艺过程的相图，由图分析可知：新卤结晶过程相图中 $M(M')$ 为饱和卤水点，蒸发结晶析盐后，水图的系统点移至 M_L 点，得到苦卤的组成点为 $L(L')$。将苦卤与新卤掺兑，所得混合卤组成为 $N(N')$ 点，该点在 $M(M')$ 与 $L(L')$ 的连线上，当控制同样的苦卤浓度时，混合卤蒸发结晶析盐后，水图的系统点移至 N_L 点，得到苦卤的组成点仍为 $L(L')$。下面通过相图分析，将这两种工艺的蒸水量、析盐量等作一比较。

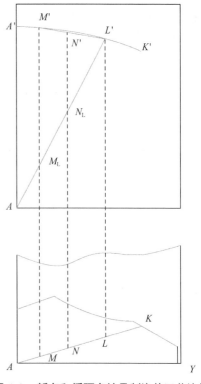

图 4-3　新卤和循环卤结晶制海盐工艺比较

1）新卤结晶

当以饱和卤水中干盐量 1mol 为基准（相应干基图、水图亦以 1mol 干盐为基准）时，根据相图杠杆规则可得：

$$\text{Na}_2\text{Cl}_2 \text{ 析出量 } a_1 = \frac{\overline{ML}}{\overline{AL}}$$

$$\text{苦卤干盐量 } l_1 = \frac{\overline{AM}}{\overline{AL}}$$

$$\text{蒸发水量 } w_1 = \overline{M'M_L}$$

计算的各物理量单位均为 mol，下同。

2）循环卤结晶

仍以饱和卤水中干盐量 1mol 为基准，而将干盐量为 $\left(\overline{AM}/\overline{AL}\right)$ mol 的苦卤与新卤掺兑得到混合卤，则混合卤中干盐量为 $\left(1 + \overline{AM}/\overline{AL}\right)$ mol，根据相图杠杆规则可得：

$$\frac{\text{混合卤量}}{\text{饱和卤量}} = 1 + \frac{\overline{AM}}{\overline{AL}} = \frac{\overline{ML}}{\overline{NL}} \tag{4-3}$$

$$\text{Na}_2\text{Cl}_2 \text{ 析出量}: \quad a_2 = \frac{\overline{NL}}{\overline{AL}} \times \left(1 + \frac{\overline{AM}}{\overline{AL}}\right) \tag{4-4}$$

$$\text{苦卤干盐量}: \quad l_2 = \frac{\overline{AN}}{\overline{AL}} \times \left(1 + \frac{\overline{AM}}{\overline{AL}}\right) \tag{4-5}$$

$$\text{蒸发水量：} \quad w_2 = \overline{N'N_\mathrm{L}} \times \left(1 + \frac{\overline{AM}}{\overline{AL}}\right) \tag{4-6}$$

将式（4-3）代入式（4-4）得：

$$a_2 = \frac{\overline{ML}}{\overline{AL}} = a_1$$

又由 $\overline{ML} = \overline{AL} - \overline{AM}$ 及式（4-3）得：

$$\overline{NL} = \frac{\overline{AL}\left(\overline{AL} - \overline{AM}\right)}{\overline{AL} + \overline{AM}} \tag{4-7}$$

由 $\overline{AN} = \overline{AL} - \overline{NL}$ 及式（4-5）得：

$$l_2 = \frac{\overline{AL} - \overline{NL}}{\overline{AL}} \times \left(1 + \frac{\overline{AM}}{\overline{AL}}\right) \tag{4-8}$$

将式（4-7）代入式（4-8）并化简得：

$$l_2 = 2 \times \frac{\overline{AM}}{\overline{AL}} = 2l_1 \tag{4-9}$$

据平行线间所截线段成比例的几何定理得：

$$\frac{\overline{ML}}{\overline{NL}} = \frac{\overline{M'L'}}{\overline{N'L'}} \tag{4-10}$$

依据相似三角形性质得：

$$\frac{\overline{M'L}}{\overline{N'L}} = \frac{\overline{M'L'}}{\overline{N'L'}} \tag{4-11}$$

由式（4-10）和式（4-11）得：

$$\frac{\overline{ML}}{\overline{NL}} = \frac{\overline{M'M_\mathrm{L}}}{\overline{N'N_\mathrm{L}}} \tag{4-12}$$

因此：

$$\overline{N'N_\mathrm{L}} = \overline{M'M_\mathrm{L}} \times \frac{\overline{NL}}{\overline{ML}} \tag{4-13}$$

将式（4-3）、式（4-13）代入式（4-7）得：

$$w_2 = \overline{M'M_\mathrm{L}} = w_1 \tag{4-14}$$

分析结果（$a_2 = a_1$，$w_2 = w_1$，$l_2 = 2l_1$）表明：循环卤结晶并不能达到少蒸水、多析盐的效果，所掺兑的苦卤只是在过程中空循环。同时，由相图分析可知，混合卤的浓度比新卤的浓度高，故混合卤的蒸发抵抗系数大更不利于蒸发，而且导致海盐产品中因母液夹带造成的可溶性杂质含量高影响盐质，因此循环卤结晶工艺在海盐生产中不宜采用。

4.1.1.2　Na^+、$Mg^{2+}//Cl^-$、$SO_4^{2-}-H_2O$ 体系-5℃相图在日晒海盐生产中的应用

我国北方海盐区冬季（12月、1月）平均气温在0℃以下，1月份平均气温一般约为-5℃，此温度下卤水中盐类的溶解度较其他季节发生显著变化。利用 Na^+、$Mg^{2+}//Cl^-$、$SO_4^{2-}-H_2O$

体系-5℃相图（图 4-4、图 4-5、附录 6）对北方典型海盐区冬季蒸发结晶析盐过程进行理论分析，并可通过相关理论计算获得某一海水（卤水）组成条件下的海盐冬季生产相关工艺参数。

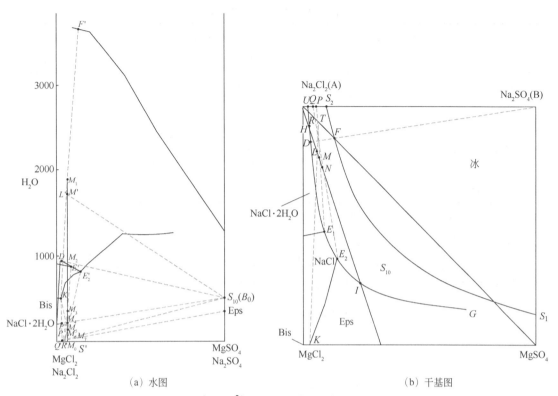

(a) 水图   (b) 干基图

图 4-4   Na$^+$、Mg^{2+}//Cl$^-$、SO$_4^{2-}$ -H$_2$O 体系-5℃相图

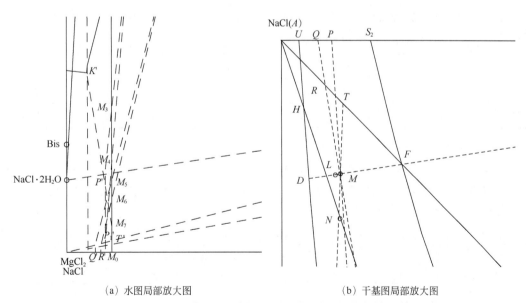

(a) 水图局部放大图   (b) 干基图局部放大图

图 4-5   Na$^+$、Mg^{2+}//Cl$^-$、SO$_4^{2-}$ -H$_2$O 体系-5℃相图局部放大图

下面以如表 4-3 所示的某海盐区冬季卤水组成为例，讲述以该卤水简略为四元水盐体系条件下冬季蒸发析盐规律、析硝（$Na_2SO_4 \cdot 10H_2O$）量和析硝浓度范围以及 NaCl 析出条件等工艺参数的分析确定和计算。

表 4-3　某海盐区冬季卤水组成

浓度（-5℃）/°Bé	相对密度 d（-5℃）	成分及浓度/（g/L）						
		NaCl	$MgCl_2$	$MgSO_4$	KCl	$CaSO_4$	干盐合计	H_2O
16.47	1.1290	158.00	11.80	12.20	0.37	0.41	161.18	
组分		NaCl	$\frac{1}{2}MgCl_2$	$\frac{1}{2}MgSO_4$	—			
以等效价计组分的量/mol		2.7036	0.2479	0.2027	—		3.1542	
耶内克指数 J/（mol/100mol 干盐）		85.7143	7.8593	6.4264	—		100	1706

注：空白表示待测，"—"表示不存在。

（1）卤水低温等温蒸发过程分析

由相图分析可知，表 4-3 组成的卤水其体系点分别位于干基图和水图的 M 点和 M' 点。依据等温相图蒸发理论，该海水在-5℃下的等温蒸发过程分析如表 4-4 所示。

表 4-4　某海盐区卤水-5℃等温蒸发过程分析表

阶段	过程情况	干基图			水图		
		系统	液相	固相	系统	液相	固相
一	S_{10} 析出	M	$L \to D$	B	$M' \to M_2$	$L' \to D'$	B_0
二	S_{10} 与 $NaCl \cdot 2H_2O$ 共析	M	$D \to E_1$	$B \to P$	$M_2 \to M_3$	$D' \to E_1'$	$B_0 \to P'$
三	$NaCl \cdot 2H_2O$ 转溶成 NaCl	M	E_1	P	$M_3 \to M_4$	E_1'	$P' \to P_1'$
四	S_{10} 与 NaCl 共析	M	$E_1 \to E_2$	$P \to Q$	$M_4 \to M_5$	$E_1' \to E_2'$	$P_1' \to Q'$
五	NaCl，Eps 共析，S_{10} 溶解	M	E_2	$Q \to R$	$M_5 \to M_6$	E_2'	$Q' \to R'$
六	NaCl，Eps 共析	M	$E_2 \to K$	$R \to T$	$M_6 \to M_7$	$E_2' \to K'$	$R' \to T'$
七	Bis，NaCl，Eps 共析	M	K	$T \to M$	$M_7 \to M_0$	$K' \to$ 无	$T' \to M_0$

（2）析硝量计算

连接体系点 M 与 Na_2SO_4 固相点，与 S_1S_2 线相交于 F，与 UE_1 线相交于 D，水图上相应为 F' 及 D' 点，连接 $D'F'$。连接水图硝的固相点 B_0 与体系点 M'，B_0M' 与 $D'F'$ 相交于 L'，则 L' 为水图上体系点 M' 对应的液相点，在干基图中找到相应的 L 点，其组成的 J 值为：NaCl 85.6369，$\frac{1}{2}MgSO_4$ 5.9194，$\frac{1}{2}MgCl_2$ 8.4437，H_2O 1712.534。

对于 100mol 总干盐的海水，设析出的芒硝干盐为 X mol，则对于 $\frac{1}{2}SO_4^{2-}$ 而言的体系总量和留存于液体中的量、析出固相量之间的物料衡算为：

$$6.4264 = (100 - X) \times \frac{5.9194}{100} + X$$

解得 $X=0.5389$（mol）。

则组成为表 4-1 的 1L 卤水析出 $Na_2SO_4 \cdot 10H_2O$ 的质量为：

$$3.1542 \times \frac{0.5389}{100} = 0.0170(\text{mol})$$

$$161 \times 0.0170 = 2.737(\text{g})$$

可得 SO_4^{2-} 的析出率为：$\dfrac{0.5389}{6.4264} \times 100\% = 8.39\%$

依据相图可近似求出表 4-3 组成卤水析出芒硝的浓度界限，该卤水的体系点 M 位于 $Na_2SO_4 \cdot 10H_2O$ 区内，过 M' 点平行于纵轴作直线交 $D'F'$ 于 M_1，交 $D'B_0$ 于 M_2，点 M_1、M_2 之间即为析出 $Na_2SO_4 \cdot 10H_2O$ 的含水量界限，当体系含水量高于 M_1 时，则无芒硝析出，但当体系含水量低于 M_2 时，则 $NaCl \cdot 2H_2O$ 伴随析出。

（3）$Na_2SO_4 \cdot 10H_2O$ 及 NaCl 析出条件的确定

NaCl 的饱和浓度与卤水的 Na/Mg 成反比，对日晒盐生产而言，卤水的 Na/Mg 越高则表明卤水的质量越好。已知卤水的 Na/Mg、Mg/Mg，可将其换算为耶内克指数标绘于相图，用于分析确定 $Na_2SO_4 \cdot 10H_2O$ 及 NaCl 析出条件。

以组成为 $Na / Mg = 8$、$Mg / Mg = 2$ 的卤水为例，分析确定 $Na_2SO_4 \cdot 10H_2O$ 的析出条件。将该卤水组成换算为耶内克指数，结果如表 4-5 所示。

表 4-5　$Na / Mg = 8$、$Mg / Mg = 2$ 条件下的卤水组成

组分	Na^+	$\frac{1}{2}Mg^{2+}$	$\frac{1}{2}SO_4^{2-}$
耶内克指数 $J/$（mol/100mol 干盐）	80.6723	19.3277	6.4426

将该卤水组成标绘于图 4-4（图 4-5 为放大图）中，记为系统点 N。

连接 N 与 NaCl 固相点 A，并延长交 E_1G 于点 H 和点 I，在 AI 线上的点其 Mg/Mg 均为 2，这样就可以找出当 $Mg / Mg = 2$ 时，$Na_2SO_4 \cdot 10H_2O$ 的析出界限，此界限用 Na/Mg 表示。从图 4-4 可以看出，$Mg / Mg = 2$ 时，$Na_2SO_4 \cdot 10H_2O$ 的析出上限为 H 点，下限为 I 点，从干基图上读得两点的 J 值如下所示。

H 点：NaCl 92.7722，$\frac{1}{2}MgSO_4$ 2.4093，$\frac{1}{2}MgCl_2$ 4.8185

I 点：NaCl 25.8058，$\frac{1}{2}MgSO_4$ 24.7315，$\frac{1}{2}MgCl_2$ 49.4627

经过换算得到：上限 H 点 $Na / Mg = 24.601$，下限 I 点 $Na / Mg = 0.667$。

同理，可求出 $Mg / Mg = 2$ 时，在 0℃、-10℃下析出 $Na_2SO_4 \cdot 10H_2O$ 的 Na/Mg 的上下限，列于表 4-6 中。可知，卤水中 $Na_2SO_4 \cdot 10H_2O$ 的析出范围较大，且析硝范围随温度的降低而增大。

表 4-6　不同温度条件下卤水析出 $Na_2SO_4 \cdot 10H_2O$ 的 Na/Mg 范围（Mg/Mg=2）

温度/℃	0		−5		−10	
	上限	下限	上限	下限	上限	下限
Na/Mg	11.3	2.19	24.7	0.642	31.2	0.42

由相图分析可知：在低温条件下，卤水经蒸发结晶既不析出 $Na_2SO_4 \cdot 10H_2O$ 也不析出 $NaCl \cdot 2H_2O$，可以直接获得 NaCl 的析出条件（表 4-7）。

表 4-7　卤水低温下析出 NaCl 的 Na/Mg 范围

温度/℃	Mg/Mg	Na/Mg	
		上限	下限
−5	4.40	2.00	0.72
−5	6.00	1.85	0.53
−5	7.00	1.82	0.46
−10	4.56	0.80	0.68
−10	6.00	0.75	0.52
−10	7.00	0.74	0.44

由表 4-7 可知：在温度较低的情况下，Mg/Mg 高且 Na/Mg 低的饱和卤水经蒸发能结晶析出 NaCl。例如：在−5℃时，Mg/Mg 为 4.40 的卤水，其 Na/Mg 不能高于 2.00，否则将有 $NaCl \cdot 2H_2O$ 析出；Na/Mg 不能低于 0.72，否则泻利盐（$MgSO_4 \cdot 7H_2O$）将析出。但通常条件下盐田内没有这种 Mg/Mg 高而 Na/Mg 低的卤水，只有使用晒过盐（Na/Mg 已经降低）的卤水再于低温下冻硝除 SO_4^{2-} 后，才能得到这种卤水。结合相图理论和海盐生产实践，我国北方海盐区一般采用秋晒后的制盐苦卤与海水经直接蒸发获得的饱和卤水掺兑，掺兑比例依据相图理论确定的 Na/Mg 和 Mg/Mg 条件，通常控制冬季析硝卤水的 Na/Mg=2～3，浓度为 22～23°Bé，析硝池卤水深度为 30～40cm。以析硝母液用于海盐生产的原料，卤水的析盐率和海盐质量均高于未析硝卤水，同时有利于减少日晒海盐的盐池板因硝析出带来的影响。

4.1.2　Na^+、Mg^{2+}、K^+//Cl^-、SO_4^{2-}−H_2O 体系相图理论及其在日晒海盐生产中的应用

采用 25℃ Na^+、Mg^{2+}、K^+//Cl^-、SO_4^{2-}−H_2O 五元介稳体系相图（附录 8，表 4-8；图 4-6、图 4-7、图 4-8）对海水蒸发结晶析盐过程进行理论分析，可通过理论计算获得海水析盐的相关工艺参数。

海水蒸发至 NaCl 饱和之前，已析出大部分 $CaSO_4 \cdot 2H_2O$，其中 $Ca(HCO_3)_2$ 也转变为 $CaCO_3$ 而析出（在液相中为微量可忽略不计），将 $MgBr_2$ 并入 $MgCl_2$ 考虑，以某海水量为 1000kg 计，其各离子组成的 J 值如表 4-8 所示。该海水组成的系统点标绘于图 4-6 中，记作 M 点。

表 4-8　某海水组成

盐类组成	Na_2Cl_2	$MgCl_2$	K_2Cl_2	$MgBr_2$	$MgSO_4$	$CaSO_4$	$Ca(HCO_3)_2$	H_2O
质量/kg	28.0	3.3	0.7	0.07	2.2	1.2	0.17	964.36
物质的量/kmol	0.2396	0.0347	0.0047	0.0004	0.0183			53.5756
以等效价计离子组成	Mg^{2+}	K_2^{2+}	SO_4^{2-}	Na_2^{2+}	Cl_2^{2-}			H_2O
物质的量/kmol	0.0534	0.0047	0.0183	0.2396	0.2794			53.5756
耶内克指数 J/（mol/100mol 干盐）	69.8953	6.1518	23.9529	313.6126	365.7068			70125.13

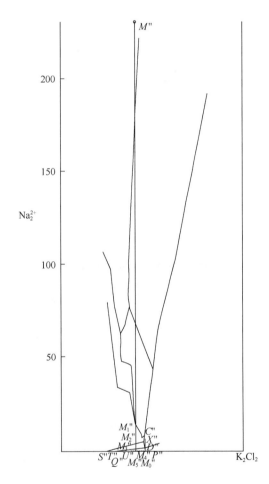

（a）Na^+、Mg^{2+}、K^+//Cl^-、SO_4^{2-}-H_2O 体系25℃相图
（钠图）

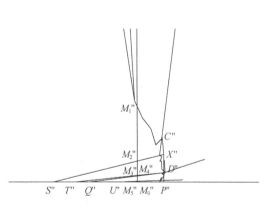

（b）Na^+、Mg^{2+}、K^+//Cl^-、SO_4^{2-}-H_2O 体系25℃相图
（钠图局部放大图）

图 4-6　Na^+、Mg^{2+}、K^+//Cl^-、SO_4^{2-}-H_2O 体系 25℃相图（钠图及局部放大图）

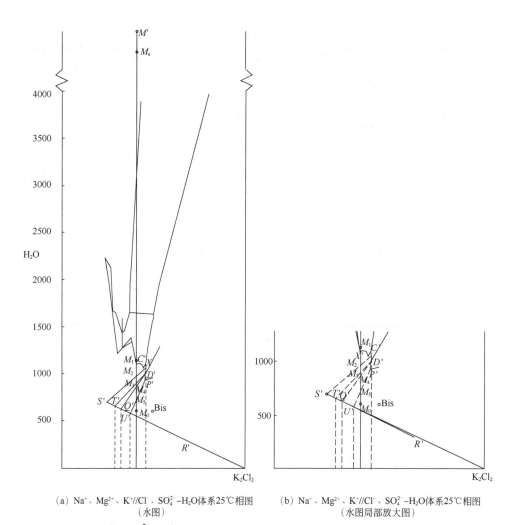

（a）Na⁺、Mg²⁺、K⁺//Cl⁻、SO₄²⁻-H₂O体系25℃相图 （水图）

（b）Na⁺、Mg²⁺、K⁺//Cl⁻、SO₄²⁻-H₂O体系25℃相图 （水图局部放大图）

图 4-7　Na⁺、Mg²⁺、K⁺//Cl⁻、SO₄²⁻-H₂O 体系 25℃相图（水图及局部放大图）

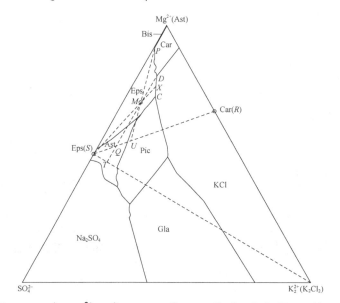

图 4-8　Na⁺、Mg²⁺、K⁺//Cl⁻、SO₄²⁻-H₂O 体系 25℃相图（干基图）

4.1.2.1 海水等温蒸发过程分析

由相图分析可知，表4-8组成的海水其体系点分别位于五元水盐体系干基图和水图的 M 点和 M' 点。依据等温相图蒸发过程分析理论，该海水在25℃下的等温蒸发过程分析如表4-9所示。

表4-9 典型海水25℃下等温蒸发过程分析表

阶段		一	二	三	四	五	六	七
过程情况		未饱和溶液浓缩	NaCl 析出	NaCl，Eps 共析	NaCl，Eps，KCl 共析	KCl 溶解，Car 析出	Eps 和 Car，NaCl 共析	NaCl，Eps，Car 和 Bis 共析
干基图	系统	M	M	M	M	M	M	M
	液相	M	M	$M \to X$	$X \to D$	D	$D \to P$	$P \to$ 无
	固相	无	无	S	$S \to T$	$T \to Q$	$Q \to U$	$U \to M$
水图	系统	$M' \to M_x$	$M_x \to M_1$	$M_1 \to M_2$	$M_2 \to M_3$	$M_3 \to M_4$	$M_4 \to M_5$	$M_5 \to M_0$
	液相	$M' \to M_x$	$M_x \to M_1$	$M_1 \to X'$	$X' \to D'$	D'	$D' \to P'$	$P' \to$ 无
	固相	无	无	S'	T'	$T' \to Q'$	$Q' \to U'$	$U' \to M_0$
钠图	系统	M''	$M'' \to M_1''$	$M_1'' \to M_2''$	$M_2'' \to M_3''$	$M_3'' \to M_4''$	$M_4'' \to M_5''$	$M_5'' \to M_0''$
	液相	M''	$M'' \to M_1''$	$M_1'' \to X''$	$X'' \to D''$	D''	$D'' \to P''$	P''
	固相	无	无	无 $\to S''$	$S'' \to T''$	$T'' \to Q''$	$Q'' \to U''$	$U'' \to M_0''$

4.1.2.2 海水等温蒸发各阶段析盐量计算

基于 Na^+、Mg^{2+}、K^+ // Cl^-、SO_4^{2-} -H_2O 体系25℃相图理论，对表4-9所示的海水等温蒸发第一阶段到第六阶段析盐量进行理论计算。

（1）第一阶段

因在相图上无法获得海水蒸发至 NaCl 饱和时的组成，故选取有关实验数据如表4-10所示。

表4-10 海水25℃蒸发至NaCl饱和时卤水体系组成

离子组成	Mg^{2+}	K_2^{2+}	SO_4^-	Na_2^{2+}	Cl_2^{2-}	H_2O
耶内克指数 J/（mol/100mol 干盐）	69.8953	6.1518	23.9529	313.6126	365.7068	5467

在五元体系中，干基图中只反映 K_2^{2+}、Mg^{2+}、SO_4^{2-} 表达的干盐量，三者之和作为干基图代表的总干盐量，以此为基准进行计算。

$$干盐量 = K_2^{2+} 干盐量 + Mg^{2+} 干盐量 + SO_4^{2-} 干盐量 = 0.0047 + 0.0534 + 0.0183 = 0.0764 (kmol)$$

$$(4-15)$$

蒸发至 NaCl 饱和时卤水中含水量为：

$$5467 \times \frac{0.0764}{100} = 4.1768 \text{(kmol)}$$

即   卤水中水的质量 $= 4.1768 \times 18 = 75.1824 \text{(kg)}$

蒸发水量 = 海水中水的质量 - 卤水中水的质量 $= 964.36 - 75.1842 = 889.178 \text{(kg)}$ （4-16）

（2）第二阶段

随着水分的蒸发 NaCl 达到饱和析出，直至卤水中 NaCl 与 $MgSO_4 \cdot 7H_2O$ 达到共饱和，此时卤水的组成无法从相图获取，故仍选取有关实验数据。在 25℃时，海水蒸发至 NaCl 与 $MgSO_4 \cdot 7H_2O$ 共饱和时的 J 值如表 4-11 所示。

表 4-11   海水 25℃蒸发至 NaCl 与 $MgSO_4 \cdot 7H_2O$ 共饱和时卤水体系组成

离子组成	Mg^{2+}	K_2^{2+}	SO_4^{2-}	Na_2^{2+}	Cl_2^{2-}	H_2O
耶内克指数 J/（mol/100mol 干盐）	72.86	4.66	22.48	13.50	68.54	1135

$$母液中含水量 = 1135 \times \frac{0.0764}{100} = 0.8671 \text{(kmol)}$$

$$母液中水的质量 = 0.8671 \times 18 = 15.6078 \text{(kg)}$$

因此   本阶段蒸发水的质量 $= 75.1824 - 15.6078 = 59.5746 \text{(kg)}$

$$母液中含 Na^{2+} 的量 = 13.5 \times \frac{0.0764}{100} = 0.0103 \text{(kmol)}$$

相当于   母液中 Na_2Cl_2 的质量 $= 116.88 \times 0.0103 = 1.2039 \text{(kg)}$

析出 Na_2Cl_2 的量 $= 0.2396 - 0.0103 = 0.2293 \text{(kmol)}$

相当于   析出 Na_2Cl_2 的质量 $= 116.88 \times 0.2293 = 26.8006 \text{(kg)}$

此阶段，NaCl 的析出率为：

$$\frac{26.8006}{28} \times 100\% = 95.72\%$$

母液中含 Cl_2^{2-} 量为：

$$68.54 \times \frac{0.0764}{100} = 0.0524 \text{(kmol)}$$

（3）第三阶段

本阶段是 NaCl 与 $MgSO_4 \cdot 7H_2O$ 共同析出阶段，当蒸发至 NaCl、$MgSO_4 \cdot 7H_2O$ 和 KCl 刚达三盐共饱和时卤水体系组成的耶内克指数如表 4-12 所示。

表 4-12   海水 25℃蒸发至 NaCl、$MgSO_4 \cdot 7H_2O$ 和 KCl 共饱和时卤水体系组成

离子组成	K_2^{2+}	Mg^{2+}	SO_4^{2-}	Na_2^{2+}	Cl_2^{2-}	H_2O
耶内克指数 J/（mol/100mol 干盐）	8.1493	76.3552	15.4955	5.1241	—	1056.402
	由 X 点读出			由 X'、X'' 两点分别读得		

以 K_2^{2+} 作为体系中未析出组分进行物料守恒计算依据，可得母液中含 Na_2^{2+}、H_2O 和 SO_4^{2-} 的量如下：

$$待计算离子或水的量 = \frac{海水中K_2^{2+}的量 \times 母液中相应求的耶内克指数}{母液中K_2^{2+}耶内克指数} \qquad (4\text{-}17)$$

$$Na_2^{2+} = \frac{0.0047 \times 5.1241}{8.1493} = 0.0030(kmol)$$

$$H_2O = \frac{0.0047 \times 1056.402}{8.1493} = 0.6093(kmol)$$

$$SO_4^{2-} = \frac{0.0047 \times 15.4955}{8.1493} = 0.0089(kmol)$$

故
$$Na_2Cl_2析出量 = 0.0103 - 0.0030 = 0.0073(kmol)$$
$$Na_2Cl_2析出质量 = 0.0073 \times 116.88 = 0.8532(kg)$$

而
$$SO_4^{2-}析出量（亦为Mg^{2+}析出量） = 海水中原有SO_4^{2-}量 - 母液中的SO_4^{2-}量 \qquad (4\text{-}18)$$

故
$$SO_4^{2-}析出量（亦为Mg^{2+}析出量） = 0.0183 - 0.0089 = 0.0094(kmol)$$

相当于
$$MgSO_4 \cdot 7H_2O质量 = 0.0094 \times 246.37 = 2.3159(kg)$$

其中
$$结晶水量 = 7 \times 0.0094 = 0.0658(kmol)$$

$$相当结晶水质量 = 18 \times 0.0658 = 1.1844(kg)$$

$$蒸发水量 = 上阶段母液水量 - （本阶段母液含水量 + MgSO_4 \cdot 7H_2O 中的结晶水量） \qquad (4\text{-}19)$$

即
$$蒸发水量 = 0.8671 - （0.6093 + 0.0658） = 0.1920(kmol)$$

相当于
$$蒸发水的质量 = 18 \times 0.1920 = 3.4560(kg)$$

为了便于下段计算，求出本阶段母液中含 Mg^{2+} 及 Cl_2^{2-} 的量

$$本阶段母液中Cl_2^{2-}的量 = 上阶段母液Cl_2^{2-}的量 - 本阶段析出Cl_2^{2-} \qquad (4\text{-}20)$$

故
$$本阶段母液中Cl_2^{2-}的量 = 0.0524 - 0.0073 = 0.0451(kmol)$$

$$本阶段母液中Mg^{2+}的量 = 上阶段母液Mg^{2+}的量 - 本阶段析出Mg^{2+} \qquad (4\text{-}21)$$

$$本阶段母液中Mg^{2+}的量 = 0.0534 - 0.0094 = 0.0440(kmol)$$

（4）第四阶段

本阶段为 NaCl、$MgSO_4 \cdot 7H_2O$ 和 KCl 共同析出，液相点从 X 点在 XD 线段上向 D 点移动，到达 D 点时，则液相中光卤石已达到饱和，因本阶段各离子都是析出组分，不能采用未析出组分法进行计算。由于上阶段母液 L_3 组成是已知量，本阶段蒸发终止时母液 D 点的组成也是已知量，因而可用物料平衡法进行计算，即：

$$L_3 = L_4（D点） + 析出固相 + 蒸发水 \qquad (4\text{-}22)$$

根据各组分物料守恒列出以下方程式：

$$Mg^{2+}: \qquad 0.0440 = 0.8047X + y \qquad (4\text{-}23)$$

$$K_2^{2+}: \qquad 0.0047 = 0.0637X + E \qquad (4\text{-}24)$$

$$SO_4^{2-}: \qquad 0.0089 = 0.1317X + y \qquad (4\text{-}25)$$

$$Na_2^{2+}: \qquad 0.0030 = 0.018X + u \qquad\qquad (4-26)$$

$$Cl_2^{2-}: \qquad 0.0451 = 0.7547X + V \qquad\qquad (4-27)$$

$$H_2O: \qquad 0.6093 = 10.16X + 7y + W \qquad\qquad (4-28)$$

方程联立求解得，X=0.0522（kmol）；E=0.0014（kmol）；y=0.0020（kmol）；u=0.0021（kmol）；V=0.0057（kmol）；W=0.0649（kmol）。

即析出：Na_2Cl_2 0.0021kmol，相当于 0.2454kg；$MgSO_4$ 0.0020kmol，相当于 0.2407kg；结晶水 0.0140kmol，相当于 0.2520kg；K_2Cl_2 0.0014kmol，相当于 0.2087kg；蒸发水量 0.0649kmol，相当于 1.1682kg。

本阶段结束时，母液中

$$Mg^{2+}的含量 = 0.0440 - 0.0020 = 0.0420(kmol)$$

$$K_2^{2+}的含量 = 0.0047 - 0.0014 = 0.0033(kmol)$$

$$SO_4^{2-}的含量 = 0.0089 - 0.0020 = 0.0069(kmol)$$

$$Na_2^{2+}的含量 = 0.0030 - 0.0021 = 0.0009(kmol)$$

$$Cl_2^{2-}的含量 = 0.0451 - 0.0057 = 0.0394(kmol)$$

$$H_2O的含量 = 0.6093 - (0.0140 + 0.0649) = 0.5304(kmol)$$

（5）第五阶段

从图上看出 DP 线处于 $MgSO_4 \cdot 7H_2O$ 和光卤石结晶区范围，则固相除 NaCl 外还有 $MgSO_4 \cdot 7H_2O$ 和光卤石两种盐。因此，在液相点由 D 点向 P 点移动之前，固相中必须是 KCl 转溶析出光卤石，待 KCl 固相全部转溶为光卤石后，液相组成才能由 D 点移向 P 点。

根据上述分析，首先应把已析出的 KCl 与 $MgCl_2 \cdot 6H_2O$ 结合变成光卤石，在图上所表示是 K_2Cl_2 量，为了方便理解，把光卤石 $KCl \cdot MgCl_2 \cdot 6H_2O$ 的分子式改写为：

$$K_2Cl_2(MgCl_2 \cdot 6H_2O)_2 = 2(KCl \cdot MgCl_2 \cdot 6H_2O)$$

这表明 1mol 的 K_2Cl_2 需 2mol 的 $MgCl_2$ 和 12mol 的结晶水与其相结合，也就是在上阶段已析出的 0.0014kmol K_2Cl_2，需要 0.0028kmol $MgCl_2$ 和 0.0168kmol 的结晶水与之结合形成光卤石，而后才可进行本阶段的析出过程。所以本阶段结束时 D 点的组成为：

Mg^{2+} 0.0420-0.0028 = 0.0392（kmol）；K_2^{2+} 0.0033（kmol）；SO_4^{2-} 0.0069（kmol）；Na_2^{2+} 0.0009（kmol）；Cl_2^{2-} 0.0394 - 0.0028 = 0.0366（kmol）；H_2O 0.5304 - 0.0168 = 0.5136（kmol）。

（6）第六阶段

本阶段蒸发终止母液 P 点的组成为已知，同样基于物料守恒进行计算，即：

$$L_4 = L_5(P点) + 析出固相 + 蒸发水 \qquad\qquad (4-29)$$

析出固相中的 Mg^{2+}，一部分与 SO_4^{2-} 结合形成 $MgSO_4$，一部分与 K_2^{2+} 结合形成光卤石组分中的 $MgCl_2$。水一部分与 $MgSO_4$ 结合形成 $MgSO_4 \cdot 7H_2O$，另一部分成为光卤石组成的结晶水。根据各组分物料守恒列出以下方程式：

$$Mg^{2+}: \qquad 0.0392 = 0.9026X + y + 2E \qquad\qquad (4-30)$$

$$K_2^{2+}: \qquad 0.0033 = 0.0016X + E \qquad\qquad (4-31)$$

$$SO_4^{2-}: \qquad 0.0069 = 0.0864X + y \qquad\qquad (4-32)$$

$$Na_2^{2+}: \qquad 0.0009 = 0.003X + u \qquad\qquad (4-33)$$

$$H_2O: \qquad 0.5136 = 9.32X + 7y + 12E + W \qquad\qquad (4\text{-}34)$$
$$Cl_2^{2-}: \qquad 0.0366 = 0.8208X + V \qquad\qquad\qquad\quad (4\text{-}35)$$

联立方程求解得：X=0.0316（kmol）；E=0.0032（kmol）；y=0.0042（kmol）；u=0.0008（kmol）；V=0.0107（kmol）；W=0.1513（kmol）。

本阶段析出各盐的量如表 4-13 所示。

表 4-13　第六阶段析出各盐的量

过程	组成/kmol						质量/kg
	Mg^{2+}	K_2^{2+}	SO_4^{2-}	Na_2^{2+}	Cl_2^{2-}	H_2O	
L_4	0.0392	0.0033	0.0069	0.0009	0.0366	0.5136	
蒸发水						0.1513	2.7234
析出 NaCl				0.0008	0.0008		0.0935
析出 $MgSO_4 \cdot 7H_2O$	0.0042		0.0042				0.5056
						0.0294	0.5292
析出光卤石		0.0032			0.0032		0.4771
	0.0064				0.0064		0.6093
						0.0384	0.6912
L_5	0.0286	0.0001	0.0027	0.0001	0.0262	0.2945	

综上，依据 Na^+、Mg^{2+}、$K^+//Cl^-$、SO_4^{2-}-H_2O 体系 25℃相图理论计算，获得海水在不同阶段蒸发水量及析盐量结果如表 4-14 所示。表 4-8 组成的海水自海水组成体系点 M 蒸发至终点 P（干基图），六个阶段累计蒸发水分 956.100kg，累计析出 NaCl 27.993kg、$MgSO_4 \cdot 7H_2O$ 3.844kg、光卤石 2.556kg。

表 4-14　25℃海水蒸发浓缩过程中蒸发水量和析盐量

阶段		原始海水	阶段一	阶段二	阶段三	阶段四	阶段五	阶段六	合计
析盐量/kg	Na_2Cl_2	28.0	—	26.8006	0.8532	0.2454	—	0.0935	27.993
	$MgSO_4$	2.2	—	1.1315	0.2407		0.5056	1.878	
	K_2Cl_2	0.7	—	—	—	0.2087	—	0.4771	0.686
	$MgCl_2$	3.3	—	—	—		0.2666	0.6093	0.876
	结晶水	—	—	1.1844	0.2520	0.3024	1.2204	2.959	
蒸发水量/kg		964.36	889.1776	59.5746	3.4560	1.1682	—	2.7234	956.10

4.2　日晒海盐生产工艺

日晒海盐是以海水（或淡化浓海水滨海地下卤水）作为原料，利用太阳能在沿海滩涂进行日晒蒸发生产的盐产品。日晒海盐生产的工艺主要包括：纳潮（采卤）、制卤、结晶、采收与堆存等工序，流程框图如图 4-9 所示。

图 4-9 日晒海盐生产工艺流程

4.2.1 纳潮

掌握海水的潮汐运动规律，将海水引入盐田的日晒海盐生产工序称为纳潮。纳潮是海盐生产原料保证的重要工序。纳潮的目的是及时供应质量好、浓度高、数量充足的海水，以满足海盐生产的需要。

4.2.1.1 潮汐

海水受月球和太阳的引力而产生的周期性上升和下降的运动叫潮汐，潮汐是由于月球（或太阳）对地球的引潮力综合作用的结果而产生的自然现象。

（1）潮汐的类型

大多数海域每一个太阴日中（月球连续两次经过地球上同一子午线所需时间为 24 小时 50 分钟；平太阳日是太阳连续两次经过地球上同一子午线所需的时间为 24 小时），海水有两次涨落运动，依次在白天涨的潮称为潮，在夜间涨的潮称为汐。潮汐现象非常复杂，涨退因时因地而异，依据涨退周期潮汐可以分为正规半日潮（一个太阴日内发生两次高潮和两次低潮，高度相差不大且涨退历时接近，如我国的杭州湾澉浦、厦门、青岛以及塘沽）、不正规半日潮（在一个太阴日内发生两次高潮和两次低潮，高度且涨退历时不等，如我国成山头附近、舟山群岛附近）、正规日潮（在一太阴日内只有一个高个潮和一个低潮，如我国南海北部湾）和不正规日潮（在半个太阴月中一天出现一次高潮和低潮的潮型天数少于 7 天，其余天数均为不正规半日潮潮型）等几种类型。

（2）影响潮汐的因素

潮汐变化受天体、地形和气象的影响。其中，天体的影响是主要的，月亮和太阳的引潮力是潮汐产生的根本原因，引潮力可以相对精确地推算，但同时受制于海洋地形和气象影响。

1）海洋地形

由于海底深浅不同，海岸地形的变化，使水体运动的阻力各地不同，要使巨大的水体运动起来，达到最大潮位需要一定时间，所以每日高潮的时候是在月球最大引力之后的一段时间，此时间间隔称为高潮间隙，同样存在着低潮间隙，由于地形不同的高低潮间隙是不同的。

2）气象

影响潮汐的气象因素主要是气压和风。

海面与气压常保持平衡状态，气压高时海面下降，低时则上升，若仅考虑气压的影响，则气压每降低 1mm 海水可上升 13mm，但海面实际上受地形及其他气象要素影响，随时有复杂的变化。

海面的高低受风的影响很大，当强烈的风朝着海岸吹来，则该处沿岸的水面必定升高；反之，由陆地吹向海面可使海面降低，这样不但影响涨落潮开始及终止时间，也影响潮流方向和速度。在浅海湾或湾口很窄的港湾区所受影响更大。

其他如气温、海水温度、海水密度等对潮汐也有影响，一般随季节而变化，冬季和夏季影响相反。

（3）潮汐的规律

影响潮汐的因素多，潮汐现象复杂，掌握潮汐的一般规律，对于保障海盐生产的高质量原料，以及做好盐场海堤及其他设备的安全工作、防止灾害性天气对海盐生产的破坏至关重要。

1）潮汐在朔、望月的一般规律

半日潮型每次高潮或低潮的时间，逐日推迟50分钟。当取得某低潮港的平均月潮间隙，则用下式计算出半日潮港的潮时为：

$$高潮时=月上（下）中天时刻+该港平均高潮间隙 \qquad (4-36)$$

$$低潮时=月上（下）中天时刻+该港平均低潮间隙 \qquad (4-37)$$

此外，由经验可近似计算出潮时：

$$高潮时=（阴历日数-1）×0.8+平均高潮间隙 \qquad (4-38)$$

$$低潮时=（阴历日数-1）×0.8+平均低潮间隙 \qquad (4-39)$$

在新月（朔）满月（望）一至三天后有大潮；在上弦、下弦一至三天后有小潮。一般大潮时海水浓度高、质量好，有计划地纳取海水对海盐生产十分有利。

2）潮汐的不同季节变化规律

每年春分、秋分时潮大，如适逢新满月则潮更大。每年夏至、冬至时太阳直射在南北回归线上，这时如正逢朔望日，南北回归线一带也会发生一年内最大的大潮。春分与秋分时候，太阳、月球距赤道近，每日潮差最少，因而潮位高度也最整齐。

低气压袭来时潮位高。气压每降低1mm海水升高13mm。风由海面吹来时潮位高，由大陆向海面吹去时潮位低。阴雨天时潮位较高，低气压袭来时刻潮位高，风由海面吹来时潮位高，海啸、台风可能带来特大潮。

4.2.1.2 海水浓度变化及其对海盐生产的影响

（1）影响海水浓度的因素

海水浓度因盐度增减、温度的高低和压力大小而变化，后两者影响较小，而以盐度的增减为主要因素。海水浓度的变化主要受如下因素影响。

1）冲淡作用

冲淡作用主要指由于降雨和江河的水流入导致海水浓度降低。其中降雨量多少直接影响海水浓度，雨季对海水冲淡的影响显著高于旱季，同时海水冲淡的程度依盐场地理环境和纳潮口位置不同而异。

2）蒸发与寒潮

海水在自然蒸发作用下浓度增加，不同地理位置的海水蒸发程度各异，海水浓度亦不同。寒潮经过的海面，强风作用下有力促进海水蒸发，进而提高海水浓度。

3）结冰与解冰

结冰期海水浓度增加，冬季破冰纳潮有利于海盐生产，解冰时期海水浓度下降。

4）海水运动

潮汐可使外海高浓度海水进入，从而使内海或港湾海水盐度增加。洋流经过导致某一区域海水温度和气温发生变化，暖流所经之处海水浓度增加，寒流所经之处海水浓度降低。我国海南南部海域常发生上升流，致使三亚等地海盐场易纳入高浓度海水。

（2）海水浓度对海盐生产的影响

海水浓度对海盐产量影响显著。高浓度海水制卤结晶可减少扬水设备及动能消耗，减少盐田蒸发面积，提高单位盐田面积产量并降低生产成本。如表4-15所示，不考虑渗透的条件下，$100m^3$不同浓度海水浓缩到25°Bé时，3°Bé海水较1°Bé海水的近饱和卤水成卤量提高近三倍，减少淡水蒸发约73%，节省1/3盐田制卤面积。

在相同的气象条件下，以不同浓度海水经日晒蒸发制成$1m^3$饱和卤水需要的海水量及需要消耗的淡水蒸发量相差悬殊。海水每提高0.1°Bé，盐田单位蒸发面积制成饱和卤能力可提高近5%，一个年产100万吨规模的海盐场，全年纳入海水平均浓度若提高0.2°Bé，则可实现日晒海盐增产近10万吨。根据理论计算，如在天津长芦地区正常气象条件下，用3°Bé海水制卤比2.5°Bé海水制卤盐产量提高29%。

表4-15　$100m^3$不同浓度海水浓缩到25°Bé时体积变化

海水浓度/°Bé	1.0	1.5	2.0	2.1	2.2	2.3	2.4	2.5	2.6	2.7	2.8	2.9	3.0	3.5
生成25°Bé卤量/m^3	2.59	4.14	5.70	6.01	6.53	6.64	6.96	7.27	7.59	7.91	8.23	8.54	8.87	10.47

4.2.1.3　纳潮原则

充分利用自然条件和盐场设备条件制定纳潮计划，力求纳取高浓度海水，并应在条件允许的条件下扩大原料海水储水设备，多储存高浓度海水。纳取高浓度海水的措施可以灵活掌握，如：在干旱季节应多纳潮头海水，避免降雨或化冰后纳潮以及纳潮口附近海水浓度受淡水河影响时纳潮；遵循"连晴天纳潮头、雨后纳潮尾、夏天纳日潮、秋天纳夜潮"的纳潮经验，北方盐区在结冻季节，应采用冰下抽咸措施纳取高浓度海水；纳潮时应将新水和陈水分开，将高于纳入浓度的卤水灌入蒸发池制卤。

纳潮是卤水供给的保证，纳潮工作计划应随不同季节海水用量的不同而进行调整。我国北方海盐区生产旺季蒸发量大，该季产盐量多，海水用量大，纳潮工作应保证该季节的最大用量而有计划地纳入海水。南方海盐区因气象条件具有短晴多雨的特点，因此应创造较好的纳潮条件，尽量纳取高浓度的海水，保证海盐生产原料的优良和充裕，做到多纳、多储、久置浓缩。

4.2.1.4　纳潮方式

纳潮方式主要包括：自然纳潮、动力纳潮、自然纳潮与动力纳潮相结合。海盐场应结合盐田滩涂和潮位等客观条件，确定适宜的纳潮方式。

1）自然纳潮

自然纳潮依靠涨潮将海水自然纳入盐田，适用于盐田滩区内有低于一般潮水位的低洼地段，在低洼地段建成储潮库，涨潮时打开闸门依靠位差纳入海水。自然纳潮无须纳潮设备但受自然条件制约，原料海水有时不能保证生产需要，小规模盐场多采用。

2）动力纳潮

动力纳潮依靠泵将海水扬入盐田储水池，是常用的纳潮方式。动力纳潮设备投资较高，适用于盐田地势高于海平面且自然纳潮满足不了生产需要的大、中型盐场。

3）自然纳潮与动力纳潮相结合

若盐田地势介于前两者之间，涨潮时海水能自然流入盐田采用自然纳潮，不能流入盐田时采用动力纳潮，有计划地配合使用，以保证纳取浓度高的优质原料海水，其动力设备也可用于排淡，符合条件的盐场多采用此种纳潮方式。

4.2.1.5　纳潮设备及设施

（1）引潮沟

引导海水进入纳潮站或盐田的沟道称为引潮沟。无论采取何种纳潮方式，盐田一般均设有引潮沟。纳潮口位置的确定以尽可能纳取质量好、浓度高的原料海水为原则。引潮沟长度及断面大小依据盐田地势的高度和原料海水的需要量等条件设计确定，其长度以几百米至数千米不等，沟道上口宽度以十几米至数十米不等。海水经引潮沟引入后再采用适宜的方式纳潮。

（2）纳潮闸门

纳潮闸门设在海堤与引潮沟相交之处用以控制潮水，其规格依据纳入海水量设计，包括两孔至四孔闸等，多为钢筋混凝土制成，关闭多用螺旋式闸，考虑排淡因素一般设双闸门，保证雨水由上部流出。从闸门纳入的海水，根据工艺要求分别进入盐田内部各储水池。

（3）纳潮泵

动力纳潮采用的扬水泵一般为卧式或立式轴流泵，扬水泵数量根据工艺需要设计。采用动力纳潮的盐场设有扬水站，以安放海水纳潮大型扬水泵机组。由引潮沟引入的海水，经过扬水站扬水机组即扬到盐田内部，分配到各储水池使用。

（4）储水池

盐田系统中用于储备原料卤水的池子称为储水池。海水经由扬水站汲入，或由纳潮闸门流入，存于储水池内。储水池设置于盐田最高处，位于蒸发池和输卤沟之间，其数量及规格依据所需储水量确定。

4.2.2　制卤

制卤是指在自然条件下，海水经盐田蒸发浓缩制成氯化钠饱和卤水的过程。制卤是日晒海盐生产既重要又复杂的生产工序，要尽可能多利用有效蒸发量，减少降雨和渗漏造成的损失，优化制卤工艺，缩短成卤周期，提高成卤量，这是日晒海盐生产实现稳产和高产的重要保证。

4.2.2.1　制卤原则

（1）缩短成卤周期

成卤周期是盐田单位面积海水蒸发浓缩成饱和卤水所需要的时间。海水浓度、蒸发量、土壤的渗透速率以及制卤深度均对成卤周期有影响。如当土壤渗透速率增大时，盐田有效蒸发量损失增大，得到相同量饱和卤水所需的海水量增多，成卤周期长。盐田制卤应紧密结合气象和工艺等条件，高效利用盐田有效蒸发量，减少降雨损失，缩短成卤周期，这是制卤的重要原则之一。

不考虑渗透时成卤周期的理论计算如式（4-40）所示。

$$t = \frac{HC_B}{E_P f_1 f_2} \qquad (4-40)$$

式中　t——成卤周期，d；H——灌入海水深度，mm；C_B——从海水至 NaCl 饱和的体积蒸发率；E_P——日平均皿内蒸发量，mm/d；f_1——大面积淡水蒸发系数；f_2——海水蒸发至 NaCl 饱和的平均比蒸发系数。

考虑渗透时成卤量的计算如式（4-41）所示。

$$Q = AHC\left(1 - \frac{K}{E}\right) \qquad （4-41）$$

式中　Q——成卤量，m^3；A——蒸发面积，m^2；H——灌入海水深度，m；C——浓缩率；K——卤水的渗透系数，mm/d；E——卤水的蒸发量，mm/d；K/E——卤水的渗蒸比值。

（2）增加成卤量

多制卤将能多产盐，增加成卤量则结晶面积增大，利于采用先进生产工艺实施规模化机械收盐，缩小蒸发池与结晶池面积比例，充分利用盐田有效蒸发量多产盐，有效地提高单位面积产量。

海盐生产通过减少卤水渗透损失、减少降雨损失、充分利用太阳能辐射等措施增加成卤量。

（3）提高卤水质量

卤水质量好利于产优质盐和提高产量。通常提高卤水质量应在调节池澄清卤水析出硫酸钙，严禁产过盐的苦卤返回工艺系统循环使用，雨后处理不同质量卤水防止混合，尽可能防止人为地降低卤水质量。

海盐生产中，Na/Mg 是衡量卤水质量的重要指标，影响海盐产量和质量。Na/Mg 与卤水饱和浓度的关系如表 4-16 所示。

表 4-16　卤水 Na/Mg 与卤水饱和浓度的关系

Na/Mg	8.50	5.99	4.33	3.69	3.00	2.44	2.00	1.65	1.36
卤水饱和浓度/°Bé	25.4	26.0	26.5	27.0	27.5	28.0	28.5	29.0	29.5

4.2.2.2　制卤工艺

（1）制卤方法

日晒海盐生产的制卤方法因地理位置、生产季节、气象条件、土壤地质、盐田结构和生产工艺不同而异，以降雨条件影响最为显著，一般根据海盐产区年降雨量的大小及年降雨的分布情况确定制卤方法。

日晒海盐的制卤是原料海水在制卤区经多步蒸发浓缩获得饱和卤水的过程，因此制卤方法按卤水流动过程中控制方式的不同主要分为"按步卡放""流动制卤"和"深存薄赶制卤"三种。

1）按步卡放

制卤过程中要控制各步浓度、深度和停留时间，逐步卡放达到饱和，具体包括"留底水"和"一步一卡"两种方法。

● 留底水制卤

留底水是指走水时各步蒸发池留存一定深度卤水作为底水，再将上步蒸发池较低浓度卤水放入的制卤方法，可随蒸发量变化调节卤水深度。此方法适合于年降雨量小且集中的海盐产区，连晴天多，蒸发量高的旺季，能实现深度制卤，可多吸收利用太阳辐射能，增强抗雨能力，提高制卤效果。

● 一步一卡制卤

一步一卡的方法是指走水时放干蒸发池卤水后，关闭闸门，再放入上步蒸发池较低浓度卤水的制卤方法，高浓度和低浓度卤水严格分开，不致混合而降低原有卤水的浓度。此方法适合于年降雨量大、频繁且分散的海盐产区，如我国的南方海盐区，卤量少便于保卤、返卤，浅水制卤使得雨季成卤周期短、产卤率高。

2）流动制卤

流动制卤指卤水从首步蒸发池开始，沿各步蒸发池流动蒸发至末步蒸发池达到饱和的制卤方法。此方法适合于年蒸发量高、降雨量少且集中的海盐产区。根据盐田地势在卤水流动蒸发过程中可增设扬水泵站，以提高水位并控制浓度，卤水流动比静止蒸发快且成卤量多，操作技术性强，澳大利亚及墨西哥等海盐场多采用此制卤方法。

3）深存薄赶制卤

深存薄赶制卤是指将部分蒸发池水深存，大部分蒸发池薄晒，遇降雨将薄晒池卤水存入深存池的制卤操作方法。该制卤方法在不同降雨量分布的海盐产区均有采用，只是储卤和走水的深度具有相对性。如我国的南方海盐区，在雨季到来之前，逐步将浓度相同或浓度接近的卤水合并加深，留出部分蒸发池，利用雨季中的短晴天，灌上较浅（2～6cm）的卤水并使之快速浓缩，在降雨前深储以减少降雨损失；而我国北方海盐产区采用的深存薄赶制卤更适合雨季雨量较多的山东、辽宁等海盐区，制卤深度一般为 15～20cm，薄赶制卤有效减少降雨损失并缩短成卤周期。

（2）四季制卤的衔接

制卤是全年性工作，根据日晒海盐产区气象特点选择合适的制卤方法，同时兼顾盐田结构和操作技术等因素对制卤效果的影响。四季制卤既有区别又有联系，不能截然分开，海盐生产需要根据各季节的气候特点优化制卤工艺，尽可能减少降雨损失，充分利用盐田有效蒸发量提高成卤量。

盐田自然蒸发制卤过程中，气象条件（太阳辐照度、温度、湿度、风速和风向等）影响日蒸发量，进而影响成卤量。如我国北方长芦盐区（河北和天津海盐产区的统称）依据全年的气象条件可将制卤分为旺季、秋季、雨季和冬季四个阶段，如表4-17所示。旺季时间长、日蒸发量大、降雨量小、风速大且湿度小，是制卤的黄金季节；秋季降雨量小，每个制卤作业日蒸发量约为 3mm，接近全年每个有效制卤作业日蒸发量的平均值，但湿度较大，这对制卤特别是高级制卤不利；雨季蒸发量虽然大，但降雨量及相对湿度大则对制卤影响显著，海盐产区雨季应充分做到雨前保卤、雨中排淡、雨后尽快恢复生产，提高雨季制卤效果；冬季降雨量小、气温低（平均气温在 0 摄氏度以下）、日蒸发量小，对成卤量影响明显，但冬季风速大，利用风天制卤非常重要。

表 4-17 长芦盐区全年各制卤阶段的气象条件

阶段	月份	占全年天数比例/%	蒸发量/mm	蒸发量占全年比例/%	降雨量/mm	降水量占全年比例/%	相对湿度/%	平均风速/（m/s）	平均气温/℃
旺季	3～6	33.33	939.10	46.77	124.18	21.75	63.75	5.41	14.38
秋季	9～11	25.00	449.07	22.36	73.73	12.91	67.75	4.13	13.54
雨季	7～8	16.70	463.30	23.07	360.42	63.13	78.50	4.05	25.83
冬季	12～2	25.00	156.46	360.42	12.61	2.12	63.08	4.34	-2.86

对于冬季气温较低的海盐产区，可以充分利用不同浓度卤水冰点不同（表3-10）的特性，采用冰下抽咸制卤。大寒潮过后，卤水结冰，冰下卤水浓度提高，将咸水抽出存储至相应浓度的蒸发池内，咸水抽出后的蒸发池春初化冰分水排淡，有序安排制卤，保证抽咸制卤实效。

总之，四季制卤工艺必须适应变化的气象条件，充分结合蒸发、渗透、降雨等与制卤的关系，合理安排走水路线，针对不同季节确定适宜的制卤深度和走水浓度，因时制宜且机动灵活。

（3）走水路线

海水浓缩至饱和沿各步蒸发池流动的顺序称为走水路线。

1）走水路线的确定原则

① 要适应蒸发池上下步的落差（设备落差或铺垫水底形成的落差），便于卡放走水。

② 上下步蒸发池面积比例要适当，由大到小，浓度由低到高，符合卤水浓缩变化的规律，卤水浓度由低到高到蒸发池末步达饱和进入结晶区，并保证有秩序的连续生产。

③ 尽量少用动力，走水路线要短，尽量减少用沟道输送卤水。

2）走水路线

走水路线可以分为平赶卤、横赶卤和咸水倒扬三种类型，其中以平赶卤最普遍。

① 平赶卤　卤水引入第一步蒸发池后，顺着一个方向逐步流下，同步蒸发池的浓度相同，到末步池达饱和，如图4-10所示。此法适合于上下步池有落差、面积比例合理的盐田。在春晒、秋晒的生产旺季，结晶池卤量多，需要卤量大的情况多采用平赶卤。

② 横赶卤　将相邻横向的几个蒸发池连起来使用的走水路线（图4-11）。同排蒸发池浓度不同，该走水路线适用于两列蒸发区间有落差且蒸发步数少的盐田。

③ 咸水倒扬　盐田蒸发区依据卤水浓度划分为低浓和高浓走水区域，卤水在低浓区流下后，再经泵扬至浓水区由上至下到末步达饱和，如图4-12所示。此法适用于蒸发步数少且面积较小、用平赶卤不能达到卤水饱和的盐田。

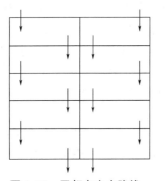 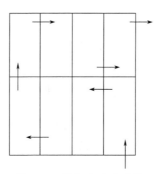 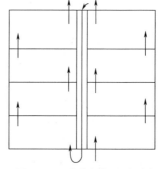

图4-10　平赶卤走水路线　　　　图4-11　横赶卤走水路线　　　　图4-12　咸水倒扬走水路线

（4）制卤工艺计算

制卤工艺计算是盐田设计的理论基础，对于已有盐田，可以通过制卤工艺计算确定各步蒸发池卤水的浓度和深度。

海盐生产的工艺计算是基于物料平衡原理和能量平衡原理，其中物料平衡原理是计算的基础。在一定的蒸发面积上存在着如下所示的平衡：

$$灌入卤水深度=浓缩终止卤水深度+蒸发水深+渗透水深$$

因为海盐生产过程中水分蒸发所消耗的能量主要是太阳能和风能,能量平衡原理在制卤工艺计算中的应用受到一定限制。为建立蒸发消耗能量与自然供给能量之间的关系,可由卤水蒸发系数建立卤水蒸发量与自然蒸发量之间的相当关系(式2-9)。在物料平衡和能量平衡的基础上,便可进行制卤工艺计算。

进行制卤工艺计算前,先假设蒸发池步数、各步蒸发池卤水浓度和各步卤水停留天数,依据制卤工艺计算结果,可进行实际生产的蒸发步数、各步浓度及深度确定。

制卤工艺计算中各步蒸发池卤水起止浓度确定后,各步卤水的蒸发系数、浓缩率和渗透系数等即可确定,基于此进行制卤工艺计算。

1)日均有效蒸发量

首先根据气象资料计算出海盐场区一定阶段内或全年的平均有效蒸发量。日均有效蒸发量的计算与盐田有效蒸发量相关。

盐田有效蒸发量的概念是基于盐田的生产实际提出来的。事实上全年或一定的生产期间内并不是全部皿内蒸发量都消耗于卤水的蒸发上,总有一部分皿内蒸发量被降雨损失掉或者利用不上。盐田有效蒸发量是指完全消耗于卤水本身蒸发水分上的皿内蒸发量,一般基于大面积淡水蒸发量计算,如式(4-42)所示。

$$E=E_P f_1 - E_R - E_0 \tag{4-42}$$

式中 E——盐田有效蒸发量,mm;E_P——皿内蒸发量,mm;f_1——大面积蒸发系数;E_R——降雨损失蒸发量,mm;E_0——其他损失蒸发量,mm。

其中降雨损失蒸发量包括以下几种情况:

① 雨水不与卤水混合 若雨水落到卤水水面上不与卤水混合,将这部分雨水蒸发出去,消耗的淡水蒸发量与降雨量 R 应是相等的,即 $E_R=R$。

② 雨水与卤水全部混合 若降雨与卤水全部混合,消耗的淡水蒸发量如式(4-43)所示。

$$E_R = \frac{R}{f_2} \tag{4-43}$$

式中 E_R——降雨消耗的淡水蒸发量,mm;R——降雨量,mm;f_2——原卤水浓度与降雨后混合浓度的平均蒸发系数。

③ 雨水与卤水部分混合 实际上降雨与卤水混合程度是随着降雨量的大小、降雨时间、降雨时风力大小、卤水深度、降雨后的天气情况和操作而随时变化的,很难用一个简单的公式将降雨与卤水混合的程度计算出来,定义雨水与卤水的混合比如式(4-44)所示,则未与卤水混合的雨水为 $(1-\alpha) \times R$。

$$\alpha = \frac{混合的降雨量}{总降雨量} \tag{4-44}$$

通常在设计中取上述情况的平均值(降雨有一半与卤水混合,即 $\alpha = \frac{1}{2}$)来代表降雨损失蒸发量,如式(4-45)所示。

$$E_R = \frac{1}{2}\left(R + \frac{R}{f_2}\right) \tag{4-45}$$

由于降雨后混合浓度不易确定,在实际应用中 f_2 取原池内卤水初始和终止浓度的算术平均浓度对应的值。

④ 考虑保卤操作 生产中采用保卤操作可以减少降雨损失，海盐场的保卤设备主要是保卤圈和保卤井，可以用保卤比 m（式 4-46）控制保卤，一般保卤圈 $m=1/4\sim1/8$，保卤井 $m=1/8\sim1/12$。

$$m = \frac{\text{保存卤水的面积}}{\text{需要保卤的蒸发或结晶区域面积}} \qquad (4\text{-}46)$$

保卤时的降雨消耗的平均淡水蒸发量可由式（4-47）计算。

$$E_R = \frac{1}{2}\left(R + \frac{R}{f_2}\right) \times n = \frac{1}{2}\left(R + \frac{R}{f_2}\right) \times \frac{m}{\mu} \qquad (4\text{-}47)$$

式中 n——保卤系数，由保卤比和实际保卤操作效率情况确定；m——保卤比；μ——系数，一般取 0.75。

例如对于 $12\sim18°Bé$ 的卤水采用四保一（$m=1/4$）的保卤操作，则保卤系数 $n = \dfrac{m}{\mu} = \dfrac{1/4}{0.75} = 0.333$。

当保卤设备采用塑料苫盖或者加盖时，则无降雨损失（$E_R=0$）。

其他损失蒸发量是指由于盐田维修或其他原因，蒸发池或结晶池未被用来生产而损失的蒸发量，应根据实际情况估算。

可见，在相同气象条件下，盐田有效蒸发量不是个定值，对不同浓度卤水其数值不同，若某一浓度区间的平均盐田有效蒸发量已知，便可求得生产阶段内的日平均有效蒸发量，如式（4-48）所示。

$$e = \frac{E}{T} \qquad (4\text{-}48)$$

式中 e——生产阶段内的日平均有效蒸发量，mm/d；E——盐田有效蒸发量，mm；T——生产阶段内总的作业天数，d。

2）灌池卤深

首先确定各步卤水停留天数 t，则停留 t 时间内卤水的蒸发量为：

$$h_e = E_b = etf_2 \qquad (4\text{-}49)$$

式中 h_e——蒸发水深，mm；E_b——卤水蒸发量，mm；e——日平均有效蒸发量，mm/d；t——蒸发时间，d；f_2——卤水蒸发系数。

① 不计渗透损失情况下满足蒸发消耗的灌池卤深

$$h_i = \frac{E}{C_B} = \frac{E}{1-C} \qquad (4\text{-}50)$$

式中 h_i——不计渗透的灌池卤水深度，mm；E——盐田有效蒸发量，mm；C_B——卤水体积蒸发率；C——卤水体积浓缩率。

② 考虑渗透损失的灌池卤水深度 卤水在盐田土壤中的渗透情况比较复杂，原因在于卤水渗透量和卤水浓度都是时间的函数，而渗透系数又是卤水浓度的函数，这使得卤水浓度由 B_1 浓缩至 B_2 的过程中卤水渗透系数是随卤水浓度变化而变化的，同时，渗透的卤水不是 B_1 浓度卤水也不是 B_2 浓度的卤水，而是由 $B_1 \rightarrow B_2$ 间不同浓度的卤水，随着渗透的进行，也损失了卤水的有效蒸发量。在海盐制卤工艺计算中，卤水的渗透系数 K 可由经验式（4-51）计算，其中 B 为 B_1 和 B_2 的算术平均值。

$$K = \frac{1.172}{B^{0.3}} \qquad (4\text{-}51)$$

从数字意义上，渗透量可以取其平均浓度下的卤量，但这样的取法在工艺计算中很不方便。因此，假设渗透卤量的一半（$0.5Kt$）是在初始浓度 B_1 时渗透的，而渗透卤量的另一半是卤水在整个蒸发过程中（$B_1 \rightarrow B_2$）渗透的，从而简化渗透量的计算。

已知在蒸发时间内的盐田有效蒸发量，可由式（4-51a）求得灌池卤深。

$$h_i = \frac{E}{C_B} \qquad (4\text{-}51a)$$

式中　h_i——灌池卤深，mm；E——盐田有效蒸发量，mm；C_B——卤水体积蒸发率。

考虑到渗透损失，实际灌池卤深可由式（4-52）计算。

$$h_1 = h_i + \frac{1}{2}Kt \qquad (4\text{-}52)$$

式中　h_1——考虑渗透的实际灌池卤深，mm；h_i——灌池卤深，mm；K——卤水渗透系数，mm/d；t——渗透时间（存水时间），d。

式（4-52）中 $\frac{1}{2}Kt$ 的卤量是假设一开始就渗透的，不参与蒸发过程。

③ 生成卤水深度　经过时间为 t 的渗透后，卤水浓缩至终止浓度 B_2 时，生成卤深 h_2 如下：

$$h_2 = 灌池卤深 - 蒸发水深 - 渗透卤深 \qquad (4\text{-}53)$$

其中灌池卤深由式（4-51）计算，蒸发水深由式（4-54）计算，渗透水深为 $\frac{1}{2}Kt$（其中一半假设蒸发一开始即渗透）。

$$h_e = E_b = etf_2 \qquad (4\text{-}54)$$

式中　h_e——蒸发水深，mm；E_b——卤水蒸发量，mm；e——日平均有效蒸发量，mm/d；t——蒸发时间，d；f_2——卤水蒸发系数，%。

则卤水在某蒸发池浓缩至终点浓度时的生成卤深为：

$$h_2 = h_i - etf_2 - \frac{1}{2}Kt \qquad (4\text{-}55)$$

将式（4-52）代入式（4-55）得实际生成卤深：

$$h_2 = h_1 - etf_2 - Kt \qquad (4\text{-}56)$$

④ 蒸发所需面积和生成卤量　先假定第一步蒸发面积，便可求出第一步蒸发灌池卤量和生成卤量，如式（4-57）、式（4-58）所示。

$$(Q_1)_1 = (h_1)_1 A_1 \times 10^{-3} \qquad (4\text{-}57)$$

式中　$(h_1)_1$——第一步蒸发池灌池卤深，mm；A_1——第一步蒸发池面积（假设，一般可取 10000 m^2），m^2；$(Q_1)_1$——第一步蒸发池灌池卤量，m^3。

$$(Q_2)_1 = (h_2)_1 A_1 \times 10^{-3} \qquad (4\text{-}58)$$

式中　$(h_2)_1$——第一步蒸发池生成卤深，mm；A_1——第一步蒸发池面积（假设，一般可取 10000m^2），m^2；$(Q_2)_1$——第一步蒸发池生成卤量，m^3。

根据物理平衡原理，第一步蒸发池生成卤量即为第二步蒸发池的灌池卤量，即：$(Q_1)_2 = (Q_2)_1$，求得第二步蒸发池灌池卤深，便可计算出第二步蒸发池面积，如式（4-59）所示。

$$A_2 = \frac{(Q_2)_1}{(h_1)_2 \times 10^{-3}} \qquad (4\text{-}59)$$

式中　A_2——第二步蒸发池面积，m^2；$(Q_2)_1$——第二步蒸发池灌池卤量（即第一步蒸发池生成卤量），m^3；$(h_1)_2$——第二步蒸发池灌池卤深，mm。

第二步蒸发池灌池卤深、生成卤量可按式（4-52）、式（4-58）计算。

同理，各步蒸发池面积可依据上步蒸发池的生成卤量进行计算，如式（4-60）所示，依此类推可得各步蒸发池的面积、灌池卤量和生成卤量。

$$A_n = \frac{(Q_2)_{n-1}}{(h_1)_n \times 10^{-3}} \qquad (4\text{-}60)$$

式中　A_n——第 n 步蒸发池面积，m^2；$(Q_2)_{n-1}$——第$(n-1)$步蒸发池灌池卤量，m^3；$(h_1)_n$——第 n 步蒸发池灌池卤深，mm。

理论上，依据制卤工艺计算结果即可确定已有盐田在一定气象条件下、不同面积蒸发池的理论走水浓度和深度。正常制卤过程的各步蒸发池卤水浓度基本固定，卤水在各步蒸发池停留一定时间后，每次灌池卤水深度基本相等。

日晒海盐实际生产过程卤水浓度和深度的控制需要针对不同季节灵活掌握。在确定好走水路线的同时，应结合季节特点，确定蒸发池步数及各步浓度差，在相同条件下各步浓度差安排掌握的一般原则是：10°Bé 以前较小、10°Bé 以后较大、21°Bé 以后更大。卤水深度应结合池板渗透量和生产所需走水时间确定，日晒海盐生产应合理安排各步蒸发池的深度和浓度，及时调整生产平衡以加速成卤，取得最佳制卤效果。

4.2.2.3　渗透与降雨对制卤的影响

盐田制卤量直接由盐田卤水蒸发量决定，故影响蒸发的因素（详见第 2 章）均对制卤有影响，但对制卤影响最显著的因素是盐田土壤渗透和降雨。

（1）渗透对制卤的影响

日晒海盐生产是在沿海滩涂自然蒸发的制盐过程，盐田土壤的密实度决定卤水的渗透性能，因此，日晒海盐生产过程是蒸发和渗透同时存在的传质过程。

盐田卤水蒸发制卤过程会由于渗透而损失相应的盐田有效蒸发量。日蒸发量大则成卤周期短，卤水渗透损失小，制 1 m^3 饱和卤水需要的原料海水（卤水）和需要消耗的蒸发量就少。

渗透对制卤影响显著，盐田采取防渗措施十分重要。如在盐田建设期或者修整期，可以通过不同质量碌轴压实盐田土壤，以增加土壤的密实度，减少卤水的渗透量。另外，有些盐田在高浓度卤水的盐池采用塑料膜铺底的形式或者培养生物防渗层来减少卤水的渗透。

（2）降雨对制卤的影响

降雨对于日晒海盐生产影响非常显著，降雨对制卤的影响因降雨量、降雨频率和降雨抵抗措施等不同而异。

日晒海盐生产中，降雨对卤水稀释的浓度可由式（4-61）计算。

$$b = \left(1 - \frac{R}{0.26 + 1.116d + 1.034R}\right) \times B \qquad (4\text{-}61)$$

式中　b——降雨后卤水的浓度，°Bé；B——降雨前卤水的浓度，°Bé；R——降雨量，mm；
d——卤水深度，mm。

【例 4-1】 浓度同样为 15°Bé 的卤水在两池中的深度分别是 60mm 和 90mm。求降雨量为 30mm 时（雨后混合均匀），两池中卤水的浓度较雨前各降低了多少？

解： ①卤深为 90mm 的池子降雨后浓度为：

$$b=\left(1-\frac{R}{0.26+1.116d+1.034R}\right)\times B=\left(1-\frac{30}{0.26+1.116\times 90+1.034\times 30}\right)\times 15=11.58(°Bé)$$

较雨前降低浓度为：15-11.58=3.42（°Bé）。

② 卤深为 60mm 的池子降雨后浓度为

$$b=\left(1-\frac{R}{0.26+1.116d+1.034R}\right)\times B=\left(1-\frac{30}{0.26+1.116\times 60+1.034\times 30}\right)\times 15=10.42(°Bé)$$

较雨前降低浓度为：15-10.42=4.58（°Bé）。

由计算可知，卤深的池子在雨后卤水浓度降低少。因此，对于各级卤水特别是高级卤水，大中雨前尽可能按浓度分别集中加深储存以缩小承雨面积，这是降雨减少损失最有效的措施。

4.2.2.4　盐田制卤自动监测与控制

日晒海盐盐田制卤过程，涉及多个蒸发池浓度及深度等工艺参数的控制，通过人工测量工作量大且准确度较低，利用先进的装备和现代信息技术可实现制卤过程的自动监测与控制。

如基于超声波原理设计的卤水浓度实时监测、基于温度和液位传感器设计的卤水温度和深度测量及输卤泵的联动控制等，可实现日晒盐田大范围多点多参数的快速准确测量，通过无线网络将测量结果实时传输到远程服务器，利用盐田生产远程测控系统（图 4-13）全天候采集影响制卤过程的卤水浓度、液位、蒸发量以及温度等工艺参数，便于生产管理部门实时掌握现场生产情况并针对不同季节优化制卤工艺方案，同时可实现远程操控蒸发池阀门等设施来自动控制盐田走水工艺。

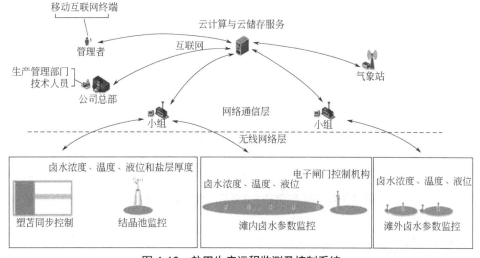

图 4-13　盐田生产远程监测及控制系统

结合企业生产实际开发的日晒海盐生产远程监控系统,创新现代化日晒海盐生产企业管理模式,对提高海盐产量、质量及劳动生产率具有重要意义。

4.2.3 结晶

海盐结晶是指日晒蒸发制卤获得的饱和卤水进一步蒸发浓缩,进而析出氯化钠为主的海盐产品的过程。结晶工艺直接关系日晒海盐的产量和质量。

4.2.3.1 饱和卤水组成变化与析盐

(1)饱和卤水析盐过程 Na/Mg 与 Mg/Mg 变化

本书 4.1 节讲述了海水蒸发过程的体积变化和析盐规律,对日晒海盐生产工艺的自然蒸发结晶过程而言,随着 NaCl 的析出,卤水的 Na/Mg 逐渐降低。30℃饱和卤水析盐过程其组成变化规律为:卤水的 Mg/Mg 相同时其饱和点与 Na/Mg 成反比;Na/Mg 相同的卤水,Mg/Mg 越大则饱和点越低;饱和卤水浓度相同,Mg/Mg 越大则 Na/Mg 越低(图 4-14)。日晒海盐饱和卤水蒸发结晶析盐过程,在卤水浓度低于 33°Bé 时镁盐尚未饱和,故 Mg/Mg 不变,结晶终止浓度与 Na/Mg 之间的关系如图 4-15 所示。

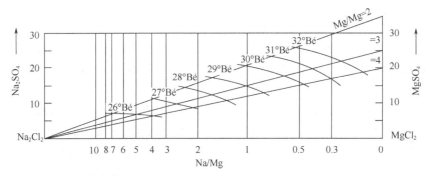

图 4-14　30℃时卤水成分与饱和点的关系

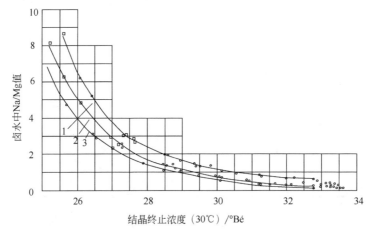

图 4-15　30℃时结晶终止浓度与卤水 Na/Mg 的关系

1—Mg/Mg=2;2—Mg/Mg=3;3—Mg/Mg=4

(2)温度对 NaCl 析出率的影响

在结晶终止浓度较低时,温度对 NaCl 析出率的影响较明显。如图 4-16 所示,当卤水浓缩至 26°Bé 时，20℃和 40℃条件下 NaCl 的析出率分别为 13%和 30%；温度对 NaCl 析出率的影响随着结晶终止浓度的提高而减小，当饱和卤水析盐的终止浓度高于 29°Bé 时，温度对 NaCl 析出率的影响可以忽略。30℃条件下，当饱和卤水结晶析盐的终止浓度为 32.91°Bé 时，NaCl 析出率达 93.94%。

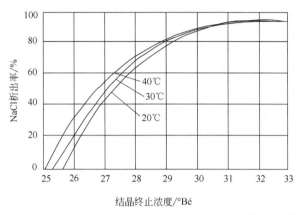

图 4-16　不同温度下结晶终止浓度与 NaCl 析出率的关系

（3）低温下饱和卤水组成变化及析盐

冬季低温条件下饱和卤水析盐复杂，对日晒海盐产量和质量影响显著。如图 4-17 所示，当温度相同时，卤水 Na/Mg 与 NaCl・2H$_2$O 析出量成正比；当卤水 Na/Mg 一定时，Mg/Mg 越低对应的 NaCl 相区越小；在-10℃条件下，当卤水 Mg/Mg<4 时，不能析出 NaCl；NaCl 相区随液温的增高而增大。依据相图计算可得不同质量饱和卤水在-5℃和-10℃条件下 NaCl 的析出范围如表 4-18 所示。

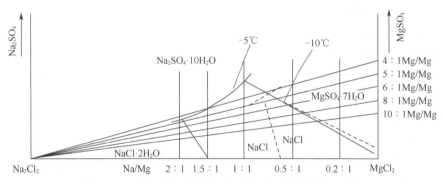

图 4-17　饱和卤水冷冻至-5℃及-10℃时固相析出情况

表 4-18　-5℃和-10℃时卤水中 NaCl 析出范围

温度/℃		-5	-5	-5	-5	-10	-10	-10
Mg/Mg		4.5	5.0	6.0	8.0	5.0	6.0	8.0
Na/Mg	上限	1.91	1.89	1.82	1.75	0.77	0.75	0.70
	下限	0.70	0.65	0.55	0.42	0.61	0.52	0.37

由低温下卤水析盐规律和相律（详见 4.1 日晒海盐生产相图理论及应用）分析可知：冬季卤水降温至一定温度时，Na$_2$SO$_4$・10H$_2$O 和 NaCl・2H$_2$O 共饱和，但对 NaCl 并未饱和，生产上不能用这种"假饱和卤水"进行描灌池，此时不但不能生成 NaCl，反而能使池内 NaCl

转溶成 $NaCl \cdot 2H_2O$，该卤水在恒温下蒸发持续析出 $NaCl \cdot 2H_2O$ 直至 $NaCl$ 饱和时 $NaCl \cdot 2H_2O$ 才开始脱水转溶以 $NaCl$ 析出。

在寒潮低温条件下结晶饱和卤水析出大量 $NaCl \cdot 2H_2O$，一定温度时池内原有的 $NaCl$ 也少量被溶解转化成 $NaCl \cdot 2H_2O$，气温回升时，$NaCl \cdot 2H_2O$ 溶解而析出部分 $NaCl$，析盐量与气温回升时间内蒸发量正相关，$NaCl \cdot 2H_2O$ 和 $NaCl$ 相互转化且速度较快，$NaCl \cdot 2H_2O$ 的转溶导致卤水过饱和度骤然增大，易产生大量晶核而形成细小盐粒，严重影响盐质。在冬季海盐生产过程中，灌池应采用 Na/Mg 低、Mg/Mg 高的卤水，以减少 $NaCl \cdot 2H_2O$ 和 $Na_2SO_4 \cdot 10H_2O$ 的析出对海盐质量的影响；同时，低温下析出的这两种水合盐均为不稳定晶体，温度升高时都能脱水转化为无水盐，该过程将使结晶池板含水量增加，造成池板损坏，对海盐生产极为不利。

4.2.3.2 结晶工艺介绍

结晶工艺与日晒海盐产量和质量密切相关。结晶工艺是实现日晒海盐生产机械化与盐田结构合理化的必要条件。

结晶工艺确定的原则有如下几点。

① 结晶工艺的确定要紧密结合气象条件。日晒海盐结晶工艺要符合客观自然规律，充分利用有利的自然条件。日晒海盐结晶工艺与气象条件密切相关，特别是年蒸发量、降雨量及其月分布情况。我国北方盐区雨量多集中在七、八月份，日晒海盐生产明显地分为春晒、秋晒两个生产季节，目前多采用塑苫池长期结晶工艺或适当长期结晶工艺。我国南方一些海盐区，由于降雨频繁且连晴天少，一般采用短期结晶工艺。

② 结晶工艺的确定要符合海水或卤水蒸发浓缩过程规律。海水和卤水在蒸发浓缩过程中，遵循固有的变化规律，包括蒸发规律、浓缩规律、盐类析出规律、$NaCl$ 晶体形成和成长的规律，以及生产条件对盐产量和质量综合影响变化规律等，日晒海盐结晶工艺的确定要符合这些科学变化规律，保证海盐优质高产。

③ 结晶工艺的确定要有利于现代化盐业生产。日晒海盐生产是在多变气象条件下的大面积作业，结晶工艺的确定除要求操作简单、灵活、便于统一管理外，还要充分利用自动化和机械化等现代盐业生产装备与管理，大幅度提高劳动生产率。

结晶工艺主要有长期结晶、适当长期结晶、短期结晶、新深长结晶等。

（1）长期结晶

长期结晶工艺是一种先进的海盐生产工艺。其特点是结晶周期长，操作简化，仅有灌池、加卤、换卤、收盐等工序。结晶卤水较深，多在 20cm 以上，海盐产品质量好；多建成"三化四集中"式盐场，即：盐田结构合理化、生产工艺科学化、收盐机械化，纳潮、制卤、结晶、堆坨集中。因集中收盐、堆坨、运输，机械化程度高，大幅度提高劳动生产率，降低了生产成本。

1）活碴

活碴（南方海盐区称作旋盐）是依蒸发量不同定期翻动盐粒的操作，是海盐结晶工艺的重要工序，采用活碴工序生产的日晒海盐称为"活碴盐"。活碴的目的是保证盐晶体各晶面与饱和卤水充分接触，有利于晶体生长并提高盐质。活碴周期需根据季节及气候条件灵活调整：初春及深秋季节温度较低且昼夜温差大，活碴一般在上午早些时候待卤面的露水蒸发后进行；夏季气温较高活碴在清晨进行，保证盐晶体在该季节快速生长，雨后在卤水未达饱和前不活碴，以减少盐的损失；冬季气温低且日蒸发量小，活碴的次数可适当减少，以不死碴为原则。

目前澳大利亚、墨西哥等海盐场大多不采用活碴工序，相应的海盐产品称为"死碴盐"，我国北方海盐区也生产死碴盐，其成本相对低于活碴盐，但产量比活碴盐低 5%左右，这是因为活碴工序的实施可使盐晶体表面与饱和卤水充分接触，而死碴盐只有盐层上表面能充分接触卤水，盐晶体向上生长较为充分，而其他晶面的生长受到了与其紧密相连的其他晶体颗粒的限制，导致死碴盐产品颗粒较小且易形成粉盐。采用长期结晶工艺要集中收盐，为适应大型收盐机下结晶池作业，除要修整好结晶池板承重层外，一般要将约一年的产盐做成死碴盐池板（13～15cm），既可增大结晶池板总抗压强度，又能减少池中不溶物，利于提高盐质。

2）塑料薄膜苫盖

我国北方盐区利用塑料薄膜苫盖结晶池，雨前及时将塑料薄膜苫盖在结晶池的卤水液面上，保护盐层和饱和卤水不受降雨影响；雨中、雨后将薄膜上的雨水通过排淡系统排出池外，天晴收起薄膜恢复生产，有效排除降雨损失并实现长期结晶产盐，利于稳产、高产、优质和机械化生产，提高劳动生产率。

塑料薄膜苫盖主要有挤缩法和浮卷法两种。

挤缩法是将塑料薄膜一端固定在结晶池埝边，另一端固定在浮板（用木板或泡沫塑料等制成）上。塑料薄膜的另两边装有金属环可挂在结晶池另两边铅丝上，浮板上按一定距离装有塑料绳，通过固定在池边上的定滑轮，拉动塑料绳可将塑料薄膜打开或收拢，收拢时塑料薄膜被挤缩叠在一起，故称挤缩法（图 4-18）。

浮卷法塑苫塑料薄膜自动收放系统主要包括浮卷轴、牵引收放机、转动轴、浮卷轴活动瓦架、顶滚（抱滚）入轴器、滑道、塑料薄膜、挂边塑料球、浮板及防浪墙、牵引绳索、分线器、滑车和固定桩等。浮卷法是将塑料薄膜一端固定于浮卷轴上，并安在活动支架上，轴的位置可随卤水深度升降，轴一端与收放机械相连接，在轴中部设有若干个顶滚（也称抱轮）托住卷轴，以防轴弯曲。薄膜的另一端固定在浮板（与挤缩法相同）上。当拉动浮板时，浮卷轴转动，将绕于其上的膜拉开；开启浮卷轴的收放机械，便可将塑料薄膜卷到轴上而收拢（图 4-19）。该种塑苫方法具有机械化程度高、可延长塑料薄膜使用年限以及劳动生产率高等优点，目前被广泛采用。

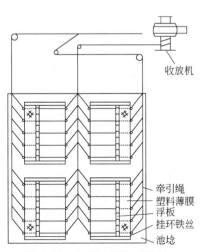

图 4-18　挤缩法塑苫系统结构

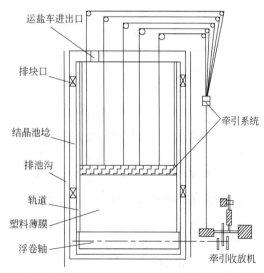

图 4-19　浮卷法塑苫塑料薄膜自动收放系统

浮卷法塑苫塑料薄膜卷好后可沉入卤水中，塑料薄膜外层对于内层起到保护作用，一般在上面设防晒物减少暴晒面积以防止薄膜老化，浮卷法塑料薄膜的使用寿命比挤缩法的约能延长两年，同时便于检查和修补塑料薄膜，在塑料薄膜卷收时又能够自动清洗表面残盐和污泥。另外，浮卷收放操作轻便、快速且效率较高，苫盖池面积比较大，收放距离可达 100m，轴长也可达到 100m，每个浮卷轴塑苫结晶池面积可达 10000m² （结晶池面积受浮卷轴及收放距离制约不宜过大），有利于机械收盐。

3）分段结晶

分段结晶又称分晒，是指将全部结晶面积按比例分成若干区域，使饱和卤水按不同浓度分别在各区域内完成某一结晶过程的工序。

分晒可针对不同质量的卤水采用不同深度结晶以保证盐质。卤水在不同浓度阶段分别结晶，可提高晒盐终止浓度，有利于提高海盐产量和质量，提高 NaCl 的提取率，也有利于苦卤资源的综合利用。

① 分段浓度

各段浓度应根据卤水析盐规律和分段数目等合理安排，要保证各段卤量和浓度的有效衔接。确定适宜的结晶终止浓度对于保证盐质、提高 NaCl 提取率至关重要，通常结晶终止浓度控制在 29.5°Bé 左右，此时卤水的 Na/Mg 约为 1.5。

分晒包括二段分晒或者三段分晒，目前海盐场多采用二段分晒。北方海盐区：第一段结晶池卤水终止浓度为 26～28°Bé，第二段结晶池卤水终止浓度为 28～29.5°Bé。南方海盐区：第一段结晶池卤水终止浓度控制在 28.5°Bé 左右，第二段结晶池卤水终止浓度控制在 30.5°Bé 左右。

② 分段卤深

各段结晶卤水深度应根据气象条件、卤源及盐质要求掌握。由于第二段卤水质量较低，为了保证盐质，应较前段适当加深卤水，具体依据气温及滩田设备情况而定。通常北方盐场结晶池灌池卤水深度为 30cm 左右，南方盐场采用短期结晶工艺，旺季灌池卤深为 2～4cm，平淡季灌池卤深为 2cm 左右。一般二段卤水加深 3～5cm 或更深些，如在 5 月份一段若灌 15cm，二段可灌入 18cm 以上。

③ 分段面积

分段面积需要依据滩田结构和卤水条件确定。根据经验，一般二段结晶各段面积的比例为 3∶1 或 5∶1；三段结晶各段的面积比例为 6∶3∶1 或 5∶2∶1。分段面积比例在生产中可根据实际情况进行调整，以各段卤水达到供需平衡为原则。

④ 分段方法

分段方法要结合具体滩田结构确定，以末段结晶后苦卤便于输运或者利于送至化工厂提取钾镁等资源为原则，主要包括按沟分段法和上卡下撤分段法。

按沟分段法是指按输卤、落卤沟道系统划分结晶区域，一般撤下卤水经动力扬至澄清池，澄清后灌入二段结晶池（图 4-20）。海盐产区多采用该分段方法，其优点是结晶池不必有落差且操作简便；不足之处是卤水调动需要动力，需要澄清设备并兑入轻卤，调运卤水必经过沟道，易造成新卤和老卤混合，致使分晒不彻底，并易造成卤水损失。

上卡下撤分段法是指按结晶池上、下步分段，末段卤水撤出后，卤水可由一段直接供二段（图 4-21）。该分段方法的优点是卤水调用无须动力，其缺点是遇雨保卤操作不便，仅适合于纵向间有落差的结晶池。

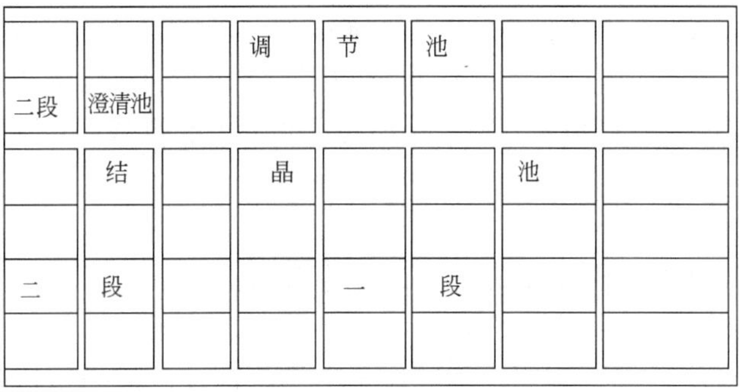

二段	澄清池	调	节	池		
		结	晶		池	
二	段		一	段		

图 4-20 按沟分段法

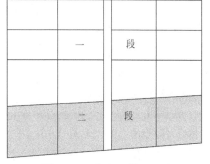

图 4-21 上卡下撇分段法

⑤ 结晶周期

结晶周期是指前后两次收盐间的结晶天数,即是收盐周期。结晶周期由卤水深度和天气(季节)情况、收盐能力、产品粒度要求及收盐能力等确定。

如旺产季的平晒池和小规模结晶塑苦池结晶周期一般为7~10天,接近雨季宜缩短结晶周期,一般为3~4天。北方海盐区采用塑苦长期结晶工艺,较大塑苦结晶池可一年或更长时间收盐一次,依据盐的利用情况和结晶池储盐深度确定。南方短期结晶工艺,一天或两天收一次盐,旺季连晴天长,则产品在无粒度要求的情况下可延长结晶周期。

4)串流结晶

串流结晶是指在盐田结晶池中串联加卤、流动结晶,是在一定的自然和设备条件下,由高位加卤池向第一步结晶池加入新饱和卤水,在串联流动中形成饱和卤水并蒸发析盐的过程。随着首步至末步浓度逐步提高,卤水在末步达到要求的终止浓度后排出。由高位池向第一步结晶池加卤,由末步结晶池向外排苦卤,高位池与末步结晶池之间的水位差是串流结晶过程卤水流动的推动力。在一个结晶周期内,串流结晶系统加入新卤与排出苦卤的量与该结晶周期内蒸发量大小成正相关,流动过程中结晶面积与卤水浓度变化也成正相关。

串流结晶有效降低新卤与老卤的混合,及时排除苦卤,不断带走结晶池卤水中的不溶性杂质,显著提高结晶卤水透明度和卤水的质量;同时,每步结晶池卤水水位差和浓度差较小,利于盐晶体在卤水质量相对稳定且过饱和度较低的条件下成核与生长,有效地平衡盐晶体生长速率,减少盐内液泡包裹及粉盐等产品生成,并易于形成结构均匀坚实的盐晶体。

串流结晶工艺掌握的原则:

① 确定合理的蒸发与结晶面积比例。结晶区内高位加卤池的面积应占结晶池总面积的10%以上,保证有一部分调节池在必要时可以用于结晶产盐。在饱和卤水全年供需平衡的前提下,要将一部分饱和卤水存入卤井以保证结晶需要。

② 结晶卤水深度一般为25~30cm,单位面积产量高且产盐质量好。塑苦结晶池冬季和非旺产季节可适当调节卤水深度。各结晶池面积大小不要求一致,串流的流向与步数可根据池底高程因地制宜确定。在各结晶池池底标高基本相同的情况下,各池埝顶标高需在同一水平面上。

③ 正常情况下,根据串流系统结晶池面积比例,形成与理论一致的进、出卤水浓度,根据自然蒸发量的大小调控卤水流量。在秋灌春收的平晒池受气象条件的影响较大以及降雨等特殊条件下,必要时可采取"串流"与"卡步"结合的方法,保证各步结晶池浓度以及末步浓度基本符合流动结晶工艺要求。

④ 串流系统各池间采用错口流动，以减少卤水停留死角。输卤沟、落卤沟必须畅通，保证任一结晶池收盐都可以顺利落卤、灌池，而且不影响卤水串联流动。卤水通过沟渠或道路时宜采用过水槽，不宜采用涵管，以避免结晶填塞。每个结晶池四角都要有排淡口，以便雨中、雨后及时排除淡水。

（2）适当长期结晶

我国北方盐区有明显的雨季（7～8 月），在平晒条件下将海盐生产自然地分为春晒（3～6 月）和秋晒（9～11 月），这两个生产期内一般天气较稳定，连晴天多、降雨较少且蒸发量大，为海盐生产提供了有利条件，在生产季节内实行新卤结晶、适当深卤、适当长期结晶工艺。

新卤结晶是通过分晒工艺实现的，通常采用两段分晒，第二段苦卤排出浓度一般控制在 30°Bé；结晶卤水深度依据气象条件和卤源情况确定，一段结晶卤水灌池深度为 25～30cm，二段卤水可适当加深 3～5cm；适当长期结晶工艺在生产中采用活碴，秋季灌池经过冬季至转年春季收盐，实现秋、冬、春连续生产。

（3）短期结晶

短期结晶工艺是我国南方盐区普遍采用的结晶工艺。

我国南方盐区的气候特点是：年平均气温高，湿度大，降雨量大且频繁、分散；全年可分为以连晴天为主的旺产季节，以短晴天为主的淡产季节，以及二者之间的过渡季节。海盐生产结晶工艺适宜采用浅晒的短期结晶工艺，生产设备要求保卤能力强，卤水调动灵活，每个结晶池面积小，池底硬度大且平整度高，目前的结晶池底多采用瓷砖（常用规格 300mm×300mm）或碳片等铺底，以利于收盐并提高生产能力。

日晒海盐短期结晶工艺的重要工序是灌池和旋盐。

1）灌池

卤水灌池的工艺参数，如时间、面积、深度和浓度等，应依据气象、卤水和结晶池池板等条件具体分析后确定，尽可能发挥设备的最大生产能力，避免原盐和卤水的损失。

① 短晴天灌池　以瓷砖或碳片等铺底的结晶池灌池卤水宜采用 24°Bé 以上的新卤灌池，保证当天产盐；灌池深度不低于 2cm，天气好且蒸发力强应及时续卤，保证不干池，收盐周期适时可调整为 3～4 天。

② 连晴天灌池　南方海盐区连晴天多集中在高温旺产季节和秋冬季节。灌池新卤浓度应高于 24°Bé，终止浓度一般为 30°Bé，做到量卤灌池，卤源不足时应压缩结晶面积，调整部分结晶面积用于制卤，采用分段结晶。以瓷砖或碳片等铺底的结晶池灌池深度高于 3cm，收盐周期 2～3 天；秋冬季节气温低，日蒸发量小，灌池深度一般为 2cm，中间续卤，收盐周期 3～4 天。

2）旋盐

旋盐是短期结晶的重要工序，是通过结晶池装设自控电动旋机或人工搅动卤水或翻动盐粒的工序，相应地分为旋卤和旋盐两道工序，统称为旋盐。

旋卤分为灌池后旋卤、临界晶核形成旋卤和晶体生长过程旋卤三个阶段。

① 灌池后旋卤

在实际生产中，每次收盐后在池内盐底位置和池边池角总难免要残留下一些盐粒和母液，造成灌池后结晶池内环境条件不一。同时池底温度一般较高，灌池后形成上下层卤水温度差异。

池内残留的盐粒是灌池后盐的晶种，因其周围的环境条件不均衡导致晶体生长不均一，易形成骸晶等不规则晶体，且容易在晶体生长过程产生杂质表面吸附或包裹进而降低盐质。在结晶池灌池后要彻底旋动卤水，使残留的盐粒均匀地分布于池板上，并将其中较大而疏松的晶粒破碎，达成卤水各部分的温度、浓度均匀一致。

灌池后的旋卤次数依据实际情况掌握，控制的基本原理是通过振荡和卤水翻动，使 NaCl 得以在介稳区内生成临界晶核，缩小介稳区的宽度，利于盐的自发成核；同时，在临界晶核基础上，旋卤降低了卤水过饱和度增加的速率，有利于盐晶体的成核和生长，使晶核在过饱和度较低的卤中生成颗粒大小均匀和结构坚实的高质量晶体。

② 临界晶核形成旋卤

过饱和度是盐晶体成核与生长的推动力，当卤水的过饱和度足够大时形成盐的临界晶核，此时在卤水表面因存在大量盐的临界晶核而呈现类似"闪光"现象，特别是在阳光照射下该"闪光"现象更明显，此时旋卤称为临界晶核形成旋卤，又称闪光旋卤。该工序将有效提升盐晶体的碰撞，导致生成更多的临界晶核，从而减缓卤水过饱和度的增加速率，同时降低卤水浓度梯度和温度梯度，使晶核匀速生长，有利于提高盐的质量。

③ 晶体生长过程旋卤

高温季节，在盐的临界晶核形成旋卤后不久，随着卤水自然蒸发的进行，在卤水表面呈现片状盐晶体时类似"漂花"现象，此时搅动卤水的工序称为晶体生长过程旋卤，又称漂花旋卤。该工序及时打落漂于卤水表面的片状晶体，显著提升卤水蒸发速率，同时避免漂于卤水表面的片晶在毛细作用下，其侧面更快获得过饱和度，进而成长为漏斗状晶体（漏斗晶），有利于盐晶体的正常成长。

低温季节蒸发量小且卤水温度低，海盐晶体生长速率较小。在卤水表层与底层浓度差的作用下存在卤水对流，致使下层卤水首先进入介稳区，晶核在卤水内部生成并在池底生长形成微小晶粒，该晶体极易黏附于池底，尤其在南方砖片池或瓷砖池底黏附特别紧密。此时的旋盐有利于避免细小的盐晶体黏附于池底，并提高太阳能吸收率，进而提高海盐产量。

在盐晶体生长过程适时多次旋池旋盐改变其在卤水中的位置，使晶体充分与卤水接触并均衡卤水浓度，对于提高海盐质量和产量非常重要。旋盐工序可实现结晶池内卤水温度和浓度更均匀，降低结晶池内卤水表面至池底的过饱和度梯度，使盐晶体在较低的过饱和度条件下生长，有效控制盐晶体成核及生长速率，显著提高盐产品质量。

（4）新深长结晶

新深长结晶工艺是指新卤、深卤、长期（适当长期）结晶工艺，是相对于"老卤、浅晒和短期结晶"而言的结晶工艺。新卤是指用海水作为原料生产日晒海盐，新卤结晶工艺是与使用苦卤循环结晶相对而言的，确保新卤结晶，严格控制卤水质量，是海盐优质高产的关键；深卤是指适当加深结晶卤水深度，这样可以调控卤水的过饱和度，进而控制海盐晶体的成核与生长过程，有效提高海盐质量与单产；长期（适当长期）结晶工艺是指海盐的结晶周期长达数月至一年或更长时间，长期结晶必然要与深卤结晶相结合，实现日晒海盐的优质高产。新深长结晶工艺因海盐产区和季节不同而异。

1）新深长结晶工艺对海盐产量的影响

新卤结晶过程卤水的平均浓度低，新卤的卤水蒸发系数比循环卤大，卤水有效蒸发量显著提高,进而提高产盐量。新卤 Na/Mg 高,卤水质量好,有利于提高海盐产量。相同生产条件下,不同质量的饱和卤水浓缩到 30.5°Bé 每毫米公亩(日晒海盐生产常用的表达方法,是指大面积自然蒸发量与结晶面积的乘积)产 NaCl 的量如表 4-19 所示。

表 4-19 不同质量饱和卤水浓缩到 30.5°Bé 每毫米公亩产 NaCl 量

Na/Mg	8.50	5.99	4.63	3.69	3.00	2.44	2.00	1.65	1.36
浓度/°Bé	25.4	26.0	26.5	27.0	27.5	28.0	28.5	29.0	29.5
NaCl 需卤量 /m³	4.154	4.642	5.162	5.187	6.659	7.884	9.687	12.614	18.485
毫米公亩产 NaCl 量/kg	15.22	14.41	13.76	13.14	12.66	12.08	11.66	11.26	10.11
产量比较/%	100.00	94.68	90.41	86.33	83.18	79.37	76.61	74.64	66.43

结晶池卤水深,则阳光入射和反射通过卤水的光路长,卤水吸收太阳辐射热量多,日平均液温高,卤水蒸发量大;同时,在相同的风力作用下,深卤波浪大,增加卤水蒸发面积,有利于水分子从卤水表面逸出,蒸发效率提高可增加产盐量。不同深度饱和卤水与蒸发量和产盐量的关系分别如表 4-20 和表 4-21 所示。

表 4-20 卤水蒸发量与水深的关系

月份	水深/cm					
	3	6	9	12	15	20
	卤水蒸发量/mm					
5	100.00	102.27	105.71	105.32	106.90	113.04
6	100.00	101.62	105.26	104.26	107.57	112.17
7	100.00	103.53	108.55	109.69	113.09	117.04
8	100.00	103.10	105.11	102.92	104.18	109.07
9	100.00	102.31	104.76	104.40	110.17	111.29
10	100.00	103.22	104.27	102.12	106.63	106.96
11	100.00	102.77	102.68	101.41	104.78	105.32
平均	100.00	102.69	105.19	104.30	107.62	110.70

表 4-21 不同深度饱和卤水产盐量比较

卤深 /cm	结晶天数	结晶期间蒸发量 /mm	结晶池面积 /m²	结晶卤水浓度/°Bé		原盐产量 /kg	原盐产量 比较/%
				开始	终止		
3	28	238.30	67	26.27	28.56	2200	100.00
4	28	238.30	67	26.27	28.20	2406	109.36
6	28	238.30	67	26.27	27.46	2462	111.91
8	28	238.30	67	26.27	27.20	2631	119.59
10	28	238.30	67	26.27	26.97	2643	120.14

长期（适当长期）结晶可减少收盐次数，延长有效结晶时间，增加海盐产量并提高劳动生产率。

2）新深长结晶工艺对海盐质量的影响

新卤结晶卤水的 Na/Mg 高、黏度小、比热高且可溶性杂质少，卤水升温相对较慢，过饱和度小，利于盐晶体的成核与生长，形成高质量规则晶体产品。

同时，卤深则卤水体积较大，利于盐晶体悬浮于卤水中各晶面与饱和卤水充分接触，利于生成规整的高质量海盐产品。

长期结晶可有效避免由于收盐次数频繁导致的海盐晶体产品颗粒小、内部液泡多、表面附着母液等盐产品质量低的问题。

4.2.3.3 结晶工艺计算

首先应确定分段结晶各阶段的起止浓度和收盐周期，进而依据日晒海盐结晶过程的浓缩率、蒸发率、NaCl 析出量等工艺参数进行计算。

① 计算结晶卤水日平均有效蒸发量 e（mm/d），详见 4.2.2.2 中的制卤工艺计算。

② 计算结晶池灌池卤水深度（同制卤工艺计算）。

满足蒸发消耗的灌池卤深 h_i（mm）：

$$h_i = E_b / C_B \tag{4-62}$$

考虑渗透损失的实际灌池卤深为：

$$h_1 = h_i + 1/2Kt \tag{4-63}$$

③ 计算结晶面积 A：

第一段面积 A_1 假设为任意数值，一般为 10000m²；

第二段面积 A_2 依据第一段甩出母液量 $(Q_2)_I$ 计算得：

$$A_2 = \frac{(Q_2)_I}{10^{-3}(h_1)_{II}} \tag{4-64}$$

以此类推，可求出各段结晶面积比，即：

$$a_i = \frac{A_i}{\Sigma A_i} \tag{4-65}$$

$$\sum_{i=1}^{n} A = A_1 + A_2 + \cdots + A_n \tag{4-66}$$

④ 计算产盐量

$$Sa = 0.001 A h_i G / W \tag{4-67}$$

式中 Sa——产盐量，t；G——单位体积饱和卤水结晶阶段析出 NaCl 质量，t/m³；W——海盐质量；h_i——满足蒸发需要灌池卤深，mm。

⑤ 计算结晶母液剩余量，由结晶母液剩余量＝灌池卤量×浓缩率-渗透损失卤量-收盐损失母液量可得：

$$Q_2 = 10^{-3} A(h_i C - 0.5Kt) - Sa \times N \tag{4-68}$$

式中 Q_2——结晶母液剩余量，m³；C——饱和卤水浓缩率；N——吨盐带走母液量，m³/t。

⑥ 单位结晶面积全年生产能力[t/（hm² · a）]：

$$Sa = \frac{\Sigma Sa}{\Sigma A \times 10^{-4} t} \times T \qquad (4\text{-}69)$$

单位结晶面积全年副产苦卤量[m³/（hm² · a）]：

$$Q_b = \frac{(Q_2)_{\mathrm{II}}}{\Sigma A \times 10^{-4} t} \times T \qquad (4\text{-}70)$$

单位结晶面积全年需饱和卤量[m³/（hm² · a）]：

$$(Q_{Sa})_c = \frac{(Q_1)_{\mathrm{I}}}{\Sigma A \times 10^{-4} t} \times T \qquad (4\text{-}71)$$

⑦ 产一吨盐需饱和卤量（m³/t）$= \dfrac{(Q_1)_{\mathrm{I}}}{\Sigma Sa}$ （4-72）

⑧ 产一吨盐甩出苦卤量（m³/t）$= \dfrac{(Q_2)_{\mathrm{II}}}{\Sigma Sa}$ （4-73）

4.2.3.4 降雨对海盐生产的影响

降雨对海盐生产影响显著，不仅稀释卤水并溶盐，同时能够造成池板浸软损坏。降雨与卤水混合后，将增加水分蒸发抵抗，延长卤水蒸发浓缩时间，增加卤水渗透损失，对海盐生产危害较大。

（1）降雨化盐的计算

降雨后池内盐溶化量取决于盐的溶解速度，这与降雨量的多少、降雨和卤水混合的程度、盐质量和粒径等相关。降雨化盐量取决于盐的溶解速率和溶解量的多少，受到降雨前后卤水浓度、深度、降雨量、降雨与卤水的混合程度、盐质量和粒径等诸多因素影响，很难用公式准确地计算化盐损失量，只能根据实际情况进行估算。

为了科学地指导海盐生产，假设降雨导致盐碴溶化过程中降雨与卤水混合均匀（在混合不均匀下可取平均浓度），可通过物料衡算初步获得降雨化盐量。

首先假设雨水落于池中未化盐，则卤水体积为：

$$V_1 = S \times (h_1 + h') \qquad (4\text{-}74)$$

式中 V_1——卤水体积，m³；S——结晶池面积，m²；h_1——池内原卤水深度，m；h'——降雨量，m。

卤水与降雨混合后平均密度为：

$$\bar{d} = \frac{h_1 d_1 + h' d_w}{h_1 + h'} \qquad (4\text{-}75)$$

式中 $\bar{d}$——卤水与降雨混合后平均密度，t/m³；d_w——降雨密度（可近似取为1），t/m³。

化盐前卤水总重量为：

$$W_1 = V_1 d_1 \qquad (4\text{-}76)$$

化盐后卤水总重量为：

$$W_2 = V_2 d_2 \qquad (4\text{-}77)$$

式中　V_2——降雨化盐后结晶池卤水总体积，m^3；d_2——降雨化盐后卤水密度，t/m^3。

$$V_2 = V_1 + \Delta V \tag{4-78}$$

$$\Delta V = \alpha P \tag{4-79}$$

式中　ΔV——化盐后卤水体积变化，m^3；α——溶解一吨盐卤水体积增值（α=0.355），m^3/t；P——化盐量，t。

根据物料守恒可得：

$$P + V_1\overline{d} = V_2 d_2 \tag{4-80}$$

则

$$P = V_2 d_2 - V_1\overline{d} \tag{4-81}$$

将式（4-71）、式（4-78）、式（4-79）代入式（4-81），故降雨化盐量为：

$$P = [S(h_1 + h') + aP]d_2 - [S(h_1 + h')]\overline{d} = S(h_1 + h')d_2 + aPd_2 - [S(h_1 + h')]\overline{d}$$

$$P = \frac{S(h_1 + h')(d_2 - \overline{d})}{1 - ad_2} \tag{4-82}$$

降雨化盐量可根据降雨量并结合实际生产条件进行计算，可为指导日晒海盐生产并科学采取措施提供理论依据。

（2）防降雨措施

降雨对日晒海盐生产的影响最大，故结晶过程的三雨（雨前、雨中、雨后）措施至关重要，是实现海盐优质高产的重要环节。

1）雨前

饱和卤水是日晒海盐的直接原料，雨前保卤减少降雨损失是实现海盐高产的有效措施。在相同的降雨量下，卤水越深则其受降雨损失越小，结晶池盐砣溶化越少。一般我国日晒海盐区一般将 10°Bé 以上的卤水在雨前通过动力输送至卤库或者卤井（加深的制卤池），以缩小承雨面积实现保卤；同时可通过适当加深结晶池卤水深度来减少雨水化盐损失。

我国北方海盐区和少部分南方海盐区，对高级卤水和结晶区采用塑苫的方法减少降雨损失。

2）雨中

日晒海盐区在雨中（特别是大雨时）通过将制卤池和结晶池开溢流口排除液面淡水。

平晒池的溢流口根据风向、风速、卤水混合的程度开设（有些盐场制卤池有辅助的溢流设备），利用降雨与卤水相对密度上的差别，使上层淡卤尽快流出池外，减少稀释损失。塑苫池实施塑料苫盖后，雨中要严格管控保证排淡流畅及安全生产。

3）雨后

雨后工作总的要求是"快"，应根据降雨稀释情况迅速采取措施，尽快恢复生产。

每次降雨（特别是大雨）之后，应将结晶池内未达到饱和的卤水少部分留于池内化盐达到饱和，并经除混后恢复结晶生产，返到调节池经日晒蒸发达饱和后的大部分卤水，将其重新灌入结晶池迅速恢复正常生产。

4.2.4 采收与堆存

4.2.4.1 采收盐

日晒海盐的采收因结晶工艺方式的不同而异。墨西哥、澳大利亚等国外大型海盐场，年平均气温高，蒸发量大而降雨量小，干燥少雨且降雨比较集中，海盐生产采用死碴盐工艺，盐的采收采用大型联合机组作业，生产效率极高。

我国海盐产区南北方气象条件差异大，南方海盐区采用短期结晶生产活碴盐，产量低，多采用人工采收盐；北方海盐区采用长期结晶或者适当长期结晶工艺，日晒海盐的采收均采用收盐机械。随着日晒海盐生产工艺的不断发展，收盐机具及自动化水平日益革新，极大地提高了日晒海盐的生产效率和海盐质量。

日晒海盐场采用联合收盐机组进行盐的采收，包括收盐设备和输盐设备，两者配合使用，其中收盐机是关键的专用设备，依据日晒海盐结晶工艺不同可分为死碴盐收盐机和活碴盐收盐机；按行走方式可分为自行式和牵引式；按行走机构可分为履带式、轮式和滑板式。由于输盐设备不同则采收盐的方式也不同，当输盐设备能随时移动时（如运盐车、皮带机组、轻轨机车等），收盐机在结晶池中边行走边将海盐铲起、提升并输送到输盐设备上；当输盐设备不能随时移动，具有固定喂料口情况下（如水力管道输盐设备），收盐机在结晶池中将海盐沿池面推送到喂料口，再经管道输送脱水堆坨。

我国北方海盐区的平晒结晶池和塑苫结晶池均可生产活碴盐，死碴盐生产均采用塑苫结晶。活碴盐的采收目前多采用潜吸式收盐机配合水力管道或用收盐机如塘-40收盐并用运盐车进行装运；死碴盐的采收所用的收盐机是专用的收盐机，如YCT282S-2型收盐机。

联合收盐机组种类较多，依据日晒盐场的规模不同可分为小型、中型和大型三类。水力管道收盐机组为小型收盐机组，因其投资少、结构简单、操作方便，输送过程原盐进行洗涤而提高盐质，可灵活用于活碴盐或死碴盐的采收，被我国北方日晒海盐场广泛采用。中型或大型联合机组对日晒海盐采收后经洗涤脱水再进行堆坨，洗盐的设备主要是螺旋洗盐机（详见第6章），洗后的海盐经振动筛脱水，由皮带传送至推移式料槽堆坨机或自行式铲斗堆坨机进行堆坨。

水力管道收盐系统如图4-22所示，包括喂料（盐）槽、射流器、盐浆泵、卤水泵、输盐管道和盐水分离器（弧形筛）等。水力管道收盐机组包括收盐机和水力管道输盐设备两个部分。工作时，收盐机将结晶池内的原盐集中到喂盐槽，同时用卤水泵将具有一定压强的卤水输送至喂盐槽和射流器内。喂盐槽内的原盐和卤水经射流器的作用混成盐浆[固液比为（1:3）～（1:5）]进入盐浆泵，由盐浆泵输送至输盐管道并经弧形筛脱水后堆坨。

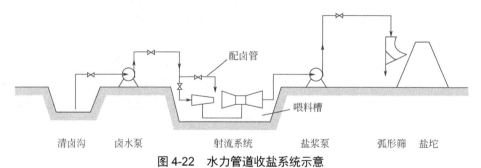

清卤沟　　卤水泵　　　　　　射流系统　　　盐浆泵　　　弧形筛　盐坨

图 4-22　水力管道收盐系统示意

4.2.4.2 盐的堆存

（1）原盐堆存过程对盐质的影响

日晒海盐经采收后于坨地集中堆存，原盐堆存过程是盐所夹带母液的自然控淋过程，使原盐夹带水分减少，同时，通过母液控淋减少了原盐中镁钾等可溶性杂质进而提高原盐质量。

日晒海盐的堆存过程中，由于原盐粒度不同其水分变化也不同。活碴盐颗粒大，比表面积小故附着母液少，而晶体内部液泡多故随液泡带入的杂质多；死碴盐颗粒小，比表面积大故附着母液多，但晶体内部液泡缺陷少，经过堆存前的洗涤工序，死碴盐相对洗掉的母液较多，活碴盐颗粒间隙大，堆存过程易于母液控淋和水分蒸发。因此，在堆存条件相同的情况下，活碴盐盐质更好。

海盐露天堆存过程盐质受气象条件影响较大。当相对湿度高于 75% 时海盐将发生潮解；相对湿度低于 75% 时，原盐中水分蒸发，盐码表面受尘土污染并逐渐结成硬壳。气温在 0℃ 左右时，盐表面自由水中 $NaCl \cdot 2H_2O$ 形成及分解过程交替进行。

影响堆存原盐数量和质量变化的重要因素是降雨，降雨化盐造成的损耗占总损耗的 95% 以上，化盐量取决于降雨量和单位降雨面积的存盐量。雨水落在盐坨上并渗入盐粒间隙下流，首先溶化细小盐粒进而形成饱和盐水，并将小盐粒推向盐坨下层直至填充于大颗粒间隙而被截留；饱和盐水同时会溶解盐粒夹带母液中的镁钾等杂质，进而分流排出坨地或者蒸发结晶，部分留存于底层盐粒之间，该过程可降低堆存原盐中的水分及可溶性杂质从而提高盐质。

为了减少降雨对原盐堆存过程化盐的影响，我国日晒海盐区多采用塑料膜苫盖盐坨。

（2）堆存码形与测码计量

日晒海盐场盐坨堆存的码型多为六棱柱台体（图 4-23）或圆锥体（图 4-24），码的规格因盐场规模不同而异，遵循因地制宜原则确定。盐坨测码计量分别由式（4-83）和式（4-84）计算。

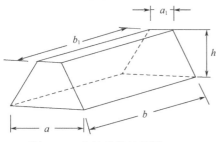 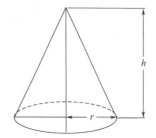

图 4-23　六棱柱盐坨简图　　　　　　图 4-24　圆锥体盐坨简图

$$m=\frac{h}{6}\Big[(2a+a_1)b+(2a_1+a)b_1\Big]T \tag{4-83}$$

式中　m——坨盐质量，t；a——坨底宽度，m；b——坨底长度，m；a_1——坨顶宽度，m；b_1——坨顶长度，m；h——坨的高度，m；T——原盐堆密度，t/m³。

$$m=\frac{\pi r^2 h}{3}T \tag{4-84}$$

式中　m——坨盐质量，t；r——锥体半径，m；h——锥体高度，m；T——原盐堆密度，t/m³。

参考文献

[1] 张圻之. 制盐工业手册[M]. 北京：中国轻工业出版社，1994.

[2] 唐娜. 海盐制盐工（基础知识）[M]. 北京：中国轻工业出版社，2007.

[3] 唐娜. 海盐制盐工（初、中级）[M]. 北京：中国轻工业出版社，2007.

[4] 唐娜. 海盐制盐工（高级工、技师、高级技师）[M]. 北京：中国轻工业出版社，2009.

[5] 梁保民. 水盐体系相图原理及运用[M]. 北京：中国轻工业出版社，1986.

[6] 王学魁，范树礼，张德强，等. 一种用于盐田生产的远程测控系统[J]. 盐业与化工，2016，45(2):14-17.

思考题

1. 日晒海盐生产工艺包括哪几个主要工序？

2. 纳潮的方式有哪些？海水浓度变化对海盐生产有何影响？

3. 制卤遵循的基本原则是什么？目前海盐生产主要的制卤工艺有哪些？

4. 北方某日晒海盐场的进滩海水浓度为 2.5°Bé，采用一步一卡的制卤方法，各步卤水的停留天数为 2 天，卤水大面积蒸发系数为 75%。计算确定该盐场生产旺季（120 天）单位蒸发面积全年所需海水量、单位蒸发面积全年产饱和卤量、生产 1 m³ 饱和卤水所需海水量以及各步蒸发面积占总蒸发面积的百分比。

5. 简述新深长结晶工艺及其对海盐产量和质量的影响。

6. 某日晒海盐场采用两段结晶（一段 25.5～28.5°Bé，二段>28.5～30°Bé）产盐，结晶过程大面积蒸发系数为 75%，卤水渗透系数为 0.1mm/d，收盐带走母液量为 0.15m³/t，原盐中 NaCl 的纯度分别为一段 96%，二段 94%。生产季节总蒸发量为 1000mm，总降雨量为 110mm。生产季节作业天数为 122 天，结晶周期为 8 天。试通过结晶生产能力计算确定：单位结晶面积全年生产能力（产盐量）、单位结晶面积全年副产苦卤量、单位结晶面积全年需要饱和卤量、生产 1 吨原盐需饱和卤量、生产 1 吨原盐副产苦卤量。

7. 原盐堆存过程对盐质有何影响？

第5章

湖 盐

根据盐湖中石盐矿床的赋存状态和晶间卤水条件，湖盐生产工艺主要包括：直接采出石盐矿床的原生盐生产工艺、利用湖表卤水或晶间卤水通过日晒或真空蒸发等加工方式获得再生盐工艺。

本章通过对采盐船、原生盐船采工艺、日晒湖盐工艺、典型硫酸盐型盐湖卤水冬季冻硝及冻硝后卤水日晒制盐过程原理与计算的详细分析，阐明典型的湖盐生产工艺。

5.1 原生盐采掘工艺

我国的湖盐生产，从湖盐开采之初至 20 世纪 60 年代都是人工采捞。到 60 年代中期，采盐机在内蒙古吉兰泰盐场正式投入使用，相应配套的汽车运输、水力管道输送机、皮带机堆坨应用于湖盐生产，湖盐产业从此进入大规模机械化开采时期。内蒙古、青海、新疆等省区有些盐场自 70 年代以来也相继采用采盐机（船）开采湖盐，但由于盐湖类型及所处的地理位置、自然条件不同，各场本着"因地、因湖制宜"的原则，选用适宜的生产工艺和设备。目前，湖盐生产工艺和设备的改造历经数次创新，不论是履带式、胶轮式还是轨道式，基本已被生产能力更大、适应性更强的采盐船取代。

本节主要介绍基于采盐船的原生盐采掘工艺。

5.1.1 采掘区的规划

原生盐采掘区的规划依据采前勘探综合分析报告和采掘工艺要求进行，包括采区位置、采区面积、采掘深度、采掘量、采掘顺序、输盐管道、公用设施和其他实际生产必需的项目。采区分布范围应比较集中，以减少卤水暴露面积，采区一般靠近坨地和公路，便于原生盐的堆存和运输。

规划采盐船采掘作业的原生盐采区，优先选定矿层厚度大、品位高、开采技术条件较好的区域先期开采，采区范围的储量应确保一定的服务年限。一般地，原生盐采掘后形成的采空区作为再生盐结晶区，并以船采再生盐的生产规模和湖区内再生盐的结晶速度，确定原生盐的开采面积。

5.1.1.1　原生盐采区规划原则

采掘区一般分两类，按照矿床赋存条件、开采技术、矿石种类、品位、开采规模和矿（场）服务年限等因素划分。矿床赋存条件好、品位高、深度达 1.5m 以上的可划分为机械采区；矿床赋存不连续、品位低、深度 1.5m 以下的可划分为人工采区或采用注水溶盐滩晒制盐。除此，根据资源赋存情况，还可以划分其他盐类采区。

（1）机械采区规划原则

机械采区设置若干采池，有顺序地进行布置。每个采池设有编号且规格一致，其面积应以一个生产周期采完一个采池确定。采池与采池之间留有 5～30m 的盐墙，以便布置电力线路、供水管路、修筑道路等。

（2）人工采区规划原则

人工采区设置若干盐槽，有顺序地进行布置。每个盐槽规格应一致，长度为 300～2000m，宽度为 2.5～4.5m，槽与槽之间留有 8～10m 间距，作为堆盐盖、堆成品盐、行车的通道。盐槽设有编号。

5.1.1.2　采掘前生产准备

湖盐区同海盐区一样，原盐生产具有季节性。为充分利用生产季节多产盐，在停产季节全面做好采前生产准备十分重要。狭义的采掘前生产准备是指盐湖作业现场的准备，包括输电线路架设、输盐管道铺设、采掘区覆盖物清理、穿爆和盐盖处理等。

（1）输电线路架设与输盐管道铺设

为了减少盐湖污染和简化船舶结构，采掘船一般不自带动力，应在采掘区架设输电线路，同时在采盐船附近布置降压设备，用动力电缆将电力输送到采盐船上。输盐装置因各盐场生产工艺不同而异，在开采前应做好检修和安装工作。

（2）采掘区覆盖物清理

大多数盐湖表面受风沙洪水侵害积有覆沙和淤泥等，为降低原盐中不溶物的含量，利于再生盐的结晶生长，使盐中含有较少的不溶物，也为今后再生盐开采提供良好条件，开采前必须对覆沙和淤泥做彻底清理。清理方法依据覆沙、淤泥深度而定，较薄时可采用推土机推起再由汽车输运；较厚时可采取装载机或挖掘机直接装车，最后采用推土机清底，汽车输运。覆沙和淤泥尽量实现利用或者远离采区堆放。

（3）穿爆（钻孔爆破）

由于水位下降，盐湖原生盐层上面有一层坚硬的盐盖，主要由氯化钠 NaCl 和泥沙等构成，若不爆破则采盐船消耗动力大或无法开采；盐盖下面的盐层或无盖盐层有的也比较坚硬，一般进行爆破后采掘。

穿爆的第一步是钻孔，采用汽车钻机或其他类型钻机打孔。钻机无法进入的盐湖可采用人工打孔。孔距依据盐层的硬度确定，孔深依据采掘深度确定，但应超过采掘深度 0.3～0.5m。孔径和炸药量同盐层硬度有关，需通过试验进行确定。炸药一般采用乳胶型，引爆采用电雷管较安全可靠，引爆后若发现哑炮必须采取措施处理。

（4）盐盖处理

盐盖一般含有较多的不溶物，为提高成品盐品位、降低成品盐中不溶物的含量，减少再生盐结晶池中的泥沙，应将盐盖运到盐湖边缘，经过长期自然雨水冲化或采用工人喷水溶化盐盖措施，使其中的 NaCl 等可溶性盐回收到盐湖中。

5.1.2 采盐船的类型

采盐船是在浮动式船体上加装采掘工作装置、动力装置、操纵机和其他辅助设施等的固体矿床采掘机械。按动力来源、迁移方式、采掘工作机构的不同，采盐船分为多种类型。

根据动力来源不同，采盐船分为内部供电式和外部供电式两类。内部供电式采盐船是用装在船上的柴油发电机组作全船设备的动力来源；外部供电式采盐船是外部高压电经采区变压器后，引入船内作全船设备的动力来源。

根据船体的迁移方式不同，采盐船分为自航式和非自航式两类。盐湖开采中多用非自航式采盐船。按工作迁移方式的不同，又分为桩柱式迁移和锚式迁移两类。桩柱式迁移采盐船依靠设置在船尾的两个钢桩来实现船的定位和工作迁移；锚式迁移采盐船是用锚缆（一般为5 个或 6 个锚）来实现船的定位和工作迁移。

根据采掘工作机构的不同，采盐船分为绞吸式、链斗式、铲扬式和刀轮式四类（如图 5-1 所示）。

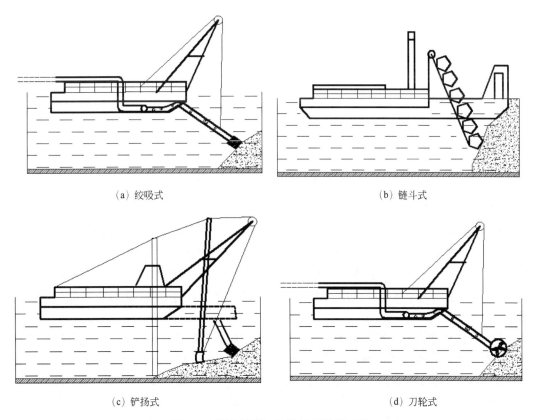

(a) 绞吸式　　　　　　　　　　　　　　　(b) 链斗式

(c) 铲扬式　　　　　　　　　　　　　　　(d) 刀轮式

图 5-1　四种采掘工作机构采盐船示意

从采盐船的用途和作业条件来看，具有以下特点。

① 采盐船实质为漂浮的采盐车间。船体漂浮于水面上，可将采盐船看作浮于水面上的采盐车间，所有采盐船的采掘机构都作业于水下。船体浸没在卤水中的部分及长期与卤水接触的构件均采取防腐措施。

② 水深决定采盐船的适用条件。船体漂浮在水上的特点，决定了采盐船的适用条件，即矿层底板以上的水深，必须满足船体的安全行驶要求，对中、小型采盐船，水深通常大于1.0m。一般盐湖固相矿床或表面被地表湖水淹没，或固相矿床中赋存晶间卤水，多数都能满足采盐船吃水深度的要求。

③ 采出的原生盐均需进行脱水处理。采盐船采出的原生盐密度大、易沉降、粒度较均匀、卤水黏度低，需对其进行脱水处理后再以运盐车运至堆场。

5.1.3　采盐船采掘工艺

采盐船采掘工艺是湖盐区较为成熟的生产工艺，采盐船的采掘装置、输送装置和动力设备安装在整体或拼接的浮箱上，浮在水面上完成采盐的各种功能。虽然采盐船种类各异且各具特点，但采掘工艺具有共性，其开采工艺主要包括采区布置、回转坑采挖、采掘盐层、固液分离及运输，工艺流程如图5-2所示。

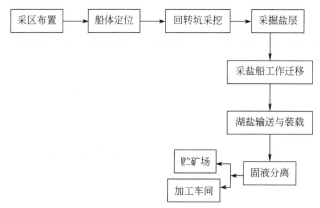

图5-2　采盐船采掘工艺流程

5.1.3.1　采区布置

以定位桩定位的采盐船，如绞吸式采盐船以艉的定位桩为中心，经艏两台左右横移的绞车牵动锚缆进行采掘。采区依长条形布置为宜，单元采坑长度一般不超过800m，宽度≥50m，采坑两边设 10～20m 宽的布锚区。外供电式采盐船的供电线路，船采汽车、窄轨火车运输的运输道路，也同布锚区合并考虑。陆上输盐管应布置在采坑端点，以减少采盐船输盐泵阻力损失。

以五锚定位的链斗式采盐船通过设置在艏、艉甲板上的五台绞车牵动钢丝绳锚缆进行采掘。主锚一般需抛出 500～700m，在水域许可时，抛出 1000m 以上。根据采区长度尽量一次抛足，以减少移锚次数。主锚钢丝绳可用 20～25 节（每节 25m）组成，便于伸缩。主锚一般抛在采掘单元的中心线上，但在盐层厚薄不一的情况下，主锚尽量抛在盐层厚的一边，边锚（左前、左前锚，左后、左后锚）一般抛出 90～150m。锚链与船中心线垂直线的夹角为 15°～40°，盐层厚则夹角相应小些，对于原生盐层，锚缆适当放长，再生盐层可缩短。为减少边锚的移锚次数，可在采区边设地垄，安设钢缆代替锚用。地垄钢缆平行于采掘单元中心线，边锚通过卸扣与钢缆相连，随着采盐船的前移，卸扣在钢缆上滑动，便于采盐船横移和前移。为适应船采船运工艺的需要，采掘单元宽度应≥150m。

5.1.3.2 回转坑采挖

采盐船是靠浮箱的浮力来工作的，水上浮动输盐管也需要一定的水域来适应管道伸缩和摆移，对无地表卤水的湖盐固相开采，为使船体漂浮需在采区的一端采挖回转坑（又称回采坑），把船导入其中，如图5-3所示。除卤水超出盐层表面1m以上的湖区外，采掘初始必须用人力和机械开挖回转坑。回转坑的宽度和长度约为船长的3倍，回转坑的深度依据晶间卤水水位及采盐船的吃水深度而定，一般为吃水深度的1.3倍，同时满足绞刀浸没水中四分之三的要求。

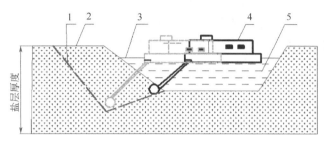

图5-3 船体导入回转坑

1—采盐船正常工作位置；2—盐层面；3—水面；4—采盐船；5—回转坑

为了减少航道内混浊卤水对已采区（作为再生盐结晶池）再生盐生长质量的影响，采掘工艺中规定每两个采区共用一个航道出入口。为保证采盐船从航道内进入采区内采掘，必须先挖出一个"T"字型的回转坑，同时可确保运盐船会船及与采盐船靠驳方便、安全。一般采区内东西向长度为190m（含两个采区宽度各80m及采区中间盐墙30m），宽度为40m，出入口尺寸为30m×30m，深度为水下1.8m以上（与生产中的采掘深度相同）。采盐船在挖掘回转坑时先挖出30m×30m的出入口，然后左拐或右拐（采盐船左边出料就向左拐，右边出料就向右拐）进入东西向回转坑，直到全部采完。在东西向回转坑口采掘时，有一个回采的过程，即如果先采完左边，船还需掉头再采右边；或者，先采右边，再采左边。开挖回转坑时只能布置一条船作业，一般安排在开采前或即将停产时进行。有时为了不影响航道内运盐船航行，出入口部分安排挖掘机作业，然后将采盐船拖进去开采回转坑。当全部采完回转坑口时，正式布置两条船进入采区定位，并开始采区内的采掘作业。

5.1.3.3 采掘盐层

（1）绞吸式采盐船采掘工艺

绞吸式采盐船采掘工艺过程分切削、破碎盐层、盐浆制备、盐浆吸送四个工序。采盐船盐浆泵中心线低于水面，故无须抽真空，只要将绞刀没入水面即可开泵，盐浆泵出水管经转向接头直接同水上辅管相连接，形成了采掘和输送为一体的采输模式。

采掘盐层将采区沿长度方向分为多个条带，逐个条带完成采掘。在每个条带内，常采用横挖法，即利用一根钢柱或主（尾）锚为摆动中心，左右摆动（或横移）和前移采掘盐层。可分层采掘亦可一次采全厚。一般在某位置绕主桩左右摆动采完全后船体前移。

钢桩横挖法的最大采掘带宽度受船长的限制，可用视线标志法控制（如图5-4所示）。设1是假想的方向照准线，d是驾驶台的设置。驾驶室通过船体纵向轴线，当绞刀挖到边线2时，照准线平行采掘带中心线，根据$\triangle ade$和$\triangle acd$相似关系可计算照准线距中心线的距离：

$$A = \frac{BL_1}{L_2 + L_3} \qquad (5-1)$$

式中 A——照准线距中心线的距离，m；B——采掘带宽度的一半，m；L_1、L_2 和 L_3——船的已知尺寸，m。

为了提高采盐船的采掘生产能力和矿石回收率，要合理确定采盐船的前移距离。可用定位桩间距 $2b$、采掘带宽度 $2B$、定位中心到绞刀的距离 L 的关系表示。

如图 5-5 所示，当绞刀在采掘带边缘，即点 a 或 b 的位置时，桩中心连线（O_1O_2 和 O_3）正好是采掘带的中心线，由几何关系求得：

$$K_1 = 2b \sin \frac{\alpha_1 + \alpha_2}{2} \qquad (5-2)$$

$$K_2 = 4b \sin \frac{\alpha_1 + \alpha_2}{2} \qquad (5-3)$$

式中 K_1、K_2——桩中心连线 O_1O_2 和 O_1O_3 的距离，m；b——定位桩间距，m；α_1、α_2——采掘带边线与桩心线相对应的摆动角，(°)。

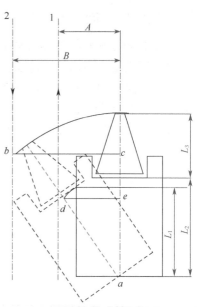

图 5-4　采掘带宽度控制

1—方向照准线；2—采掘边线

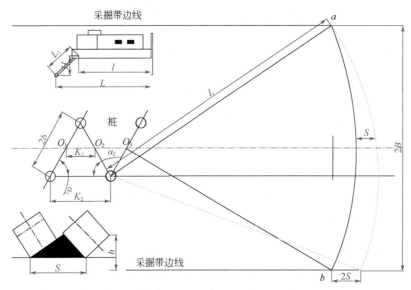

图 5-5　采盐船前移距离确定

如图 5-5 所示，因 $4 \sin \dfrac{\alpha_1 + \alpha_2}{2}$ 可近似用 $\dfrac{B}{L}$ 代替，而 $K_1 = S$，故

$$S = 2b \frac{B}{L} \qquad (5-4)$$

$$2S = 4b \frac{B}{L} \qquad (5-5)$$

式中 S——船体移动距离，m；b——定位桩间距，m；B——采掘带宽度的一半，m；L——

绞吸管路的长度，m。

采盐船移动的最佳距离与开采力学性质和绞刀的结构有关。如图 5-5 中左下角小图表示绞刀沿工作面的挖掘情况，若绞刀与水平成 45°角，绞刀直径与绞刀长度相等，则：

$$S = 2D\cos 45° = \sqrt{2}D \qquad (5\text{-}6)$$

式中 S——船体移动距离，m；D——绞刀直径，m。

由式（5-6）计算出的船体移动距离，对采掘松动或密实盐层均适合，但有高为 h 的残留矿柱无法开采导致回采损失。

$$h = \frac{S}{2} = 0.707D \qquad (5\text{-}7)$$

式中 h——残留矿柱高度，m；其他符号同前。

绞吸式采盐船采掘原生盐后一般由水力管道运输至湖外，或在规划的采区就地脱水装车由汽车运输至湖外。

① 绞吸式采盐船采掘——水力管道运输。采掘的原生盐，由盐浆泵抽取加压后经浮管和陆上接力泵站、输盐管道直接送往湖外，其工艺流程如图 5-6 所示。接力泵站、管道均可置于盐层表面或漂浮于水面，因此，该采运方法不受地表有无卤水和卤水距湖面相对水位的限制，也不受盐层表面承载能力的限制，其缺点是遗留盐较多且采坑不平整，盐层硬时绞刀易打滑，一般在采区采取放炮疏松盐层进行处理。

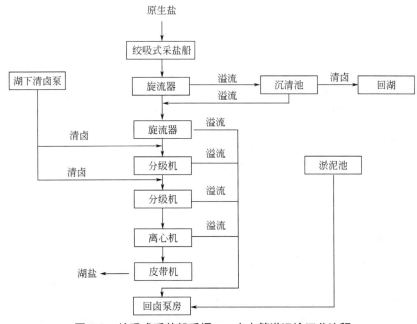

图 5-6　绞吸式采盐船采掘——水力管道运输工艺流程

② 绞吸式采盐船采掘——汽车运输。采掘的原生盐在规划的采区就地脱水装车，故船上需设脱水装置或在采坑边设脱水船，其工艺流程如图 5-7 所示，该采运方法适用于无湖表卤水且表面具有一定承载能力的采区。其主要缺点是除与绞吸式采盐船采掘——水力管道运输相同外，还造成大量泥沙和粉盐返回采坑，导致卤水质量降低且影响新盐的结晶生长。

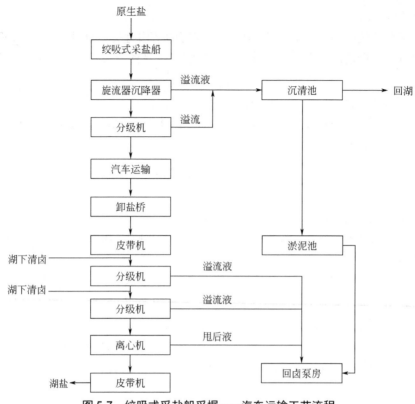

图 5-7　绞吸式采盐船采掘——汽车运输工艺流程

（2）链斗式采盐船采掘工艺

链斗式采盐船用横采法分条、分层和分段采掘盐层。采盐时，采盐船上的绞车收进一边的边锚链或边缆，同时放出另一边的边锚链或边缆。采盐船自采掘单元的一边横移至另一边采盐，到达边线时主锚绞缆前移，然后再向相反方向横移。按具体情况有不同的作业方法，可分为斜向横采法、扇形横采法、十字形横采法以及分条-分层采盐。

① 斜向横采法：采盐船船身纵轴与采掘单元中心线成一较小角度横移，该方法应用广泛。横采法只有下导轮接触堑口盐层，优点是盐斗的充盐率高，挖采坑边时规格较准且不易脱缆。

② 扇形横采法：采盐船艏横移而艉基本不动形成扇形横采，该方法适宜在挖回转坑、清理航道结盐时采用。

③ 十字形横采法：采盐船舯基本保持原地，艏向一边方向横移，艉向另一边方向横移。在采坑中若盐层厚度不均匀，则在厚盐层处的前移距应小于薄盐层处的前移距。也可先在厚盐层一侧横采数次，然后在整个采坑宽度上横采一次。

④ 分条-分层采盐：在采掘单元宽度过宽或盐层厚度不均匀时，需采用分条采盐，即分两条或多条进行采掘；当盐层厚度很大时应考虑分层采掘（包括盐层上下质量差别较大）。当盐层厚度大于盐斗高三倍以上时，应采用分层采掘，若是原生盐层即使盐层厚度小于盐斗高三倍时也应采用分层采掘。

链斗式采盐船采掘——驳船运输。链斗式采盐船采掘工艺一般与驳船运输相结合，通过链斗挖盐装置采掘上来的原生盐经斗桥提升至一定高度后，直接装船经运盐沟外运，其工艺流程如图 5-8 所示。该开采法适用于湖面承载能力差、充水条件好的湖区，链斗对原生盐层硬度适应性强，主要缺点是提升原生盐的无用功增多，采盐船造价比绞吸式高。

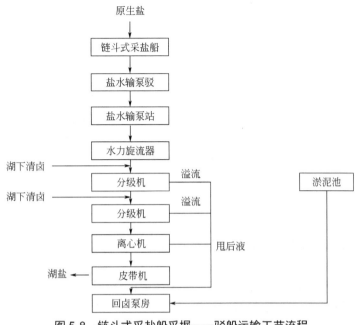

图 5-8　链斗式采盐船采掘——驳船运输工艺流程

（3）双刀轮式采盐船采掘工艺

双刀轮式采盐船是刀轮式采盐船的一种，由于其具有独特的双刀轮切盐器以及采用液压驱动，有集中控制、操作轻便、维修方便等优点。

双刀轮式采盐船的采掘基本原理同绞吸式采盐船，同时又有其独特之处。在挖掘回转坑前首先确定好船的位置、采掘盐层的方向、输水管路的走向，然后用炸药穿爆、反铲挖掘机开挖等挖掘出能满足采掘要求的回转坑，把船导入其中，固定好左、右横移绞车的缆绳，放下钢桩做好采掘准备。

在采掘过程中，盐层的切削、松碎，盐浆的制备、抽送是一个有机的统一体，能否使系统处于最佳的工作状态，不仅取决于采掘装置的性能，更取决于采掘装置的操作方法。双刀轮式采盐船在采掘过程中，切削和松碎盐层、盐浆的搅拌由双刀轮切盐器完成，盐浆的抽送由盐浆泵完成。采掘时，双刀轮切盐器先将盐层切削松碎并与卤水混合成盐浆，然后用盐浆泵将盐浆抽送至脱水洗涤工序。盐浆的浓度可根据采掘的速度和盐浆泵的操作参数控制。

双刀轮式采盐船通常采用定位桩定位前移、扇形横挖采掘的办法进行采掘。如图 5-9 所示，先以一根桩为主桩，另一根桩为副桩，将主桩对准采掘带的中心线，放下主桩作为横挖时的摆动中心，以前甲板上的左右横移绞车交替收放缆绳，牵引双刀轮左右横移扇形采掘盐层，并通过另一根桩进行换桩而前移。主桩前移轨迹始终保持在采掘带的中心线上。这种挖法使刀轮的平面切削轨迹始终保持平行前移，可避免重挖和漏挖现象。船的挖宽一般为船长的 1.2～1.4 倍，船的左右横移与采掘带中心线的夹角以 45°左右为宜。如果采坑的宽度较宽且超过船一次采掘带的宽度，必须分段施工。

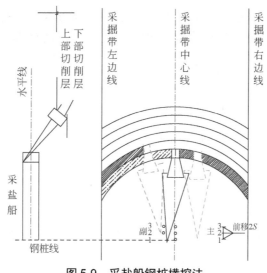

图 5-9　采盐船钢桩横挖法

采盐船的行进和摆动与绞车配合操作，即当采掘完盐层的全厚时，先利用左绞车把船向左横移到 45° 左右时，落下右桩再升起左桩，再利用右绞车将船向右横移到中心位置，此时落下左桩再升起右桩，完成船体前移作业。绞车和定位桩的作业操作配合方法，依据理论和实际情况确定的前移距离、采掘带宽度和矿层厚度等条件确定。

刀轮式采盐船采掘——水力管道运输。刀轮式采盐船是绞吸式和链斗式两种船型的组合，可采掘硬盐层，采坑底部平整且遗留物少，其工艺流程如图 5-10 所示。

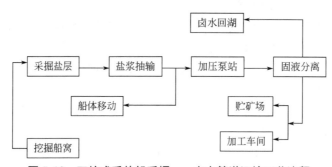

图 5-10　刀轮式采盐船采掘——水力管道运输工艺流程

（4）斗轮式采盐船采掘工艺

斗轮式采盐船也是刀轮式采盐船的一种，斗轮式采盐船采掘工艺，是用斗轮采掘头采盐、管道输送的采盐船来完成原生盐的采输工艺流程，其工作原理和工况条件等与双刀轮式采盐船相似，特点是采掘头为轮斗，全船主要动力由柴油机供给，体积小、效率高、能耗低、采掘深度大。

斗轮式采盐船的主要设备由离心式盐泵、采掘头、钢桩台车、横摆、钢桩绞车、采掘架等构成。采盐船采掘时不能将采掘架下得太深，否则会使横摆钢索弯曲过大，达到需要挖深后，将采盐船按照要求前移，前移距离为斗的长度（约 45cm）。

5.1.3.4　船体的工作迁移

船体迁移使采掘机构保持接触盐层并连续进行采掘，因此，迁移包括横向摆动（迁移）

或横移（锚式）以及船体的迁移两方面。迁移装置包括锚式和桩式两种。

桩式迁移装置因操作较方便且锚缆较小故应用较多。它是靠吊挂在传统导向筒内的钢桩和船艏两个边锚实现采盐船定位、前移、左右摆动采掘盐层的。其主要优点是只需设置两个锚，钢丝绳用量少且操作简单。桩式迁移装置的桩包括固定导向夹套式和滑架式两种。

在有湖底承压水且隔水层较薄，以及建造在湖区内部的人工隔离盐田其防渗层较薄时，宜采用锚式、自航式、陆行和浮动相结合的迁移方式，行走主要靠履带，浮体用来调节机械的稳定性。

锚式工作迁移装置是用锚缆固定船位并完成工作时的迁移。即以主（尾）锚位横挖的摆动中心，利用绞车收进横移方向一边的前后边锚缆，同时放出另一边的前后边锚缆，边挖掘边移动，前移是靠收进和放出主（尾）锚缆实现的。锚式迁移装置的方法主要有平移法、回转移动法、扇形法和十字交叉法等。平移法是船体纵轴线平行于采掘带移动，只适用于矿层有地表卤水，且深度足以供船体漂浮的条件，十字交叉法的采掘宽度较小，回转移动法的操纵较复杂，在实际生产中多采用扇形法。因盐湖卤水是不流动的静水，故一般只用五根锚缆，即主锚缆及前、后、左、右边锚缆，主锚缆实现船体前移，边锚缆实现横移和采掘盐层。

5.2　日晒湖盐（再生盐）生产工艺

湖盐生产中除可直接机械开采的原生盐外，以湖表卤水或晶间卤水为原料，在湖内或湖外开滩晒盐生产再生盐是盐湖开发利用生产湖盐的另一种典型工艺，其关键是在湖区自然条件下如何实现高品质再生盐的生产。

5.2.1　湖盐滩晒工艺

湖盐滩晒与日晒海盐结晶过程相似，是利用太阳能使卤水在结晶池内自然蒸发浓缩并析盐的过程。对于矿化度较低的湖表水引入盐田滩晒制得湖盐工艺，其制卤过程与日晒海盐相同（详见第 4 章）；盐湖晶间卤水的 NaCl 浓度一般近饱和，通常通过高位池进行调节并沉降泥沙后可直接灌入结晶池生产再生盐，工艺流程如图 5-11 所示。针对目前我国内蒙古吉兰泰、雅布赖、青海柯柯等典型硫酸盐型湖盐产区，滩晒再生湖盐质量

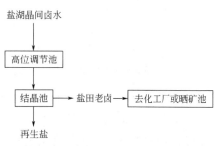

图 5-11　盐湖再生盐滩晒工艺流程

保证的关键是结合冬季湖区气象条件析硝，析硝后卤水在正常生产季节实现高质量再生盐的滩晒生产。

我国湖盐区的气象特点是年蒸发量远大于降雨量，在湖盐区应采用类似海盐区的"新、深、长"的结晶工艺，操作简便，仅有灌卤、加卤、换卤和收盐等操作，结晶周期长、结晶卤水深，机械化水平和劳动生产率高。

湖盐区冬季平均气温都在 0℃以下，极端最低温度达-30℃。由于卤水中盐类溶解度随温度变化规律不同，导致晶体存在的形态不同，在低温下蒸发浓缩饱和卤水，盐类析出顺序和晶体存在形态会发生变化。我国典型的硫酸盐型盐湖，如内蒙古吉兰泰盐湖和雅布赖盐湖、新疆艾比湖，盐湖中主要常量元素离子包括 Na^+、K^+、Mg^{2+}、Cl^-、SO_4^{2-}、CO_3^{2-}、HCO_3^- 等，不同类型盐湖卤水组成差异显著，应选择合适的相图进行理论分析。

-10℃时饱和卤水析盐的顺序一般是 $Na_2SO_4 \cdot 10H_2O \rightarrow NaCl \cdot 2H_2O \rightarrow NaCl$，在较低温度下 $NaCl \cdot 2H_2O$、$Na_2SO_4 \cdot 10H_2O$ 的析出与在温度升高后的转溶及其对池板的影响同日晒海盐（详见本书 4.2 节）。因此，冬季产盐要防止 $Na_2SO_4 \cdot 10H_2O$ 和 $NaCl \cdot 2H_2O$ 的大量析出，采用相图理论指导实际生产，冬季卤水完成自然条件下硝的析出，脱硝后卤水及时导入结晶池用于其他季节生产再生盐。

5.2.2 滩晒再生湖盐相图原理及其应用

本节以典型的硫酸盐型盐湖内蒙古吉兰泰盐湖为例，结合湖盐产区的气候特点，基于水盐体系相图理论，分析再生湖盐生产过程的定性和定量问题。

内蒙古吉兰泰盐湖中主要常量元素离子包括 Na^+、Ca^{2+}、Mg^{2+}、Cl^-、SO_4^{2-}，其中 Ca^+ 含量较低，可不考虑其影响，故吉兰泰盐湖卤水体系可以简化为 Na^+、$Mg^{2+}//Cl^-$、$SO_4^{2-}-H_2O$ 四元交互体系，考虑日晒再生湖盐生产的季节性，结合内蒙古吉兰泰盐湖区典型的气候温度，分别讨论 Na^+、$Mg^{2+}//Cl^-$、$SO_4^{2-}-H_2O$ 四元交互水盐体系-10℃和20℃相图在再生湖盐生产中的应用。

5.2.2.1 吉兰泰盐湖卤水冬季析硝过程相图理论分析

吉兰泰盐湖位于内蒙古自治区阿拉善盟阿拉善左旗吉兰泰镇，无湖表卤水，组成如表 5-1 所示，其浓度为 25.7°Bé，NaCl 已达饱和。

表 5-1 内蒙古吉兰泰盐湖卤水组成（浓度为 25.7°Bé）

组分	$2Na^+$	Mg^{2+}	$2Cl^-$	SO_4^{2-}	H_2O	总干盐
浓度/(g/L)	116.12	6.04	183.99	17.20	890.75	323.3470
以等效价计组分的量/mol	2.5254	0.2485	2.5948	0.1790	49.4863	5.5477
耶内克指数 J/(mol/100mol 干盐)	91.0412	8.9588	93.5453	6.4547	1784.0600	—

冬季吉兰泰湖区蒸发量小、气温低，冬季自然条件下使芒硝析出，析硝后卤水及时导出，并在春季后进行滩晒再生盐的生产，可通过工艺控制实现湖盐品质的提升。2011—2021 年，吉兰泰湖盐区冬季（11月、12月、1月和2月）平均气温-3.7℃，1月份平均气温为-9.6℃，此温度下卤水中盐类的溶解度较其他季节发生显著变化，其他月份（3～10月）平均气温为16.9℃。利用 Na^+、$Mg^{2+}//Cl^-$、$SO_4^{2-}-H_2O$ 体系-10℃相图（图 5-12）对吉兰泰冬季蒸发结晶析盐过程进行理论分析，并可通过相关理论计算获得确定卤水（晶间卤水）组成条件下的冬季析硝及析硝后卤水生产再生盐的相关工艺参数。

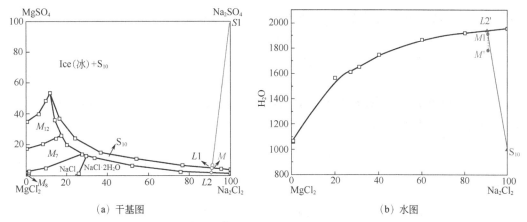

图 5-12　Na^+、Mg^{2+}// Cl^-、SO_4^{2-} -H_2O 体系-10℃相图

（1）吉兰泰盐湖卤水低温冻硝过程分析

由相图（图 5-12）分析可知，表 5-1 组成的吉兰泰盐湖卤水体系点分别位于干基图和水图的 M 点和 M' 点，该卤水在-10℃下的等温蒸发过程相图理论分析如表 5-2 所示。

表 5-2　内蒙古吉兰泰盐湖卤水-10℃等温蒸发过程相图理论分析表

阶段	过程情况	干基图			水图		
		系统	液相	固相	系统	液相	固相
一	体系加水稀释	M	—	—	$M' \rightarrow M1$	$M' \rightarrow M1$	—
二	S_{10} 析出	M	$M \rightarrow L2$	$S1$	$M1$	$M1 \rightarrow L2'$	S_{10}

注：矿物盐缩写名称意义见附录 8。

由冻硝过程分析可知，吉兰泰盐湖卤水-10℃等温蒸发过程无 NaCl 单独析出区域，体系点在干基图中位于冰和芒硝共析区，而在水图中位于 M' 点，是冰、芒硝和二水氯化钠的共析区，如果直接以原卤在-10℃等温蒸发，则冰、芒硝和二水氯化钠共同析出，一方面使得析出的芒硝纯度下降，另一方面造成氯化钠的损失。为使芒硝单独析出，需将水图中的 M' 加水稀释至 $M1$ 点，以 $M1$ 点为体系点在-10℃等温蒸发，芒硝先析出，而后是芒硝与二水氯化钠共析。为提高湖盐品质和产量，应保证冬季蒸发过程中只有芒硝析出而 NaCl 等其他盐类不析出，析硝母液组成应在 $L2$ 点，将 $L2$ 点冬季冻硝后卤水作为春季自然蒸发结晶生产再生盐的原料卤水。

（2）卤水稀释过程加水量

以表 5-3 所示组成的 1L 卤水计，系统总干盐量为 323.3470g（5.5477mol），根据水图计算水量（蒸发或加入）如式（5-8）所示。

$$水量 = \frac{系统开始与终止时含水 J 值之差}{100} \times 系统总干盐量 \qquad (5\text{-}8)$$

设该卤水 M' 应加水量为 w，则：

$$w = \frac{M'-M1}{100} \times 5.5477 = \frac{1914-1784.06}{100} \times \frac{5.5477}{2} = 3.60(mol) \qquad (5\text{-}9)$$

故加水质量为 64.9g。

（3）吉兰泰盐湖卤水芒硝析出量

以 1L 卤水计，设析出的芒硝量为 m，干基图中 $\overline{ML2}$ 代表析出固相（S_{10}）的干盐，$\overline{S1L2}$

代表吉兰泰卤水系统中的总干盐 n，根据杠杆规则计算如式（5-10）和式（5-11）所示。

$$m : n = \overline{ML2} : \overline{S1L2} \tag{5-10}$$

$$m = \frac{\overline{ML2}}{\overline{S1L2}} \times n = 17.20 \text{ (g)} \tag{5-11}$$

式（5-11）中的 m 是芒硝的干盐量，通过硫酸钠和芒硝的分子量比例进行换算，可得析出芒硝的实际质量为 39.00g。

（4）芒硝的析出率

由表 5-3 所示组成的 1L 卤水计算可知，吉兰泰卤水中硫酸钠的含量为 25.44g/L，因此，芒硝的析出率为：

$$\eta = \frac{17.20}{25.44} \times 100\% = 67.6\% \tag{5-12}$$

卤水的蒸发速率随着卤水浓度的增加而降低，同时芒硝结晶所夹带的 NaCl 也将增加，盐的损失增大。因此，在吉兰泰盐湖冻硝生产过程中，过高的芒硝析出率对盐收率的提高是不利的。当液相组成为 $L2$ 点时，纯芒硝的析出率最大，其组成如表 5-3 所示。

表 5-3　内蒙古吉兰泰盐湖卤水-10℃析硝后卤水组成（L2 点）

组分	2Na$^+$	Mg^{2+}	2Cl$^-$	SO$_4^{2-}$	H$_2$O	总干盐量
耶内克指数 J/(mol/100mol 干盐)	90.6	9.4	98.06	1.94	1942	306.147 g

5.2.2.2　吉兰泰盐湖析硝后卤水生产再生盐相图理论分析

吉兰泰盐湖析硝后卤水进入滩晒结晶池，春季气温回升后进行日晒湖盐的生产。以 $L2$ 点卤水为原料进行自然蒸发制盐，将 $L2$ 点卤水组成标在 Na$^+$、Mg^{2+}//Cl$^-$、SO$_4^{2-}$-H$_2$O 体系 20℃相图上，如图 5-13 所示，体系点在干基图中位于 NaCl 的结晶区，在水图中位于 C 点之上的 $L2'$ 点，说明卤水对 NaCl 不饱和，首先需等温蒸发浓缩至 C 点，此时对 NaCl 恰好饱和，继续蒸发，NaCl 将不断析出，C 点至 D 点为纯 NaCl 的析出区，当体系点蒸发至 D 点时，NaCl 的析出量达最大值。

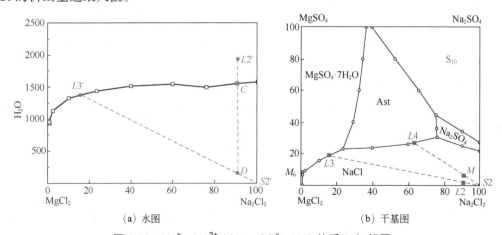

(a) 水图　　　　　　　　(b) 干基图

图 5-13　Na$^+$、Mg^{2+}//Cl$^-$、SO$_4^{2-}$-H$_2$O 体系 20℃相图

（1）析硝后卤水生产再生盐 NaCl 的析出量

以 1L 冻硝前卤水计，$L2$ 点卤水中的总干盐量为 306.147g，设析出的氯化钠量为 x，干

基图中 $\overline{L2L3}$ 代表析出固相（氯化钠）的干盐，$\overline{L3S2}$ 代表析硝后卤水系统中的总干盐 y，根据杠杆规则计算如下：

$$x : y = \overline{L2L3} : \overline{L3S2} \tag{5-13}$$

$$x = \frac{\overline{L2L3}}{\overline{L3S2}} \times y = 269.14 \,（\text{g}） \tag{5-14}$$

（2）NaCl 的析出率

计算可得，冻硝前卤水中 NaCl 质量为 273.75g，故析硝后卤水蒸发过程 NaCl 的析出率为：

$$\eta = \frac{269.14}{273.75} \times 100\% = 98.3\% \tag{5-15}$$

（3）卤水浓缩过程和 NaCl 结晶过程蒸发水量

析硝阶段析出的干盐物质的量为 0.242mol，则析硝后卤水中剩余的干盐量为 5.3057mol，设浓缩过程蒸发水量为 w_1，氯化钠结晶过程蒸发水量为 w_2，由式（5-8）可知：

$$w_1 = \frac{L2'-C}{100} \times \frac{5.3057}{2} \times 18 = \frac{1942-1561}{100} \times \frac{5.3057}{2} \times 18 = 181.93 \,（\text{g}） \tag{5-16}$$

$$w_2 = \frac{C-D}{100} \times \frac{5.3057}{2} \times 18 = \frac{1561-158.6}{100} \times \frac{5.3057}{2} \times 18 = 669.66 \,（\text{g}） \tag{5-17}$$

将析硝前卤水组成标在图 5-13 中，体系点位于 M 点，根据杠杆规则可知，$\dfrac{\overline{L3L2}}{\overline{L3S2}} > \dfrac{\overline{L4M}}{\overline{L4S2}}$，说明相同质量的吉兰泰原卤与冻硝后卤水相比，以冻硝后卤水进行再生盐生产所产盐量明显提高。

随着卤水浓度的增加，卤水的蒸发速率降低，同时 NaCl 结晶所夹带的可溶性杂质也将增加，盐的质量下降。综上所述，以组成如表 5-3 所示的 1L 吉兰泰卤水计，冬季析硝及析硝后卤水的物料衡算结果如表 5-4 所示。

表 5-4　吉兰泰盐湖卤水冬季析硝及析硝后卤水的物料衡算结果

-10℃析硝过程	加水量/g	析硝量/g	析硝率/%	剩余母液量/g
	64.9	39.00	67.6	1242.50
20℃浓缩过程	蒸水量/g	析盐量/g	析盐率/%	剩余母液量/g
	181.93	0	0	1060.57
20℃析盐过程	蒸水量/g	析盐量/g	析盐率/%	剩余母液量/g
	669.66	269.14	98.3	121.77

参考文献

[1] 张圻之. 制盐工业手册[M]. 北京：中国轻工业出版社，1994.

[2] 白福易. 湖盐工艺[M]. 呼和浩特：内蒙古盐务管理局、盐学会，1998.

[3] 程芳琴，程文婷，成怀刚. 盐湖化工基础及应用[M]. 北京：科学出版社，2012.

[4] 郑绵平，邓天龙，Oran A. 盐湖科学概论[M]. 北京：科学出版社，2018.

[5] БУКШТЕЙН В М, ВАЛЯШКО М Г, ПЕЛЬШ А Д. ЭКСПЕРИМЕНТАЛЬНЫХ ДАННЫХ ПО РАСТВОРИМОСТИ МНОГОКОМПОНЕНТНЫХ ВОДНО-СОЛЕВЫХ СИСТЕМ(ТОМ Ⅰ，Ⅱ)[M]. ЛЕНИНГРАД: ГОСУДАРСТВЕННОЕ НАУЧНО-ТЕХНИЧЕСКОЕ ИЗДАТЕЛЬСТВО, 1954.

[6] Mullin J W. Crystallization[M]．4th ed. Oxford：Butterworth Heinemann, 2001．

[7] 高世扬，宋彭生，夏树屏，等. 盐湖化学[M]. 北京：科学出版社，2007.

[8] 梁保民. 水盐体系相图原理及运用[M]. 北京：中国轻工业出版社，1986.

思考题

1. 原生盐采掘过程分为哪些步骤？
2. 采盐船采掘工艺包含哪些工序？
3. 采盐船按照不同的分类方法都分为哪些类型？
4. 原生盐采掘过程中挖船窝的目的和要求是什么？
5. 原生盐采掘过程中采掘盐层的方法有哪些？如何选择？
6. 原生盐采掘过程中采掘带宽度如何控制？
7. 再生湖盐滩晒工艺与滩晒海盐有何异同？原因是什么？
8. 再生湖盐的滩晒过程能否采用海盐生产中"新、深、长"的结晶工艺？
9. 我国某湖盐产区晶间卤水如表 5-5 所示，该湖区夏季平均温度为 20℃、冬季平均温度为 −10℃，试通过 Na^+、Mg^{2+} // Cl^-、SO_4^{2-} −H_2O 体系相图分析由该盐湖晶间卤水如何生产芒硝和再生盐，并以 $1m^3$ 晶间卤水为基础计算过程中的蒸发水量、析硝量和析盐量。

表 5-5 我国某湖盐产区晶间卤水组成（浓度为 25°Bé）

组分	Na^+	Mg^{2+}	Cl^-	SO_4^{2-}
浓度/(g/L)	130.19	6.04	183.99	17.20

第6章

粉碎洗涤盐

为了提高原盐质量,可采用粉碎和洗涤的工艺,获得颗粒均匀且纯度较高的粉碎洗涤盐(简称粉洗盐,crushed and washed salt)产品,粉洗盐经干燥工艺处理后需要满足食用盐产品标准(GB/T 5461—2016,见本书第1章)。

6.1 粉洗盐工艺流程

典型的粉洗盐采用三次粉碎三次洗涤工艺流程,如图6-1所示。

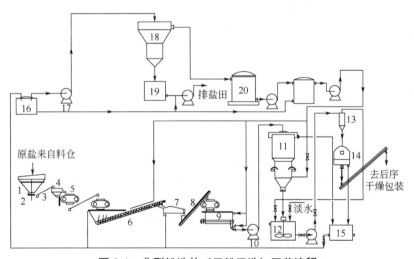

图6-1 典型粉洗盐(三粉三洗)工艺流程

1—原盐料斗;2—振动给料机;3—皮带输送机;4—直线振动筛;5—对辊粉碎机;6—螺旋洗盐机;7—脱水振动筛;
8—螺旋输送机;9—强洗机;10—盐浆泵;11—逆流洗涤器;12—搅拌槽;13—水力旋流器;14—离心机;15—缓冲槽;
16—清卤槽;17—卤水泵;18—斜板沉降器;19—贮存罐;20—砂滤器

原盐经料斗和振动给料机除去大块杂物后,由皮带输送机输送至直线振动筛后进入对辊粉碎机进行粗粉(一粉),以粉碎大颗粒原盐;粗粉后的原盐经皮带输送机送至对辊粉碎机进行二粉,二粉后的盐进入螺旋洗盐机进行一洗,洗涤卤水通过溶解去除盐粒表面的 Mg^{2+} 等可溶性杂质,悬浮泥沙等不溶性杂质随溢流液去除;一洗后的盐经振动筛脱水后由螺旋输

第6章 粉碎洗涤盐 | 141

送机输送至对辊粉碎机进行三粉,粉碎后的盐输送至强洗机中与注入的洗液混合成为盐浆并由盐浆泵输送至逆流洗涤器进行二洗,洗后盐于搅拌槽内进行第三次洗涤,三洗后的原盐经由离心机进行脱水,最后干燥、包装制得粉洗盐。

工艺流程中的洗液(洗涤卤水)浓度约 24°Bé,洗涤卤水可循环使用,当其浓度升高至 27~27.5°Bé 时,因 Mg^{2+} 及 SO_4^{2-} 含量过高而失去洗涤作用,此时的卤水可用于精制盐的生产或者排放至日晒盐田。

6.2 原盐的粉碎

原盐的粉碎过程是固相物料在外力的作用下克服内聚力,从而使颗粒的尺寸减小、表面积增大的过程。

6.2.1 粉碎的分类与方法

6.2.1.1 粉碎的分类

依据处理物料的尺寸不同,大致将粉碎过程分为破碎和粉磨两类(如图 6-2 所示)。破碎是大块物料被碎裂成小块物料的加工过程;粉磨是小块的物料被破碎成细粉末状物料的加工过程。对应的机械设备分别称为破碎机械和粉磨机械。

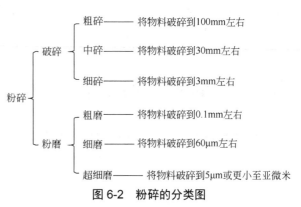

图 6-2 粉碎的分类图

6.2.1.2 粉碎的方法

粉碎的方法主要有挤压、冲击、研磨和剪切(图 6-3)。

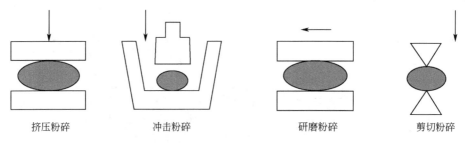

图 6-3 主要的粉碎方法

① 挤压粉碎:物料受到压力、应力而粉碎。
② 冲击粉碎:物料受到快速打击、碰撞,受冲击力而粉碎。
③ 研磨粉碎:物料在运动的表面因摩擦而粉碎。
④ 剪切粉碎:物料受到剪切力而粉碎。

大部分机械粉碎设备由上述基本粉碎方法组成,例如球磨冲压机通过研磨和剪切粉碎物料;辊压粉碎机中的物料处于两辊表面之间主要为挤压粉碎。

6.2.2 粉碎比

粉碎比也称粉碎度或平均粉碎比，是指物料粉碎前的平均粒径与粉碎后的平均粒径之比，盐的粉碎比定义式为：

$$i = \frac{d_i}{d_0} \qquad (6-1)$$

式中　i——粉碎比，无量纲；d_i——粉碎前盐的平均粒径，mm；d_0——粉碎后盐的平均粒径，mm。

粉碎比是衡量物料粉碎前后粒径变化的指标，也是粉碎设备性能评价的重要指标之一。破碎机的粉碎比通常用最大进料口宽度与最大出料口宽度之比计算，也称为公称粉碎比。但实际破碎时加入的物料尺寸总是小于最大进料口宽度，故破碎机的平均粉碎比一般都小于公称粉碎比，前者为后者的 70%～90%。

一般破碎机的粉碎比为 3～30；粉磨机的粉碎比为 500～1000。原盐粉碎时为了保证盐的颗粒均匀并减少粉盐，第一次粉碎出料为 3mm 左右，第二次粉碎出料为 0.8mm 以下，粉碎比一般为 5～7。

6.2.3 粉碎设备

粉碎设备分为破碎机和粉磨机两类。依据结构和工作原理不同，破碎设备主要包括颚式破碎机、圆锥/旋回破碎机、辊式破碎机和冲击式破碎机等；粉磨设备主要包括球磨机、高速冲击粉碎机、气流磨机、搅拌磨机、振动磨机和高压辊磨机等。

其中辊式破碎机于 1806 年问世，因其具有构造简单、产品粒度均匀的特点，在化工、非金属矿、水泥、硅酸盐和冶金等工业领域广泛应用，也是粉洗盐生产常用设备。辊式破碎机按辊面形状分为光面辊式和齿面辊式两种；按辊数分为单辊、双辊（对辊）、三辊和四辊四种。

对辊破碎机（亦称对辊粉碎机）因结构简单、外形尺寸小、重量轻、运行可靠且易于调节粉碎度，安装和操作方便故应用广泛，盐的粉碎常用的设备是对辊粉碎机。

对辊粉碎机是利用两个相对转动的辊子，对物料施以摩擦力而咬入并靠辊的压力破碎物料（如图 6-4 所示）。破碎产品从两辊的下部缝隙中排出。通过改变两辊间的下部缝隙，可以控制产品粒度。四辊式破碎机常用于烧结厂破碎焦炭，其实质是由两个对辊破碎机重叠组成，以增大破碎比、减少占地面积。

6.2.3.1 对辊粉碎机工作的必要条件

对辊粉碎机顺利工作的前提是被粉碎的物料必须被钳在两辊之间。如图 6-5 所示，过物料与辊的接触点成切线，两切线间的夹角称为有效作用角（钳角），物料受力分析如下。

在两辊间的物料，主要受到来自辊的挤压力（P）和摩擦力（F，物料重力可忽略不计。$F = fP$，f 为物料与滚筒间的摩擦系数）。P 可分解为水平分力（$P\cos\frac{\alpha}{2}$）和垂直分力（$P\sin\frac{\alpha}{2}$）。两辊对物料的水平分力方向相反且大小相等，而垂直分力之和为 $2P\sin\frac{\alpha}{2}$，其作用方向向上，使物料向上运动而离开辊；F 的作用方向与正压力方向成直角，方向向下，其可以分解为垂直分力（$Pf\cos\dfrac{\alpha}{2}$）和水平分力（$Pf\sin\dfrac{\alpha}{2}$），水平方向上两分力彼此平衡，垂直方向上摩擦力之和为$2Pf\cos\dfrac{\alpha}{2}$，将物料拉进两辊之间的间隙。

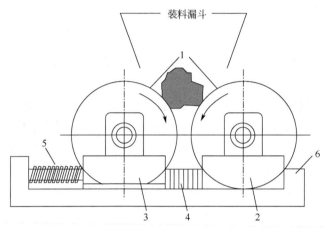

图 6-4　对辊粉碎机

1—辊；2，3—轴承；4—垫片；5—弹簧；6—机座

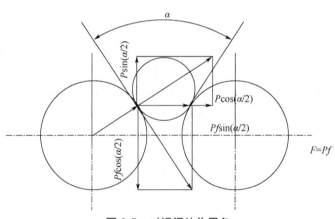

图 6-5　对辊间的作用角

对辊粉碎机工作时保证物料不滑出必须满足：

$$2P\sin\frac{\alpha}{2}\leqslant 2Pf\cos\frac{\alpha}{2} \tag{6-2}$$

$$\sin\frac{\alpha}{2}\leqslant f\cos\frac{\alpha}{2} \tag{6-3}$$

$$f\geqslant\tan\frac{\alpha}{2} \tag{6-4}$$

由于：

$$f=\tan\varphi \tag{6-5}$$

式中　f——物料与滚筒间的摩擦系数，无量纲；φ——工作部件与物料间摩擦角，（°）。

将式（6-5）代入式（6-4）得：

$$\tan\varphi\geqslant\tan\frac{\alpha}{2} \tag{6-6}$$

$$\alpha \leqslant 2\varphi \qquad (6\text{-}7)$$

故对辊粉碎机工作时保证物料不滑出的必要条件为：最大有效作用角（钳角）应小于或等于摩擦角的两倍。钳角一般为 32°~48°，相当于 f=0.3~0.45。

6.2.3.2 对辊粉碎机辊直径的确定

钳角及辊间隙确定后，对一定直径的辊来说，所能处理的物料最大直径也必然有一定限制。由待粉碎的原盐平均直径和粉洗盐产品粒度要求确定对辊粉碎机的直径。辊直径与物块大小的关系如下：

$$\frac{D+d}{2}\cos\frac{\alpha}{2}=\frac{D+e}{2} \qquad (6\text{-}8)$$

式中　d——原盐最大粒度，mm；D——辊直径，mm；e——两辊间隙，mm。

将 $\alpha = 2\varphi$ 代入式（6-8）得：

$$(D+d)\cos\varphi=D+e \qquad (6\text{-}9)$$

两边同除以 d，合并可得：

$$\left(\frac{D}{d}+1\right)\cos\varphi=\frac{D}{d}+\frac{e}{d} \qquad (6\text{-}10)$$

$$\frac{D}{d}(\cos\varphi-1)=\frac{e}{d}-\cos\varphi \qquad (6\text{-}11)$$

$$\frac{D}{d}=\frac{\dfrac{e}{d}-\cos\varphi}{\cos\varphi-1} \qquad (6\text{-}12)$$

其中 $\dfrac{d}{e}=i$ 为粉碎比，若粉碎机粉碎比 i=4，代入得：

$$\frac{D}{d}=\frac{0.25-\cos\varphi}{\cos\varphi-1} \qquad (6\text{-}13)$$

对硬物料（原盐属于硬物料）f = 0.3，即 $\tan\varphi$=0.3，由三角函数表得：$\varphi = 16°42'$，$\cos\varphi$ = 0.9578，代入式（6-12）得：

$$\frac{D}{d}=\frac{0.25-0.9578}{0.9578-1}=16.8$$

对软物料 f = 0.45，即 $\tan\varphi$ = 0.45，由三角函数表得：$\varphi = 24°14'$，$\cos\varphi$ = 0.9112，代入式（6-12）得：

$$\frac{D}{d}=\frac{0.25-0.9112}{0.9112-1}=7.4$$

上述辊直径与物块直径之比是假设在最大有效作用角的情况下求出，实际上为了保证对辊粉碎机可靠工作，一般 $\dfrac{D}{d}$ 的数值须加大 20%，则对硬物料 $\dfrac{D}{d} \geqslant 22$，对软物料 $\dfrac{D}{d} \geqslant 10$，已知 $\dfrac{D}{d}$ 值，便可由被粉碎物块直径确定辊直径。

6.2.3.3　生产能力计算

对辊粉碎机的生产能力是单位时间内通过两辊间隙的原盐量，因此对辊粉碎机的生产能力与辊间隙、辊长度和辊线速度密切相关。单位时间通过辊间隙的物料体积为：

$$Q_v = 0.36BeV \tag{6-14}$$

式中 Q_v——单位时间通过辊间隙的物料体积，m^3/h；e——两辊间隙，cm；B——辊长度，cm；V——辊线速度，m/s。

原盐在两辊间隙不能紧密排列，存在间隙和不均匀现象，不是整个辊长 B 都参与工作，且粉碎后原盐不是同时落下，而是散块状落下，需引入系数进行修正。

由于：

$$V = \frac{n\pi D}{60} \tag{6-15}$$

则：

$$Q_r = r\frac{\phi Ben\pi D}{60} \times 3600 = 188.4\,BeDnr\phi\,(m^3/h) \tag{6-16}$$

$$Q = 188.4\,BeDnr\phi\,(t/h) \tag{6-17}$$

式中 V——辊线速度，m/s；n——滚筒的转数，r/min；D——滚筒的直径，cm；r——物料堆密度，t/m^3；ϕ——修正系数，对于硬物料 $\phi = 0.2 \sim 0.3$，对于潮湿物料 $\phi = 0.4 \sim 0.6$。

由式（6-16）可知，辊长度、直径与辊间隙确定后，辊转速越大，生产能力越大，但转速不能无限制增大，因为随着转速增大物块与辊间的摩擦力随之减小，当超过一定转速时摩擦力减小到不能将物料拉入两对辊间隙中落下，只停留在辊上，从而导致生产能力显著下降。同时，转速增大引起能耗增加，辊磨损加快，机器易发生危险振动，因此辊的转速需要有一定限制。当粉碎比 $i = 4$ 时，最大转速可用式（6-18）计算：

$$n \leqslant 616\sqrt{\frac{f}{rd_mD}} \tag{6-18}$$

式中 f——物料对滚筒的摩擦系数，无量纲；r——物料堆密度，kg/cm^3；D——滚筒直径，cm；d_m——进料平均直径，cm。

实际生产为了减少振动与辊表面的磨损，由式（6-19）确定对辊粉碎机的转速。

$$n = (0.4 \sim 0.7)n_{max} \tag{6-19}$$

原盐粉碎机没有确定的功率计算公式，可参考粉碎不同物料单位产量所需的功率进行估算。

6.3 原盐的洗涤

6.3.1 洗涤原理

原盐洗涤的实质是去除其中可溶性杂质和不溶性杂质的过程。

对于原盐中可溶性杂质的去除原理是：洗液对于 NaCl 饱和而对于 $MgCl_2$ 和 $MgSO_4$ 等可溶性盐是不饱和的，故洗涤原盐时 NaCl 不溶解而 $MgCl_2$ 和 $MgSO_4$ 等可溶性盐通过溶解得以去除。

对于原盐中不溶性杂质的去除原理是：依据相对密度不同的不溶物在卤水中沉降速度不同去除原盐中不溶性杂质。原盐中夹带的草芥、木屑、泥土等不溶物，其相对密度小于原盐，在洗涤中沉降速度较慢，常悬浮于洗液中经溢流与盐分离，溢流带走不溶物越多，对不溶物的洗涤效率越高。但较大泥沙不能由溢流卤水带走，故原盐在进入洗盐机前一般经筛分去除，利于提高洗盐中不溶物的洗涤效率。

原盐洗涤过程也是其晶体表面附着母液与洗液进行交换的过程。通过洗涤更新了原盐晶体表面附着母液的成分，用杂质含量少的饱和卤水替代产盐母液，有利于盐质的提高，这种交换进行得越彻底则原盐洗涤效率越高。

6.3.2 洗涤效率及影响因素

6.3.2.1 洗涤效率

用洗涤效率计算原盐洗涤后对于杂质的去除程度，定义式如式（6-20）所示。

$$\eta = \frac{q_1 - q_2}{q_1} \times 100\% \tag{6-20}$$

式中　η——原盐的洗涤效率；q_1——洗前原盐中某杂质的干基含量；q_2——洗后原盐中某杂质的干基含量。

杂质含量也可用盐或者离子的形式表示。

【例 6-1】 某盐厂洗涤盐与原盐成分如表 6-1 所示，求原盐的洗涤效率。

表 6-1　某盐厂原盐与洗涤盐组成表

项目	组成/%					
	NaCl	$MgCl_2$	$MgSO_4$	$CaSO_4$	不溶物	H_2O
原盐	91.65	0.79	0.36	0.52	0.36	5.57
洗涤盐	95.46	0.18	0.08	0.35	0.15	3.10
原盐（干基）	97.79	0.84	0.38	0.56	0.38	—
洗涤盐（干基）	99.21	0.19	0.08	0.36	0.16	—

解： 先将原盐各组成换算为干基含量列于表 6-1 中，则原盐中各杂质类的洗涤效率为：

$MgCl_2$ 的洗涤效率：$\dfrac{0.84 - 0.19}{0.84} \times 100\% = 77.4\%$

$MgSO_4$ 的洗涤效率：$\dfrac{0.38 - 0.08}{0.38} \times 100\% = 78.9\%$

$CaSO_4$ 的洗涤效率：$\dfrac{0.56 - 0.36}{0.56} \times 100\% = 35.7\%$

不溶物的洗涤效率：$\dfrac{0.38 - 0.16}{0.38} \times 100\% = 57.9\%$

6.3.2.2 影响洗涤效率的因素

（1）洗涤温度

原盐中的 $MgCl_2$、$MgSO_4$ 和 $CaSO_4$ 等杂质溶解度因洗涤温度不同而异。如图 6-6 所示，$CaSO_4$ 的溶解度随洗涤温度的升高而减小，而 $MgCl_2$ 和 $MgSO_4$ 的溶解度随着温度的升高而增大，故升高洗涤温度，有利于 $MgCl_2$ 和 $MgSO_4$ 的溶解并利于提高对其的洗涤效率。

（2）洗液质量

洗液的质量直接关系到粉洗盐的质量。洗液是具有多种盐的复杂溶液，各盐类的溶解度受到其他盐类的影响，$MgCl_2$、$MgSO_4$ 和 $CaSO_4$ 的溶解度均随洗液浓度的升高有不同程度的减小。$MgCl_2$ 和 $MgSO_4$ 的溶解度随洗液中 Mg^{2+} 浓度的增大下降显著，因此在粉洗盐生产中应严格控制洗液中 Mg^{2+} 的浓度，如某粉洗盐厂控制的标准为洗液中[Mg^{2+}]≤1.7 g/100 mL。

控制洗液质量的同时，在离心机中加少量淡水喷洗洗盐，也是提高洗盐质量的有效措施。

（3）固液接触面积

固液接触面积越大则可溶性杂质的去除效果越好，故盐与洗液之间需有适宜的固液比。固液比过高不利于盐与洗液充分接触，反之固液比过低，洗涤效率不仅无

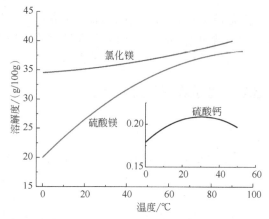

图 6-6　温度与 $MgCl_2$、$MgSO_4$ 和 $CaSO_4$ 溶解度的关系

明显增加反而增加了循环卤量，造成动力消耗和盐溢流损失增大。一般粉洗盐的固液比（体积比）为（1∶3）～（1∶4）。

原盐与卤水接触面积大小与原盐粒径相关，盐的粒径越小则单位质量盐的表面积越大，洗涤效果越好。故在原盐洗涤过程中，通过粉碎来减小原盐粒径，增加原盐晶体表面积，使晶体内部夹带杂质及母液最大程度被洗液带走。但当原盐粒径过小时，晶体挟带母液增加，反而造成洗盐质量下降。因此，要根据脱水能力确定盐的粒径，才能取得最好的洗涤效果。由表 6-2 可知，盐的粒径为 0.6～1.2mm 洗涤效果最佳。此外，加强搅拌有利于固液充分接触，也能提高洗涤效率。

表 6-2　洗盐粒度与洗盐质量关系

样品名称	粒度/mm	组成/%					
		$CaSO_4$	$CaCl_2$	$MgCl_2$	NaCl	H_2O	IM（不溶性杂质）
原盐	—	0.47	0.06	0.16	98.48	0.62	0.15
洗涤盐 1	≥5	0.37	0.06	0.04	98.75	0.48	0.11
洗涤盐 2	≥3	0.27	0.03	0.08	99.19	0.22	0.07
洗涤盐 3	≥1.2	0.18	0	0.03	99.42	0.23	0.04
洗涤盐 4	≥0.6	0.06	1	0.04	99.12	0.77	0.04
洗涤盐 5	≥0.3	0.10	0.03	0.04	98.25	1.45	0.09
洗涤盐 6	<0.3	0.18	0.03	0.04	97.50	2.14	0.15

6.3.3　洗液的制备

洗液质量和供应量不仅关系着粉洗盐的质量，还影响原盐的消耗。因此，洗液的制备十分重要。洗液制备时需满足洗涤工艺要求，洗液必须对氯化钠饱和且 Ca^{2+}、Mg^{2+}、SO_4^{2-} 以及不溶物等含量尽可能少，同时考虑洗液供应充足原则，洗液的制备应因地制宜并具经济性。

洗液制备的方法主要有三种：第一，利用滩田将海水浓缩成饱和卤；第二，用海水或卤水溶化原盐或生产中溢流带走细末盐泥制成饱和卤；第三，用淡水溶化原盐或生产中溢流带走细末盐泥制成饱和卤。

上述方法制得的饱和卤均需经过沉降澄清，除去其中泥沙等不溶物方可作为洗液。其中，方法一最为经济，但洗液质量最差；方法三损耗原盐最大，但洗液质量最佳。因此，为提高

洗涤效率、降低成本，在靠近日晒盐田的洗盐厂可将两种方法结合，以盐田晒制饱和卤作为最初次洗液，用质量较高的卤水作为最末次洗液。

6.3.4 洗涤设备

依据洗涤原理，洗盐设备应满足的条件为：第一，在洗涤设备中盐与洗液应充分接触，有利于去除可溶性杂质；第二，利于不溶物分离的溢流装置设计。

目前，粉洗盐生产常用的洗涤设备主要有螺旋洗盐机、刮板洗盐机和逆流洗涤器。一般采用搅拌桶作为末步洗涤器并起到固液比调节作用。

6.3.4.1 螺旋洗盐机

螺旋洗盐机是基于螺旋输送机原理并装有洗涤液加入管、洗液溢流口等部件实现原盐洗涤的装置。

（1）螺旋洗盐机结构

螺旋洗盐机主要由机槽、螺旋联轴节、止推轴承、吊架、传动装置、进出料口、卤水喷头、溢流槽等部分组成，如图 6-7 所示。

① 机槽

洗盐机身长度一般为 9～15m，多采用不锈钢槽，槽底为半圆形，为便于搬运、安装和检修，由多节连成，每节长约 3m，连接处和槽边均为角铁制成，便于连接、加大各节强度且使吊架容易固定。机槽两端的槽端板是螺旋轴的支承架，槽身装有卤水溢流槽及出口。

② 螺旋联轴节

由转轴和焊在其上的螺旋叶片组成，叶片形状为全叶式，转轴有实心钢棒和空心钢管两种，直径为 50～100mm。钢管轴较粗，对运输量有一定的影响，每根轴长 2～3m，轴间用联轴节或短轴相联。螺旋面与机槽之间保持一定间隙，为保证安装和运输，间隙一般为 5～15 mm。

③ 悬挂轴承（又称吊架）

其作用是承受一部分设备重量以及分担轴转动时产生的力。吊架设置不宜太密，因为在吊架处螺旋面将被中断，造成物料堆积，同时也会增加阻力。此外，吊架的外形尺寸应尽可能小，否则会增加物料通过时的阻力。螺旋洗盐机钢槽用分裂式轴承吊架结构如图 6-8 所示，可以根据物料的磨碰性质等选择。轴承吊架上部是吊架，用来固定在槽的纵角铁架上，下部是螺旋的轴承，在吊架顶部有加油孔，可向轴承内注入黄油，保持润滑。

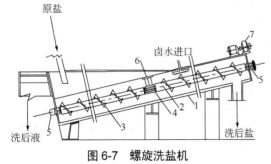

图 6-7　螺旋洗盐机
1—机槽；2—转轴；3—叶片；4—联轴节；5—止推轴承；
6—吊架；7—传动装置

图 6-8　钢槽用分裂式轴承吊架结构

④ 进出料口

螺旋洗盐机多为开放式，进料可从机身始端直接加入；出料口在机槽末端或底部。

（2）螺旋洗盐机工作原理

原盐进入洗盐机后，在螺旋转动搅拌和输送作用下，与不断加入的洗液逆向流动，两者充分接触，达到洗涤目的。洗涤后原盐由出口转入下一设备，洗液溢流出机槽。螺旋洗盐机多倾斜放置（倾角一般<20°），既有一定提升高度，也有利于盐卤的分离。

螺旋洗盐机工作原理如图6-9所示。洗涤机可分成三段：沉清段、洗涤段、脱水段。按液固流动状态可分成以下四个区段。Ⅰ区是沉在机器底部的盐粒层，基本上固定不变，其厚度为叶片顶端与器底的间隙宽度，一般为2～4mm，可保护器底免受磨损。Ⅱ区是螺旋叶片往上推动的盐粒层，其厚度相当于叶片宽度，盐粒被螺旋叶片不停地翻动，洗液则逆向冲洗，这是物料冲洗的主要区段，称为洗涤段。洗液加入点到出料点为脱水段，其距离越长，脱水率越高，对下段洗涤越有利。Ⅲ区、Ⅳ区总称沉清段，Ⅲ区是料浆浓度较高区，颗粒沉降作用受到干扰；Ⅳ区是料浆浓度较低区，颗粒按自由沉降规律下沉。沉降区液面面积越大，沉降时间越长，溢流液带细粒盐就越少，分级粒度也越小。带式螺旋洗涤机的倾角一般在12°～18°30′，要求的分级粒度小时取下限，反之取上限。

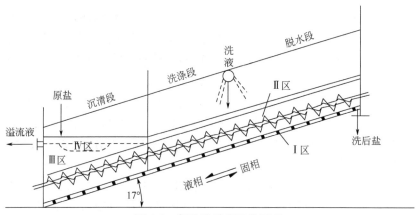

图6-9　螺旋洗盐机工作原理

（3）螺旋洗盐机生产能力及功率计算

1）生产能力计算

洗盐机的生产能力是指一定时间内通过洗盐机输送的原盐量。原盐加入洗盐机后，由于自身重力和与槽壁间的摩擦阻力，使盐不能随螺旋旋转，而在螺旋的旋转推动下做运动，单位时间内运送盐的量与螺旋直径、螺距和转速有关。

$$Q = 60 \times \frac{\pi}{4} D^2 Snr\varphi C = 47 D^2 Snr\varphi C \tag{6-21}$$

式中　Q——螺旋洗盐机生产能力，t/h；D——螺旋直径，m；S——螺距，m；r——原盐堆密度，t/m³；n——转速，r/min；φ——填充系数（洗盐机内所存的原盐体积与洗盐机容积之比），原盐取0.25～0.3；C——倾斜度系数（表6-3）。

表6-3　倾斜度系数

倾斜角/(°)	0	5	10	15	20
C	1.0	0.9	0.8	0.7	0.65

2）功率计算

螺旋洗盐的功率消耗主要用于：提升盐卤；盐卤洗涤输送过程中与机槽、螺旋、悬挂轴承之间的摩擦阻力；螺旋本身旋转。

提升盐卤消耗功率可由式（6-22）计算。

$$P_1 = QL\sin\beta \qquad (6-22)$$

一般认为螺旋洗盐机摩擦阻力消耗功率和螺旋本身旋转功率消耗与机身长度成正比，并引入阻力系数修订，如式（6-23）所示。

$$P_2 = QL\cos\beta\omega \qquad (6-23)$$

螺旋洗盐机所需理论功率为：

$$P_C = P_1 + P_2 = \frac{QL(\sin\beta + \cos\beta\omega)}{367.2} \qquad (6-24)$$

实际功率为：

$$P = 1.2\frac{P_C}{\eta} \qquad (6-25)$$

式中　P_C——螺旋洗盐机理论功率，kW；P——螺旋洗盐机实际功率，kW；P_1——螺旋洗盐机提升盐卤消耗功率，kW；P_2——螺旋洗盐机摩擦阻力和本身旋转消耗功率，kW；Q——螺旋洗盐机生产能力，t/h；L——螺旋洗盐机机身长度，m；β——螺旋洗盐机倾角，（°）；ω——阻力系数，原盐取 2.5；η——机械传动效率，$\eta = 0.9\sim0.98$；367.2——式（6-22）与式（6-23）中功率单位为马力，367.2 是将马力折算为千瓦的换算系数。

6.3.4.2　刮板洗盐机

（1）刮板洗盐机结构

刮板洗盐机（结构示意图如图 6-10 所示）实质是基于刮板输送机原理：链条围绕于链轮上转动，在链条上每隔一定距离装有直立的刮板，随同链条转动，刮板行至上部即为空回，而刮板行至下部，则将槽内的物料从一端刮至另一端，以达运输的目的。与螺旋洗盐机相同，在输送机的基础上要增加喷卤、溢流等设备，以保证洗液的供应和更新，输送原盐同时不断向机槽内供给洗涤卤水，使原盐在输送过程中得到洗涤。

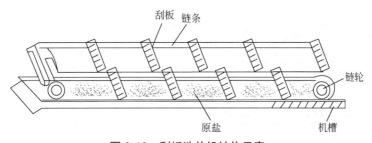

图 6-10　刮板洗盐机结构示意

刮板洗盐机可作水平或倾斜输送，在洗盐厂一般作倾斜输送，其运动速度为 0.4～0.6m/s。与螺旋洗盐机相比，其缺点是运输时阻力大，消耗动力多；优点是比螺旋洗盐机能带上更多的细粒盐，故刮板洗盐机多用于二洗。

（2）生产能力与功率计算

在刮板洗盐机内，原盐被刮板分成小堆运送。小堆的间距取决于刮板距离，故洗盐机的生产能力与刮板间距有直接关系。刮板间距越大且槽内堆数越少则输送能力越小；反之，输送能力增大。但刮板数不能无限增加，因为每堆物料的高度受刮板高度控制。当刮板间距过小时，刮板被埋在原盐内，不仅使运转阻力增大，而且刮板占据了有效空间，反而使运输能力降低。

假设原盐平均分布于槽内被刮板推送，则刮板洗盐机的理论生产力为：

$$Q_C = 3600Bhvr \tag{6-26}$$

因实际原盐是被刮板洗盐机分成小堆向前输送的，故引进装载系数（装载量与平均分布于槽内装载量之比）对理论生产能力进行修正，装载系数可由实验测得，其与刮板间距（a）和刮板高度（h）的关系为：当 $a=3h$ 时，$\varphi=0.5$；当 $a=4h$ 时，$\varphi=0.4$；当 $a=5h$ 时，$\varphi=0.3$。

因此，刮板洗盐机的实际生产能力为：

$$Q = 3600Bhvr\phi \tag{6-27}$$

当刮板洗盐机倾斜输送时，引入倾斜度系数进行校正（如表 6-4 所示）：

$$Q = 3600Bhvr\phi c \tag{6-28}$$

式中　Q_C——刮板洗盐机理论生产能力，t/h；Q——刮板洗盐机实际生产能力，t/h；B——刮板宽度，m；v——刮板进行速度，m/s；h——刮板高度，m；r——原盐堆密度，t/m³；ϕ——刮板洗盐机装载系数，无量纲；c——刮板洗盐机倾斜度系数，无量纲。

表6-4　倾斜度系数表

倾斜度/(°)	10	20	30
倾斜度系数	0.85	0.65	0.45～0.5

在实际生产中，刮板洗盐机的功率可由式（6-29）作近似计算：

$$P = \frac{Q}{367.2\eta}(KL + H) \tag{6-29}$$

式中　P——刮板洗盐机功率，kW；Q——刮板洗盐机实际生产能力，t/h；L——刮板洗盐机长度，m；K——总阻力系数（表6-5）；H——倾斜运输中原盐提升高度，m；η——传动效率，0.65～0.85。

表6-5　不同生产能力下刮板洗盐机总阻力系数

链的特性	物料特性	总阻力系数						
		4.5t/h	9t/h	18t/h	27t/h	45t/h	68t/h	90t/h
滚动链	轻的碎散物料、干的黏土质及其他磨碴小的物料	2.25	1.9	1.6	1.3	1.1	0.97	0.9
	磨碴大的物料	3.4	2.9	2.4	2	17	1.5	1.35
滑动链	磨碴小的物料	4.0	3.5	2.9	2.4	2	1.8	1.6
	磨碴很大的物料	4.8	4	3.4	2.8	2.4	2.1	1.9

6.3.4.3　逆流洗涤器

在生产过程为了更好地去除粉洗盐中小粒径盐中的杂质，在二洗或者三洗工序中多采用逆流洗涤器，其结构示意图如图 6-11 所示。

一定固液比的盐浆由逆流洗涤器中心降液桶自上而下进入筒体，洗液由下部环状进口多流股（一般三个）自下而上进入逆流洗涤器，盐与洗液逆向流动并充分接触，盐中可溶性杂质溶解于洗液，依据盐中不溶性杂质沉降速度的不同，通过洗液上升流速的控制，不同种类及粒度的不溶性杂质由洗液带出至溢流口外排，满足洗涤卤水质量要求的洗后卤经沉降分离后重新作为洗液循环使用，洗后的盐浆进入粉洗盐下步工序。

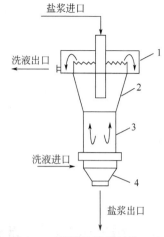

图 6-11　逆流洗涤器结构示意
1—沉降桶；2—溢流圈；3—洗涤段；4—沉降段

逆流洗涤器作为非标设备，其规格尺寸依据生产工艺设计的处理量确定。对于满足工艺要求的盐浆处理量，逆流洗涤器的筒体（提供有效洗涤相界面）直径与单位截面盐浆处理能力相关，进而可以结合洗液上升速率确定洗液用量。对于粒径为 0.3～0.5mm 的盐洗涤，洗液上升速率一般为 3～4cm/s。

$$A = \frac{Q}{B} \qquad (6\text{-}30)$$

$$d = \sqrt{4A/\pi} \qquad (6\text{-}31)$$

$$V = 36Av \qquad (6\text{-}32)$$

式中　A——逆流洗涤器筒体截面积，m^2；Q——逆流洗涤器盐浆处理能力，t/h；B——单位筒体截面盐浆处理能力，$t/(m^2 \cdot h)$；d——逆流洗涤器筒体直径，m；V——洗液体积流量，m^3/h；v——洗液上升流速，cm/s。

参考文献

[1] 张圻之. 制盐工业手册[M]. 北京：中国轻工业出版社，1994.

[2] 董维义. 中国粉洗盐加工技术发展现状及展望[J]. 中国盐业，2015, 252(21):24-29.

[3] 李振亮，万文艳，李亚. 定量螺旋给料机在粉洗盐生产中的应用研究[J]. 盐业与化工，2008, 173(02):7-8.

[4] 路德维希 E E. 化工装置实用工艺设计：第 1 卷[M]. 3 版. 中国寰球工程公司，清华大学，天津大学，等译. 北京：化学工业出版社，2006.

思考题

1．阐述三粉三洗粉洗盐生产工艺中所用的设备与洗涤卤水加入位置的科学性与依据。

2．分析日晒海盐在粉洗过程洗液浓度的质量控制及其方法。

3．常见粉碎设备的粉碎原理及粉碎比和粒径适用范围是什么？

4．原盐中可溶性杂质洗涤去除的方法有哪些？

5．逆流洗涤器根据进料的流速，在洗涤的同时也可实现粒径筛选，根据逆流洗涤器的工艺原理，分析在饱和卤水洗盐过程中如何实现盐的晶体连续分级纯化。

6．某粉洗盐厂原盐与生产的粉洗盐产品湿基组成如表 6-6 所示，求其洗涤效率。

表 6-6　原盐与粉洗盐组成表

成分	NaCl	$MgCl_2$	$MgSO_4$	$CaSO_4$	不溶物	H_2O
原盐组成/%	91.65	0.79	0.36	0.52	0.36	5.57
粉洗盐组成/%	95.46	0.18	0.08	0.35	0.15	3.10

第7章

真空盐

7.1　真空盐工艺流程

为获得氯化钠含量较高且符合标准（详见本书第 1 章）要求的工业盐或者食用盐产品，通常以原盐化成的近饱和卤水、盐湖近饱和的晶间卤水或以盐田日晒蒸发制得的饱和卤水为原料（详见本书第 3 章），一般对制盐原料卤水进行预处理以除去杂质，再采用真空蒸发结晶（多效或者机械蒸汽再压缩）、脱水增稠和干燥等工序制得真空盐产品。

7.1.1　单效真空蒸发流程

单效蒸发是最基本的蒸发装置，原料液在蒸发器内被加热汽化，产生的二次蒸汽由蒸发器引出后排空或冷凝。

常见的单效真空蒸发流程如图 7-1 所示。加热蒸汽在加热室的管间冷凝，释放的热量通过管壁传给管内溶液，蒸发后的浓缩液由蒸发器底部排出。产生的二次蒸汽在蒸发室经除沫器后引入冷凝器，与冷却水直接接触而被冷凝。冷凝器要置于 10m 以上的高位以保持系统内的真空度，同时便于冷却水与冷凝液的自动排出，并保持系统内的真空度。二次蒸汽中的不凝性气体经分离器和缓冲罐后，由真空泵抽出并排入大气。真空蒸发过程料液沸点升高。立式单程加热强制循环蒸发器如图 7-2 所示。

对于没有溶质析出的单效蒸发浓缩过程，其物料衡算和热量衡算如下。

物料衡算：

$$Fx_0 = (F-W)x_1 \tag{7-1}$$

热量衡算：

$$DH_0 + Fh_0 = Dh_{\mathrm{w}} + (F-W)h_1 + WH_1 + Q_{\mathrm{L}} \tag{7-2}$$

其中，

$$H_0 - h_{\mathrm{w}} = r_0 \tag{7-3}$$

$$Dr_0 = (F-W)h_1 - Fh_0 + WH_1 + Q_{\mathrm{L}} \tag{7-4}$$

$$Q_{\mathrm{L}} = \eta Dr_0 \tag{7-5}$$

$$Dr_0(1-\eta) = (F-W)h_1 - Fh_0 + WH_1 \tag{7-6}$$

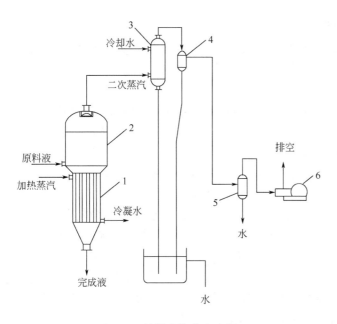

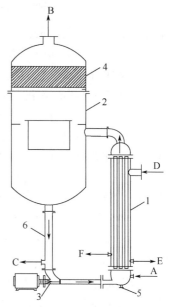

图 7-1　单效真空蒸发流程
1—加热室；2—蒸发室；3—混合冷凝器；4—分离器；
5—缓冲器；6—真空泵

图 7-2　立式单程加热强制循环蒸发器示意
A—料液；B—二次蒸汽；C—浓缩液；D—加热蒸汽；
E—冷凝液；F—不凝气；1—加热室；2—蒸发室；
3—循环泵；4—分离器；5—排出口；6—下降管

当忽略浓缩热时，

$$h_0 = c_0 t_0 \qquad\qquad (7\text{-}7)$$

$$h_1 = c_1 t_1 \qquad\qquad (7\text{-}8)$$

则式（7-6）可简化为

$$Dr_0\left(1-\eta\right) = Fc_0\left(t_1 - t_0\right) + Wr_1 \qquad\qquad (7\text{-}9)$$

单效真空蒸发制盐过程有 NaCl 析出，因此要考虑盐的结晶热，其热量衡算为：

$$Dr_0\left(1-\eta\right) = Fc_0\left(t_1 - t_0\right) + Wr_1 + Gq \qquad\qquad (7\text{-}10)$$

式中　F——进料量，kg/h；x_0，t_0，h_0，c_0——分别为进料溶质的质量浓度（%），温度（℃），焓值（kJ/kg）和比热容[kJ/(kg·℃)]；D，r_0——分别为生蒸汽的进料流量（kg/h）和潜热[kJ/(kg·℃)]；W，r_1——分别为二次蒸汽的蒸发量（kg/h）和潜热[kJ/(kg·℃)]；x_1，t_1，h_1，c_1——分别为完成液的质量浓度（%），温度（℃），焓值（kJ/kg）和比热容[kJ/(kg·℃)]；h_w——冷凝水的焓值（kJ/kg）；Q_L——热损失，kJ；η——热损失率；q——氯化钠的结晶热，kJ/kg；G——氯化钠的析出量，kg。

7.1.2　多效蒸发制盐工艺

真空盐生产中需要处理大量的原料卤水并汽化大量水分，为了节约加热蒸汽降低运行成本，目前广泛采用多效蒸发工艺生产真空盐。多效蒸发后一效的操作压强和溶液沸点较前一效低，以前一效的二次蒸汽作为加热介质，这样仅第一效需要消耗生蒸汽，后一效的加热室就是前一效的二次蒸汽的冷凝器，从而达到节约能耗的目的。

7.1.2.1 多效蒸发制盐工艺流程

根据加热蒸汽与料液的流向关系，多效蒸发制盐工艺流程可分为顺流（并流）、逆流和平流三种基本形式。下面以三效为例分别说明。

（1）顺流（并流）工艺流程

顺流（并流）工艺流程的特点是：卤水给料或转移方向与蒸汽流向相同，即由第一效依次转向下一效，完成液由末效排出。其特点是：料液在转移过程中，因各效蒸发室压力依次降低，料液可以自动流入下一效；完成液自末效排出，排出温度较低。料液转移过程中浓度逐渐升高而温度依次下降，料液黏度增加显著，致使各效传热系数依次降低；因各效卤水沸点温度不同，料液转入下一效后呈过热状态，过热引起物料闪急蒸发出部分蒸汽，如果这部分蒸汽在前一效中产生，则可增加其利用次数，因此顺流给排料会造成热效率的降低。

三效顺流（并流）真空蒸发制盐工艺流程如图7-3所示。原料卤水在卤水槽经过沉降和净化之后输送至预热器，预热后的卤水被输入至Ⅰ效蒸发器，Ⅰ效蒸发器中的二次蒸汽进入Ⅱ效蒸发器的加热室作为热源，Ⅰ效蒸发器中的冷凝水进入预热器用于原料卤水预热，盐浆转入Ⅱ效蒸发器继续蒸发。依此类推，Ⅱ效蒸发器中的二次蒸汽进入Ⅲ效蒸发器作为热源，Ⅱ效蒸发器中的饱和冷凝水进入预热器给原料卤水预热，盐浆转入Ⅲ效蒸发器继续蒸发。从Ⅲ效蒸发器出来的盐浆在增稠器中至盐浆浓度达到75%后进入离心机，得到NaCl含量高于96%的湿盐，湿盐输送至流化床干燥器干燥制得含水量符合标准要求的盐产品，最后盐进入包装车间进行包装制成成品。

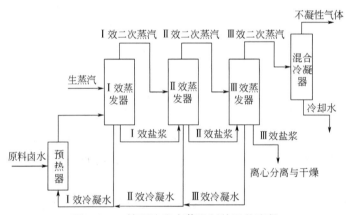

图7-3　三效顺流真空蒸发制盐工艺流程

（2）逆流工艺流程

逆流工艺流程的特点是：原料卤水从末效进入蒸发系统，并依次向前一效转移，最后从第一效排出，物料流向与蒸汽方向相反；料液转移过程中，其浓度和温度逐步提高，各效料液黏度接近，故各效传热系数受其影响较小；料液低于沸点进料，与顺流相比产生二次蒸汽较少；逆流工艺流程排料温度高，热损失大且对设备腐蚀性高，各效间物料转移必须用盐浆泵来实现。三效逆流真空蒸发制盐工艺流程如图7-4所示。

（3）平流工艺流程

平流工艺流程的特点是：各效同时加入原料卤水并且都排出完成液（盐浆）。卤水分别进入各效与蒸汽走向无关，效间不转料。该工艺适合原料卤水浓度较高（[NaCl]＞300 g/L）

的多效真空蒸发制盐，此时各效均有盐结晶析出，盐的分离效率高。

三效平流真空蒸发制盐工艺流程如图7-5所示。

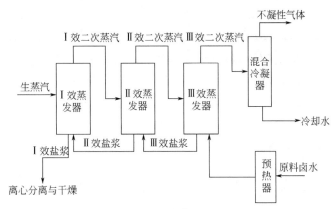

图7-4　三效逆流真空蒸发制盐工艺流程

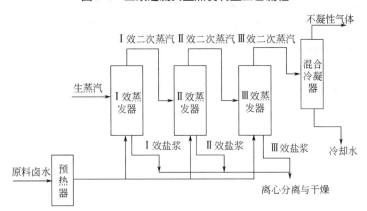

图7-5　三效平流真空蒸发制盐工艺流程

错流多效真空蒸发制盐是根据不同需要将上述三种方式相结合的工艺流程。

基于料液给排方式的多效蒸发制盐工艺流程，需要根据卤水组成情况并结合卤水析盐规律确定，在保证盐产品质量的同时，尽量提高盐的收率和热能利用率。

我国井矿盐生产的原料卤水主要为硫酸盐型（包括硫酸钙型和硫酸钠型），多效蒸发制盐工艺流程的理论基础是水盐体系相图，基于适宜的卤水预处理和防结垢方法，多采用盐硝联产或者盐钙联产的多效蒸发制盐工艺，生产满足标准要求的真空盐产品。

7.1.2.2　有效温差及效数确定

（1）有效温差

多效蒸发制盐过程中，由于各效（除末效）的二次蒸汽都作为下一效蒸发器的加热蒸汽，故提高了热能的利用率（热经济性）。蒸发相同的水量单效蒸发所用蒸汽远大于多效蒸发操作，若忽略各种热损失和温度差损失，料液在沸点下进料，则理论上加热蒸汽量（D）与蒸发水量（W）之比分别为：单效 $D/W=1$，双效 $D/W=1/2$，$\cdots$，n 效 $D/W=1/n$。实际上由于各种热损失的存在及卤水在不同压力下汽化潜热的差别，多效蒸发达不到理论的热经济指标（如表7-1所示）。

表 7-1 多效蒸发的热经济性

效数	单效	二效	三效	四效	五效
$(D/W)_{min}$	1.1	0.57	0.4	0.3	0.27
$(W/D)_{理想}$	1	2	3	4	5

对于某效蒸发器，蒸发的传热推动力是加热蒸汽与二次蒸汽的温度差，加热蒸汽与进出加热室卤水平均温度的差值为有效温差。多效蒸发系统总的推动力为系统总传热温差，即首效加热蒸汽温度与末效二次蒸汽冷凝器中饱和蒸汽温度的差值。

$$\Delta T = T_0 - t \tag{7-11}$$

式中　ΔT——系统总传热温差，℃；T_0——首效加热蒸汽饱和温度，℃；t——末效冷凝器中饱和蒸汽温度，℃。

如何提高多效蒸发传热过程的有效温差是制盐生产的关键，也是提高单位面积蒸发水量进而提高盐产量的关键。

由式（7-11）可知，提高系统总传热温差有两种方法：一是提高首效加热蒸汽温度；二是提高冷凝器内的真空度，亦即降低冷凝器内蒸汽温度。实践证明，首效加热蒸汽温度不宜过高，这是因为压力增高将显著增加设备成本，同时导致加热管腐蚀程度加剧，垢层生长速度加快，操作条件更难控制。

多效蒸发的总有效温差为各效有效温差之和，即总有效温差为总温度差减去各效温度损失（式 7-12）：

$$\Delta t = \Delta T - \sum \Delta t_n \tag{7-12}$$

式中　Δt——系统总有效温差，℃；ΔT——系统总温度差，℃；Δt_n——各效温度差损失，℃。

可知，要增大系统总有效温差，除加大系统总温度差之外，还需降低各种温度差损失。温度差损失一般包括以下几种。

1）料液沸点升

由于卤水中杂质离子的存在，导致卤水的沸点升比 NaCl 溶液的沸点升要高。

2）闪发温度损失

过热的料液在蒸发罐中闪发，液面温度并未与相应的二次蒸汽压相平衡，它的温度高于正常沸点，这部分高出的温度称为"闪发温度差"。它是由料液在溶液表面停留时间过短所致。由此引起传热温度差的降低，称为闪发温度损失。

$$t_f = t_K - (T_0 + t_r) \tag{7-13}$$

式中　t_f——闪发温度损失，℃；t_K——料液闪发后液面实际温度，℃；T_0——蒸发室饱和蒸汽温度，℃；t_r——料液沸点升，℃。

闪发温度损失与蒸发罐的直径和容积、料液黏度、罐内温度及压力有关。因此，适当加大蒸发罐罐体直径，将有助于降低闪发温度损失。

3）静液压温度损失

液面以下的卤水，因同时受液面蒸气压力和液柱压力，因此其沸点比液面沸点高，这个沸点升称为"静压温升"。

$$t_g = t_H - t_p \tag{7-14}$$

式中　t_g——静压沸点升高，℃；t_H——距离液面深度为 H 处料液温度，℃；t_p——蒸发室上部饱和蒸气压下的料液沸点，℃。

4）过热温度损失

料液在加热室中受热升温，显然传热有效温差从入口到出口逐渐降低，在计算时必须取其平均值为料液温度。可是温升越大，平均温度越高，有效温度差将越小。这种由于通过加热室料液温升而减小的有效温度差称为过热温度损失。

$$t_t = \frac{t_a - t_b}{2} \tag{7-15}$$

式中　t_a——出加热室卤水的温度，℃；t_b——进加热室卤水的温度，℃。

可通过加热室采用短管和加大料液循环速度的方法减少过热温度损失，即提高卤水的加热速率。

5）管道阻力温度损失

二次蒸汽经管道进入下一效加热室时温度略有降低，降低幅度与管道长度、管径及保温状态有关，一般两效间管道阻力温度损失可取 1℃，末效至冷凝器管道阻力温度损失可取 2℃。适当增大二次蒸汽管径及缩短管程可以降低管道阻力温度损失。

（2）多效蒸发效数的确定

综合以上各种温度损失，每效的温度损失约为 12℃，若保证每一效的有效传热温度差为 5℃，则多效蒸发系统效数按式（7-16）计算。

$$n = \frac{T - t}{(\Delta_{有} + \Delta_{失})_{每效}} = \frac{T - t}{5 + 12} \tag{7-16}$$

如取一效加热蒸汽温度为 150℃，末效为 45℃，则多效蒸发的效数为：

$$n = \frac{150 - 45}{5 + 12} = 6（效）$$

生产中最佳效数的确定，还须考虑因效数增加而带来的设备费用和运行费用的增加。目前，我国真空制盐企业多采用五效，一般年产量百万吨以上的真空盐厂采用六效。

为保证多效蒸发设计的合理性，当效数确定后需要依据已知的总温度差、各效传热量和传热系数，并假设各效传热面积相等的条件下对多效蒸发的总有效温差进行合理分配。

以四效蒸发为例。对于每一效：

$$q = kS\Delta t \tag{7-17}$$

式中　q——各效传热量，kJ；S——各效传热面积，m^2；k——各效传热系数，$kJ/(m^2 \cdot ℃)$；Δt——各效传热有效温差，℃。

可知：

$$\Delta t_1 : \Delta t_2 : \Delta t_3 : \Delta t_4 = \frac{q_1}{k_1 S_1} : \frac{q_2}{k_2 S_2} : \frac{q_3}{k_3 S_3} : \frac{q_4}{k_4 S_4} \tag{7-18}$$

假设 $S_1 = S_2 = S_3 = S_4$，因此：

$$\Delta t_1 : \Delta t_2 : \Delta t_3 : \Delta t_4 = \frac{q_1}{k_1} : \frac{q_2}{k_2} : \frac{q_3}{k_3} : \frac{q_4}{k_4} \tag{7-19}$$

若总有效温差已知，则对各效：

$$\frac{\Delta t_1}{\sum \Delta t} = \frac{q_1 / k_1}{q_1 / k_1 + q_2 / k_2 + q_3 / k_3 + q_4 / k_4} \tag{7-20}$$

可得：

$$\Delta t_1 = \frac{\sum \Delta t \times (q_1 / k_1)}{\sum (q / k)} \qquad (7\text{-}21)$$

$$\Delta t_2 = \frac{\sum \Delta t \times (q_2 / k_2)}{\sum (q / k)} \qquad (7\text{-}22)$$

$$\Delta t_3 = \frac{\sum \Delta t \times (q_3 / k_3)}{\sum (q / k)} \qquad (7\text{-}23)$$

$$\Delta t_4 = \frac{\sum \Delta t \times (q_4 / k_4)}{\sum (q / k)} \qquad (7\text{-}24)$$

由于各效的传热量为未知数，因此可以采用各效压强分配和假定各效蒸发量比例的方法对总有效温差进行合理分配。

1）各效压强分配

可假定各效的压强相等，由式（7-25）计算。另外，各效的压强也可以根据生产经验进行确定，实际真空蒸发制盐过程的各效压强分配并不是人为控制的，而是在生产过程中随各效工艺条件的变化自动调节至平衡。

$$p_i = \frac{p_0 - p_n}{n} \qquad (7\text{-}25)$$

式中　p_0——首效加热蒸汽压强，Pa；p_n——末效二次蒸汽压强，Pa；p_i——效间压强降，Pa；n——多效蒸发效数。

2）假定各效蒸发量比例

多效蒸发制盐因流程和操作工艺不同，各效的蒸发量差异较大。对于四效平流进料的多效蒸发制盐，各效蒸发量占总蒸发量的比例一般为 $W_1=28\%$、$W_2=26\%$、$W_3=24\%$、$W_4=22\%$，依据该条件进行热量衡算，若所得各效的传热面积相差较大时，需要重新调整比例。

7.1.2.3　多效蒸发制盐工艺计算

下面以四效蒸发制盐工艺为例讲述相关工艺计算。图 7-6 为四效蒸发制盐工艺系统热量衡算参数图。

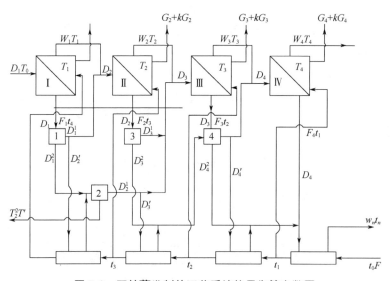

图 7-6　四效蒸发制盐工艺系统热量衡算参数图

（1）确定工艺计算条件

① 生产能力及年生产时间。一般为年生产 320 天，每天 24 小时，年生产时间为 7680 小时。年产量由项目计划确定。

② 卤水组成情况。卤水中 NaCl 含量及对蒸发终点的要求。

③ 产品的回收率、产品质量。

（2）确定工艺流程

如图 7-6 所示，以制盐生产中典型的流程为例，采用平流进料、平流排料、冷凝水逐效串联闪发、抽取额外蒸汽对卤水串联分效预热。

（3）总物料衡算

1）每小时产盐量

$$G_0 = \frac{G}{320 \times 24} = G / 7680 \tag{7-26}$$

式中　G_0——每小时产盐量，t/h；G——年产盐量，t/a。

2）每小时耗卤量、蒸发量和母液量

$$F = M + G_0 + W \tag{7-27}$$

$$Fx_0' = \frac{G_0\varepsilon}{\xi} + Mx_n' \tag{7-28}$$

$$F(1 - x_0') = M(1 - x_n') + W \tag{7-29}$$

式中　F、W、M——分别为原料卤水量、蒸发量和母液量，t/h；x_0'、x_n'——分别表示原料液和母液中 NaCl 的质量分数，%；ε——盐产品的纯度，%；ζ——盐的回收率，%。

（4）物料衡算与热量衡算

1）工艺操作条件的确定

① 确定首效加热蒸汽压强（p_0）和末效二次蒸汽压强（p_4），然后进行压强分配。多效蒸发制盐中采用如下经验式进行分配。

$$p_1 = 0.5p_0 \tag{7-30}$$

$$p_2 = 0.5p_1 \tag{7-31}$$

$$p_3 = 0.35p_2 \tag{7-32}$$

$$p_4 = 0.3p_3 \tag{7-33}$$

② 根据卤水情况确定各效沸点升。对于饱和卤水可按表 7-2 的经验值确定。

表 7-2　饱和卤水沸点升经验值

效　　数	Ⅰ效	Ⅱ效	Ⅲ效	Ⅳ效
沸点升/℃	10	9	8	7

③ 各效温度损失（包括闪发温度损失、静液压温度损失和过热温度损失），取 3～4℃，其中蒸汽管路损失为 1℃，根据经验各效温度损失可按照表 7-3 确定。

表 7-3　各效温度损失经验值

效　　数	Ⅰ效	Ⅱ效	Ⅲ效	Ⅳ效
温度损失/℃	2.5	3	3.5	4

四效蒸发制盐系统已知或假设的操作参数列于表 7-4，蒸发器未知操作参数列于表 7-5，闪发器与预热器未知操作参数列于表 7-6。

表 7-4 四效蒸发制盐系统已知或假设的操作参数

参数		I 效	II 效	III 效	IV 效
加热室	蒸汽压强/Pa	P_0	P_1	P_2	P_3
	蒸汽温度/℃	T_0	T_1-1	T_2-1	T_3-1
	蒸汽热焓/(kJ/kg)	I_0	I_1	I_2	I_3
	蒸汽潜热/(kJ/kg)	i_0	i_1	i_2	i_3
蒸发室	蒸汽压力/Pa	$0.5P_0$	$0.25P_0$	$0.0875P_0$	P_4
	蒸汽温度/℃	T_1	T_2	T_3	T_4
	蒸汽热焓/(kJ/kg)	I_1'	I_2'	I_3'	I_4'
	蒸汽潜热/(kJ/kg)	i_1'	i_2'	i_3'	i_4'
沸点升/℃		10	9	8	7
温度损失/℃		2.5	3	3.5	4
各效沸点/℃		$T_1+12.5$	T_2+12	$T_3+11.5$	T_4+11
有效温差/℃		$T_0-(T_1+12.5)$	$T_1-(T_2+12)$	$T_2-(T_3+11.5)$	$T_3-(T_4+11)$
热损失率/%		5	4	3	3

其中，如果蒸汽压强确定则可知其饱和温度、热焓和潜热。蒸汽管路热损失假设为 1℃，可以由上一效蒸发室的蒸汽压强推算下一效加热室的蒸汽压强。

表 7-5 蒸发器未知操作参数

参数	I 效	II 效	III 效	IV 效	备注
加热蒸汽量（冷凝水量）/(kg/h)	D_1[①]	D_2[①]	D_3[①]	D_4[①]	
蒸发水量/(kg/h)	W_1[①]	W_2[①]	W_3[①]	W_4[①]	
析盐量/(kg/h)	G_1[①]	G_2[①]	G_3[①]	G_4[①]	
排盐带卤量/(kg/h)	kG_1	kG_2	kG_3	kG_4	k 为固液比
进料量/(kg/h)	F_1[①]	F_2[①]	F_3[①]	F_4[①]	
额外蒸汽取出量/(kg/h)	D_1'[①]	D_2'[①]	D_3'[①]	D_4'[①]	

①为未知的待求解物理量（计 20 个）。

表 7-6 闪发器与预热器未知操作参数

参数	I 效	II 效	III 效	IV 效
进入冷凝水/(kg/h)	D_1	$D_1^2+D_2'$	D_2	$D_3+D_3^2+D_3'$
产生蒸汽量/(kg/h)	D_1^1[①]	D_2^1[①]	D_3^1[①]	D_4^1[①]
产生冷水量/(kg/h)	D_1^2[①]	D_2^2[①]	D_3^2[①]	D_4^2[①]
进料量/(kg/h)	F_0	F_0-F_4	$F_0-F_4-F_3$	$F_0-F_4-F_3-F_2$
进入温度/℃	t_0	t_1[②]	t_2[②]	t_3[②]
排出温度/℃	t_1	t_2	t_3	t_4[②]
预热介质用量/(kg/h)	$D_4+D_4^2+D_4^1$	D_2'	D_3'	D_4'
进入温度/排出温度/℃	$(T_3-1)/\ t_n$[②]	$(T_3-1)/(T_3-1)$	$(T_2-1)/(T_2-1)$	$(T_1-1)/(T_1-1)$

①为未知的待求解物理量（计 8 个）；②为假设的物理量（计 5 个）。

2）物料衡算

① 对于每效蒸发器：

$$F_n = W_n + G_n + mG_n \quad\quad (7\text{-}34)$$

$$F_n x_0 = G_n + mG_n x_n \quad\quad (7\text{-}35)$$

式中　x_0——原料卤水中 NaCl 的质量浓度（已知），%；x_n——夹带液中 NaCl 的质量浓度（按母液的组成计），%；m——夹带系数。

同理可得，四效共计八个物料衡算方程。

② 对于闪发器，有如下关系：

Ⅰ效：　　　　$D_1 = D_1^1 + D_1^2$ 　　　　　　　　　　　　　　　（7-36）

Ⅱ效：　　　　$D_1^2 + D_2' = D_2^1 + D_2^2$ 　　　　　　　　　　　（7-37）

Ⅲ效：　　　　$D_2 = D_3^1 + D_3^2$ 　　　　　　　　　　　　　　　（7-38）

Ⅳ效：　　　　$D_3 + D_3^2 + D_3' = D_4^1 + D_4^2$ 　　　　　　　　（7-39）

③ 对于各效加热蒸汽，有如下关系：

Ⅱ效：　　　　$D_2 = W_1 + D_1^1 - D_2'$ 　　　　　　　　　　　　（7-40）

Ⅲ效：　　　　$D_3 = W_2 + D_2^1 + D_3^1 - D_3'$ 　　　　　　　　（7-41）

Ⅳ效：　　　　$D_4 = W_3 + D_4^1 - D_4'$ 　　　　　　　　　　　（7-42）

上面物料衡算相互独立的 17 个方程，可将未知数减至 12 个，可通过热量衡算求解获得。

3）热量衡算

① 蒸发器的热量衡算

对于Ⅰ效，输入热焓：生蒸汽带入热焓为 $D_1 I_1$、卤水带入热焓为 $F_1 C_{p卤} t_1$、盐的结晶热为 $G_1 \theta$。

输出热焓：二次蒸汽带走热焓为 $W_1 I_1'$、冷凝水热焓为 $D_1 C_{p水} T_0$、排盐带走热焓为 $G_1 C_{p盐}$ $(T_1+12.5)+kG_1 C_{p卤}(T_1+12.5)$、热损失为 5%。

可得：

$$0.95\left(D_1 I_0 + F_1 C_{p卤} t_1 + G_1 \theta\right) = W_1 I_1' + D_1 C_{p水} T_0 + G_1 C_{p盐}\left(T_1+12.5\right) + kG_1 C_{p卤}\left(T_1+12.5\right)$$

$$(7\text{-}43)$$

对于Ⅱ效可得：

$$0.96\left(D_2 I_1 + F_2 C_{p卤} t_2 + G_2 \theta\right) = W_2 I_2' + D_2 C_{p水}\left(T_1-1\right) + G_2 C_{p盐}\left(T_2+12\right) + kG_2 C_{p卤}\left(T_2+12\right)$$

$$(7\text{-}44)$$

对于Ⅲ效可得：

$$0.97\left(D_3 I_2 + F_3 C_{p卤} t_3 + G_3 \theta\right) = W_3 I_3' + D_3 C_{p水}\left(T_2-1\right) + G_3 C_{p盐}\left(T_3+11.5\right) + kG_3 C_{p卤}\left(T_3+11.5\right)$$

$$(7\text{-}45)$$

对于Ⅳ效可得：

$$0.97\left(D_4 I_3 + F_4 C_{p卤} t_4 + G_4 \theta\right) = W_4 I_4' + D_4 C_{p水}\left(T_3 - 1\right) + G_4 C_{p盐}\left(T_4 + 11\right) + k G_4 C_{p卤}\left(T_4 + 11\right)$$

（7-46）

② 闪发器的热量衡算（取热利用率为 95%）

Ⅰ效闪发器：

$$0.95 D_1 C_{p水} T_1 = D_1^1 I_1 + D_1^2 C_{p水}\left(T_1 - 1\right)$$

（7-47）

Ⅱ效闪发器：

$$0.95\left(D_1^1 + D_2'\right) C_{p水}\left(T_1 - 1\right) = D_2^1 I_2 + D_2^2 C_{p水}\left(T_2 - 1\right)$$

（7-48）

Ⅲ效闪发器：

$$0.95 D_2 C_{p水}\left(T_1 - 1\right) = D_3^1 I_2 + D_3^2 C_{p水}\left(T_2 - 1\right)$$

（7-49）

Ⅳ效闪发器：

$$0.95\left(D_3 + D_3^2 + D_3^1\right) C_{p水}\left(T_2 - 1\right) = D_4^1 I_3 + D_4^2 C_{p水}\left(T_3 - 1\right)$$

（7-50）

③ 换热器的热量衡算（取热利用率为 98%）

Ⅰ效预热器：

$$F_0 C_{p卤} t_0 + \left(D_4 + D_4^2\right) C_{p水}\left(T_3 - 1\right) = F_0 C_{p卤} t_1 + \left(D_4 + D_4' + D_4^2\right) C_{p水} t_n$$ （7-51）

Ⅱ效预热器：

$$\left(F_0 - F_4\right) C_{p卤} t_1 + D_4' I_3 = \left(F_0 - F_4\right) C_{p卤} t_2 + D_4' C_{p水}\left(T_3 - 1\right)$$ （7-52）

Ⅲ效预热器：

$$\left(F_0 - F_4 - F_3\right) C_{p卤} t_2 + D_3' I_2 = \left(F_0 - F_4 - F_3\right) C_{p卤} t_3 + D_3' C_{p水}\left(T_2 - 1\right)$$ （7-53）

Ⅳ效预热器：

$$\left(F_0 - F_4 - F_3 - F_2\right) C_{p卤} t_3 + D_2' I_1 = \left(F_0 - F_4 - F_3 - F_2\right) C_{p卤} t_4 + D_2' C_{p水}\left(T_1 - 1\right)$$ （7-54）

上述热量衡算方程与物料方程联立求解可得出四效真空蒸发制盐各效操作参数（表 7-5 和表 7-6 中的 28 个未知数）。

（5）蒸发器与预热器的换热面积计算

通过多效蒸发制盐工艺相关计算，可分别求出各效的换热量，并可以依此计算相应的蒸发器加热室面积和预热器面积。

蒸发器加热室面积可按式（7-55）计算。

$$S = \frac{Q_n}{K \Delta t}$$

（7-55）

对于制盐生产：

$$Q_n = D_n i_n$$

（7-56）

式中　S——某效蒸发器加热室面积，m^2；Q_n——某效蒸发器加热室换热量，kJ；K——加热室总换热系数，$W/(m^2 \cdot ℃)$；Δt——本效传热温差，为该效加热蒸汽温度与通过加热室料液的平均温度之差，℃；D_n——加热蒸汽流量，kg/h；i_n——加热蒸汽潜热，kJ/kg。

通常计算所得各效蒸发器加热室的面积误差应小于 10%，否则应重新进行温度分配，假设各效压强重新进行计算。

可按式（7-57）进行温度的重新分配计算。

$$\Delta = \frac{\Delta T - Q_n / K_n}{\sum_{1-n} Q_n / K_n} \tag{7-57}$$

公式符号意义同前。

当蒸发室温度分配确定后，相关工艺操作参数随之确定，依据预热器热负荷、材质传热系数和传热温差，由式（7-55）同理可以计算预热器的换热面积，具体可参考《化工原理》教材相关传热章节。

7.1.2.4 多效蒸发设备的生产能力和生产强度

蒸发的生产能力是指单位时间内蒸发水的质量，其大小取决于蒸发器的传热速率（式7-17）。若蒸发器的热损失忽略不计，且原料液在沸点下进料，则由蒸发器的热量衡算可知，换热器的全部热量用于水分蒸发，此时蒸发器的生产能力和传热速率成正比；若料液低于沸点进料，则要消耗部分热量用于将冷物料加热至沸腾，从而降低蒸发器的生产能力；若原料在高于沸点下进料，则由于部分原料液过热闪发使得蒸发器的生产能力增加。

一般以生产强度评价蒸发器的性能，即单位传热面积单位时间内蒸发水的质量（式7-58）。

$$U = \frac{W}{S} \tag{7-58}$$

若采用沸点进料且忽略热损失，则：

$$U = \frac{Q}{TSr'} = \frac{K\Delta t}{Tr'} \tag{7-59}$$

式中　U——蒸发器生产强度，kg/(m²·h)；W——蒸发器的生产能力，kg/h；Q——传热速率，kJ；T——蒸发时间，h；S——蒸发器有效传热面积，m²；K——总传热系数，kJ/(m²·℃)；r'——汽化潜热，kJ/kg；Δt——总传热温差，℃。

由式（7-59）可知，欲提高蒸发器的生产强度，需要提高蒸发器总传热系数和传热温差。

对于单效蒸发而言，若加热蒸汽与二次蒸汽压强相应与多效蒸发的首效加热蒸汽与末效二次蒸汽相同，且不考虑温度损失的条件下，多效蒸发的总生产能力与单效蒸发相同，由于存在温度损失使得多效蒸发的生产能力比单效蒸发低，各效的生产强度也达不到单效的 $1/n$。因此，多效蒸发虽然可以提高热经济性，但生产强度降低，多效蒸发制盐效数的设计应兼顾生产强度和热经济性确定。

实际生产中可以从如下几个方面提高蒸发设备的生产能力。

（1）控制卤水在加热管内的流速

适当增大卤水在加热管内的流速，可以提高总对流传热系数。同时，流速增加使得料液的循环量增大，因此料液通过加热室后形成的过热度减小，这样一方面减少了过热温度的损失，另一方面降低罐内的液压高度，可有效防止卤水管内沸腾进而减少结垢。

（2）减少加热管壁结垢

减少加热管壁结垢是提高蒸发器生产能力的有效途径。真空蒸发制盐过程的垢层主要成分为碳酸钙或硫酸钙，目前防垢的主要方法是石膏晶种法，生产中定期刷灌过程采用的物理和化学清洗也会起到强化传热的目的。

（3）蒸发器真空度控制

提高总有效温差是提高蒸发器生产能力的关键。首效蒸汽压强的提高对于总有效温差影响不显著，因此，可以通过提高蒸发器真空度来提高生产能力。如蒸汽绝对压强由 400kPa 提高到 500kPa，有效温差增加 8.3℃；末效绝对压强由 20kPa 降到 10kPa，有效温差可提高 14.8℃。多效蒸发制盐生产的有效温差一般约为 50℃，将真空度提高使末效温度下降 5℃则蒸发设备生产能力将提高 10%。

（4）合理排放不凝气

蒸发器的加热室中含有不凝气将显著降低加热室的传热系数，多效蒸发制盐过程不凝气的主要来源是溶于卤水中的空气。对于不凝气的去除，一般在卤水净化过程加入脱气装置，同时在蒸发器的加热室设有不凝气排孔。若蒸汽入口在加热室上部，则不凝气集中于加热室下部；若采用环形进气方式，则不凝气集中于加热室的中心轴位置，因此，加热室不凝气的排气管应设置在加热室下部并延伸至加热室中心，连续排出加热室内的不凝气。

（5）延长生产时间

多效蒸发制盐过程应尽量延长生产时间，保证生产的连续性和长期性，这是提高蒸发设备生产能力的重要措施。生产过程中可以通过适当加大蒸发器的直径、减少料液表面闪发而形成大块盐堵管，以及采用合理的卤水净化工艺减少刷罐次数等方法延长蒸发器生产时间。

7.1.3　热泵蒸发制盐工艺

热泵是以消耗一部分高质能（机械能、电能）或高温位热能为代价，通过热力循环把热能由低温位物体转移到高温位物体的能量利用装置。热泵蒸发又称为加压蒸发，其核心是二次蒸汽的绝热压缩，使蒸汽潜热再次利用。热泵法蒸发制盐过程蒸发器产生的二次蒸汽是低温热源，所需的加热蒸汽是高温热源，加热蒸汽是采用机械式压缩机（往复式、螺杆式以及离心式等）对二次蒸汽加压获得。

电动机驱动的热泵蒸发工艺流程如图 7-7 所示。辅助加热器是装置开车时所必需的，如果加入的料液温度较低，也用来在操作中补充预热所需热量。压缩后的蒸汽一般都处于过热状态，过热度不大的情况下可直接引入加热室，若过热度较大则可采用可喷入雾状水滴的蒸汽过热消除器。

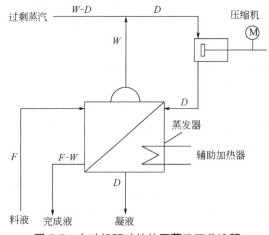

图 7-7　电动机驱动的热泵蒸发工艺流程

真空盐生产中多采用机械蒸汽再压缩（mechanical vapor recompression，MVR）热泵蒸发制盐，其工艺流程如图 7-8 所示。原料卤水经冷凝水预热后进入循环管，由强制循环泵打入加热室与加热蒸汽换热后进入蒸发室沸腾蒸发，蒸发室产生的二次蒸汽经洗气塔去除杂质气体，以提高压缩机的压缩效果和换热效果，二次蒸汽由压缩机压缩成为高压（温）蒸汽进入加热室，与预热后原料卤水换热至操作压强下沸腾卤水，一定浓度的盐浆由蒸发室连续排出后经离心脱水、干燥包装等工序制成真空盐产品。

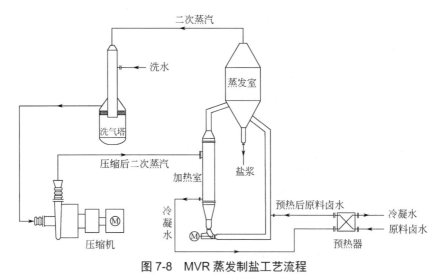

图 7-8　MVR 蒸发制盐工艺流程

下面举例说明 MVR 方法生产真空盐的相关工艺参数计算。

【例 7-1】　某真空盐制盐厂的生产条件为：年产量为 30 万吨食用盐，年有效生产时间为 8000 小时；进料卤水中 NaCl 的质量浓度为 28%，预热至 80℃后泵入蒸发器经换热器加热至 108℃于罐内沸腾蒸发，出料盐浆中 NaCl 的质量浓度为 48%；室温时卤水中 NaCl 的质量浓度为 26%；蒸发器产生的二次蒸汽温度为 100℃，其汽化潜热为 2256.4kJ/kg，经机械压缩后加压（热）蒸汽温度为 118℃，其汽化潜热为 2207.6kJ/kg。过滤除杂、离心分离和干燥工序中 NaCl 的损失按 0.5% 计。

计算 MVR 生产真空盐每小时的蒸发水量、回流母液量和蒸发面积。

解：

（1）每小时蒸发水量和回流母液量

根据已知条件可得每小时的产盐量为：

$$G_0 = \frac{300000000}{8000} = 37500 \, (\text{kg/h})$$

考虑过滤除杂、离心分离和干燥工序中 NaCl 的损失均为 0.5%，则进料卤水的量为：

$$F_{总} = \frac{37500}{0.995 \times 0.995 \times 0.995 \times 0.28} = 135957.76 \, (\text{kg/h})$$

蒸发器排出的盐浆中 NaCl 质量浓度为 48%，该盐浆进入推料离心机进行固液分离并经干燥制成成品盐，母液回流进入蒸发器。

经蒸发器排出盐浆中 NaCl 的质量流量为：

$$m = \frac{300000000}{0.995 \times 0.995 \times 8000} = 37877.83 \, (\text{kg/h})$$

由物料衡算可得每小时蒸发水量为：

$$W = F_{总} - \frac{m}{48\%} = 135957.76 - \frac{37877.83}{48\%} = 57045.61 \, (\text{kg/h})$$

则每小时回流母液量为：

$$m_1 = \frac{37877.83}{48\%} \times (1 - 48\%) = 41034.32 \, (\text{kg/h})$$

（2）蒸发面积

室温下卤水比热容可作如下估算：

$$c = c_w x = 4.2 \times (1 - 0.26) = 3.1 \, [\text{kJ/(kg} \cdot \text{℃)}] \tag{7-60}$$

由热量衡算可知：

$$Dr = Wr' + F_{总} c (t_1 - t_2) \tag{7-61}$$

式中　D——加压蒸汽流量，kg/h；r——加压蒸汽潜热，kJ/kg；W——蒸发水量（二次蒸汽量），kg/h；r'——二次蒸汽潜热，kJ/kg；$F_{总}$——卤水进料量，kg/h；t_1——卤水换热后温度，℃；t_2——卤水进料温度，℃。

由 MVR 蒸发制盐工艺条件，可知加热卤水用加压蒸汽消耗量为：

$$D = \frac{57045.61 \times 2256.4 + 135957.76 \times 3.1 \times (108 - 80)}{2207.6} = 63652.31 \, (\text{kg/h})$$

则每小时需加入的新鲜（生）蒸汽量为：

$$D - W = 63652.31 - 57045.61 = 6606.70 \, (\text{kg/h})$$

强制循环真空蒸发制盐换热器的换热系数因材料而异，取 2200 W/(m$^2 \cdot$℃) 进行计算。由式（7-12）可知：系统总传热温差 $\Delta T = 118 - 100 = 18$（℃），卤水沸点升为 108-100=8（℃），静压温升依据经验取 1℃，管道阻力温度损失取 2℃，闪发及过热温度损失忽略不计，则系统总有效温差：

$$\Delta t = 18 - 8 - 1 - 2 = 7 \, (\text{℃})$$

因此，蒸发器的理论换热面积为：

$$S = \frac{Q}{K \Delta t} = \frac{Dr}{K \Delta t} = \frac{63652.31 \times 2207.6 \times 1000}{2200 \times 7 \times 3600} = 2534.61 \, (\text{m}^2)$$

实际设计的蒸发器换热面积一般取理论值的 110%。

7.2　卤水处理

7.2.1　卤水处理方法及原理

真空盐生产的原料卤水杂质含量较高，特别是我国地下盐矿水溶开采出的硫酸盐型和氯化物型原料卤水成分复杂，对其净化处理以除去杂质对真空盐质量提升非常必要。

卤水处理的方法主要包括石灰-芒硝法、石灰-纯碱法、石灰-芒硝-碳化法等。

7.2.1.1 石灰-芒硝法

卤水中的 Mg^{2+} 和 Fe^{3+} 通过加入石灰或烧碱反应去除，加芒硝反应除钡，反应后生成难溶于水的沉淀通过固液分离去除。基本原理如下：

$$CaO + H_2O \longrightarrow Ca(OH)_2 \tag{7-62}$$

$$3Ca(OH)_2 + 2FeCl_3 \longrightarrow 2Fe(OH)_3\downarrow + 3CaCl_2 \tag{7-63}$$

$$Ca(OH)_2 + MgCl_2 \longrightarrow Mg(OH)_2\downarrow + CaCl_2 \tag{7-64}$$

$$BaCl_2 + Na_2SO_4 \longrightarrow BaSO_4\downarrow + 2NaCl \tag{7-65}$$

7.2.1.2 石灰-纯碱法

对于含有 $Ca(HCO_3)_2$、$CaSO_4$、$MgSO_4$ 及 $MgCl_2$ 等杂质的硫酸盐型卤水，目前广泛采用石灰-纯碱法处理，该方法工艺成熟、设备简单且杂质去除率高。一般钙镁的去除率均高于98%。

在某种卤水中含有 $Ca(HCO_3)_2$、$CaSO_4$、$MgSO_4$ 及 $MgCl_2$ 等杂质，它们和石灰及纯碱反应生成难溶性的沉淀而从卤水中分离。基本原理如下：

$$MgSO_4 + Ca(OH)_2 \longrightarrow Mg(OH)_2\downarrow + CaSO_4\downarrow \tag{7-66}$$

$$MgCl_2 + Ca(OH)_2 \longrightarrow Mg(OH)_2\downarrow + CaCl_2 \tag{7-67}$$

$$Ca(HCO_3)_2 + Ca(OH)_2 \longrightarrow 2CaCO_3\downarrow + 2H_2O \tag{7-68}$$

$$CaSO_4 + Na_2CO_3 \longrightarrow CaCO_3\downarrow + Na_2SO_4 \tag{7-69}$$

$$CaCl_2 + Na_2CO_3 \longrightarrow CaCO_3\downarrow + 2NaCl \tag{7-70}$$

7.2.1.3 石灰-芒硝-碳化法

对于含有 $MgCl_2$、$MgSO_4$、$CaSO_4$ 及 $CaCl_2$ 的卤水，适宜采用该方法处理。目前有些真空盐生产企业采用净化后的烟道气作为原料完成碳化反应，以降低生产成本。

此方法分两步进行，基本原理为：

第一步

$$MgCl_2 + Ca(OH)_2 \longrightarrow Mg(OH)_2\downarrow + CaCl_2 \tag{7-71}$$

$$CaCl_2 + Na_2SO_4 \longrightarrow CaSO_4\downarrow + 2NaCl \tag{7-72}$$

$$MgSO_4 + Ca(OH)_2 \longrightarrow Mg(OH)_2\downarrow + CaSO_4\downarrow \tag{7-73}$$

$$Ca(OH)_2 + Na_2SO_4 \longrightarrow CaSO_4\downarrow + 2NaOH \tag{7-74}$$

第二步

$$2NaOH + CO_2 \longrightarrow Na_2CO_3 + H_2O \tag{7-75}$$

$$CaSO_4 + Na_2CO_3 \longrightarrow CaCO_3\downarrow + Na_2SO_4 \tag{7-76}$$

含有 $NaCl$ 和 Na_2SO_4 的反应母液作为盐硝联产原料卤水回用。

7.2.2 卤水处理主要设备及计算

7.2.2.1 反应器

卤水化学处理多采用带搅拌的反应器，一般采用间歇操作完成化学反应处理过程。间歇操作反应器的筒体体积及直径可分别按式（7-77）和式（7-78）计算。

$$V = \frac{G\left(t_1 + t_2 + t_3 + t_4\right)}{\eta \times n} \tag{7-77}$$

$$D = \sqrt{\frac{4V}{\pi H}} \tag{7-78}$$

式中　G——处理卤水体积流量，m^3/h；t_1——进料时间，h；t_2——化学反应所需时间，h；t_3——出料时间，h；t_4——取样分析时间及其他，h；V——每个反应器体积，m^3；η——体积系数，一般取 0.8；n——反应器个数；H——反应器桶体（圆筒）高度，m。

7.2.2.2 卤水澄清设备

卤水净化处理后的固液混合溶液需要进行固液分离以去除固体反应物杂质。真空盐生产常用的卤水澄清设备有道尔型澄清桶、斜板澄清桶和沉降池，目前多采用斜板澄清桶。

斜板澄清桶是在一定容积的沉降器内安插若干倾角为 60°的斜板，增大沉降面积以利于悬浮物的沉降分离；同时，斜板间距较小（一般为 100mm），则斜板上不溶性杂质的沉降速率快，促进了不溶性杂质悬浮物的聚凝作用，从而加快沉降速度。

真空盐生产的卤水处理多采用倒圆锥形斜板澄清桶连续操作，其结构如图 7-9 所示，沉降面积由式（7-79）计算。

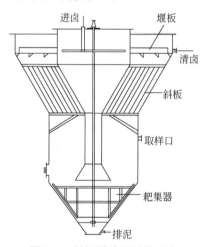

图 7-9　斜板澄清桶结构示意

$$S = \frac{Q}{u \cos \alpha \eta} \tag{7-79}$$

式中　S——斜板总面积，m^2；Q——卤水处理量，m^3/s；u——清液上升速度，m/s；α——斜板的水平夹角（一般为 60°），（°）；η——澄清桶效率，%。

7.3 盐的脱水与干燥

7.3.1 盐浆增稠与离心分离

由蒸发罐排出的盐浆固液比一般为 1:1，盐浆首先经水力旋流器增稠，之后进入离心机脱水，含水量通常在 3%以下。

水力旋流器和离心机脱水的推动力均是盐浆在高速旋转时产生的离心力。在盐浆进入离心机脱水之前，先将其泵入水力旋流器进行浓缩，底流产出的高浓度盐浆进入离心机脱水，有效提升离心机的运行效率；一定条件下也可通过增加离心机的转速提升离心力，以提高盐浆的脱水效果。水力旋流器顶流低浓度盐浆和离心机甩后液返回蒸发器循环利用。

7.3.2 盐的干燥

盐的干燥是以热空气为加热介质，离心脱水后的湿盐与热空气直接接触，通过传热和传质（详见《化工原理》教材"干燥"章节）过程除去湿盐中的水分，获得含水量符合标准的盐产品。

目前制盐生产广泛采用的干燥设备是振动流化床干燥器，主要由床体、进风系统和振动电机组成。由鼓风机将被干燥的湿盐从进料口输送至干燥器床层内，在振动电机的作用下，可实现床层上的湿盐呈现流态化，强化传热和传质效率，并且保证盐的干燥过程在相对稳定的流体力学条件下进行，热风经过筛网同床层上的湿盐换热后经旋风分离器除尘排出，干燥后的盐产品经排料口卸出进入包装车间制成成品。

参考文献

[1] 张圻之. 制盐工业手册[M]. 北京：中国轻工业出版社，1994.

[2] 毛源辉. 盐业化学工程：上[M]. 天津：天津社会科学院出版社，1994.

[3] 宁延生. 无机盐工艺学[M]. 北京：化学工业出版社，2013.

[4] 陈侠，陈丽芳. 真空制盐工（基础知识）[M]. 北京：中国轻工业出版社，2007.

[5] 苏家庆. 真空制盐[M]. 北京：中国轻工业出版社，1983.

[6] 张英智，陈建军，李建国. 盐化工工艺学[M]. 北京：清华大学出版社，2016.

思考题

1. 列举强制循环蒸发器的几种典型温度差损失及其定义。

2. 分析单效蒸发工艺中有晶体析出和无晶体析出过程中物料衡算和热量衡算的计算思路。

3. 烟道气卤水净化法的反应过程和工艺控制原理是什么？

4. 查资料分析真空制盐过程中，常见的换热器材料及其使用工况。

5. 将 10% 的 NaCl 水溶液蒸发到 30%（质量分数，此过程无晶体析出），处理量为 1800kg/h，原料液温度为 60℃，比热容为 3.77kJ/（kg·℃），加热蒸汽和分离室压强分别为 400kPa 和 50kPa，蒸发器内液面高度为 2m，溶液平均密度 1560kg/m³，总传热系数 K_0 为 1500W/（m²·℃）。若热量损失为传热量的 10%，忽略稀释热，计算加热蒸汽消耗量、水分蒸发量、产品量（饱和卤水）及所需传热面积。

6. 真空制盐过程中首效加热蒸汽控制过高是不是一定会增产？

7. 以三效蒸发为例，试绘制工艺流程示意图，分析并流、平流、逆流和错流进料方式的差异和优缺点。

8. 真空制盐过程中如何实现冷凝水的余热利用？

附　录

附录1　不同浓度（海）卤水的体积浓缩率表

表1　不同浓度（海）卤水的体积浓缩率表（Ⅰ）

终止浓度/°Bé	初始浓度/°Bé									
	1.0	1.5	2.0	2.5	3.0	3.5	4.0	4.5	5.0	5.5
	C_v/%									
1.5	63.74									
2.0	46.14	72.67								
2.5	35.90	56.55	78.25							
3.0	29.26	46.08	63.61	81.68						
3.5	24.60	38.75	53.49	68.69	84.25					
4.0	21.17	33.35	46.04	59.12	72.52	86.19				
4.5	18.55	29.22	40.33	51.79	63.52	75.50	87.62			
5.0	16.47	25.95	35.83	46.00	56.43	67.08	77.82	88.81		
5.5	14.80	23.32	32.19	41.33	50.70	60.26	69.91	79.79	85.85	
6.0	13.43	21.15	29.19	37.48	45.98	54.65	63.40	72.39	81.47	90.68
6.5	12.27	19.32	26.68	34.25	42.02	49.95	57.95	66.13	74.47	82.88
7.0	11.29	17.78	24.55	31.52	38.67	45.96	53.33	60.87	68.54	76.28
7.5	10.45	16.45	22.71	29.17	35.79	42.53	49.45	56.32	63.42	70.58
8.0	9.72	15.31	21.13	27.13	33.28	39.55	45.90	52.38	58.98	65.65
8.5	9.08	14.30	19.73	25.34	31.09	36.95	42.88	48.93	55.10	67.33
9.0	8.50	13.14	18.51	23.77	29.15	34.65	40.22	45.90	51.68	57.52
9.5	8.01	12.62	17.41	22.36	27.44	32.61	37.85	43.69	48.63	54.12
10.0	7.56	11.91	16.44	21.11	25.90	30.78	35.12	40.76	45.90	51.99
10.5	7.14	11.25	15.53	19.94	24.46	29.07	33.81	38.50	43.45	48.36
11.0	6.79	10.70	14.77	18.97	23.27	27.66	32.69	36.63	41.24	45.90
11.5	6.46	10.18	14.05	18.04	22.13	26.31	30.53	34.84	39.23	43.66
12.0	6.16	9.70	13.39	17.04	21.10	25.08	29.10	33.21	37.39	41.62
12.5	5.88	9.27	12.79	16.43	20.16	23.96	27.79	31.72	35.72	39.75
13.0	5.63	8.87	12.24	15.72	19.29	22.92	27.61	30.37	34.19	38.06
13.5	5.40	8.50	11.73	15.08	18.48	21.47	25.45	29.11	32.78	36.43
14.0	5.18	8.16	11.27	14.47	17.74	21.09	24.47	27.93	31.45	35.00
14.5	4.98	7.85	10.83	13.91	17.06	20.28	23.52	26.84	30.22	33.64
15.0	4.79	7.55	10.43	13.39	16.42	19.52	22.65	25.85	29.10	32.39
15.5	4.62	7.28	10.01	12.90	15.83	18.81	21.83	24.92	28.06	31.27
16.0	4.46	7.02	9.70	12.45	15.27	18.15	21.07	24.04	27.07	30.13

终止浓度/°Bé	初始浓度/°Bé									
	1.0	1.5	2.0	2.5	3.0	3.5	4.0	4.5	5.0	5.5
	C_v/%									
16.5	4.31	6.78	9.37	12.02	14.75	17.53	20.35	23.22	26.15	29.10
17.0	4.17	6.56	9.06	11.63	14.27	16.96	19.69	22.45	25.28	28.14
17.5	4.03	6.35	8.77	11.26	13.81	16.41	19.04	21.74	24.47	27.24
18.0	3.96	6.15	8.49	10.91	13.38	15.90	18.45	21.06	23.71	26.39
18.5	3.79	5.97	8.24	10.58	12.98	15.42	17.88	20.41	22.98	25.56
19.0	3.68	5.79	7.99	10.26	12.59	14.96	17.36	19.81	22.31	24.02
19.5	3.57	5.62	7.76	9.95	12.23	14.53	16.87	19.25	21.68	24.13
20.0	3.47	5.47	7.55	9.69	11.89	14.13	16.10	18.71	21.17	23.45
20.5	3.38	5.32	7.34	9.42	11.56	13.74	15.94	18.19	20.49	22.80
21.0	3.36	5.17	7.14	9.17	11.25	13.37	15.52	17.72	19.95	22.20
21.5	3.20	5.04	6.96	8.93	10.96	13.02	15.11	17.24	19.41	21.61
22.0	3.12	4.91	6.78	8.71	10.68	12.69	14.89	16.68	18.93	21.07
22.5	3.04	4.79	6.61	8.49	10.41	12.31	14.36	16.39	18.46	20.54
23.0	2.97	4.67	6.45	8.28	10.16	12.07	14.01	15.99	18.01	20.04
23.5	2.87	4.56	6.29	8.08	9.92	11.79	13.68	15.61	17.58	19.56
24.0	2.83	4.45	6.15	7.89	9.68	11.58	13.35	15.24	17.16	19.10
24.5	2.76	4.35	6.01	7.71	9.46	11.22	13.06	14.90	16.77	18.66
25.0	2.70	4.25	5.87	7.54	9.20	10.99	12.77	14.57	16.38	18.24
26.0	2.58	4.07	5.62	7.32	8.85	10.52	12.22	13.95	15.68	17.46
26.25	2.29	3.60	4.98	6.40	7.85	9.32	10.83	12.36	13.89	15.47
27.0	1.54	2.43	3.35	4.31	5.29	6.28	7.30	8.33	9.36	10.42
28.0	1.00	1.57	2.17	2.78	3.41	4.06	4.72	5.38	6.05	6.74
28.5	0.94	1.48	2.04	2.63	3.22	3.83	4.45	5.07	5.70	6.35
29.0	0.88	1.38	1.91	2.45	3.01	3.57	4.15	4.73	5.32	5.93
30.0	0.75	1.19	1.64	2.10	2.58	3.07	3.57	4.07	4.58	5.10
30.2	0.73	1.15	1.58	2.03	2.49	2.96	3.44	3.93	4.42	4.92
31.0	0.66	1.05	1.45	1.86	2.28	2.71	3.15	3.59	4.04	4.50
32.0	0.59	0.92	1.27	1.64	2.01	2.39	2.78	3.17	3.56	3.97
32.4	0.55	0.87	1.21	1.55	1.90	2.26	2.62	2.99	3.36	3.75
33.0	0.52	0.81	1.12	1.44	1.77	2.10	2.44	2.78	3.13	3.49
34.0	0.45	0.71	0.99	1.27	1.55	1.85	2.15	2.45	2.76	3.07
35.0	0.39	0.61	0.85	1.09	1.34	1.59	1.85	2.11	2.37	2.64

表2 不同浓度（海）卤水的体积浓缩率表（Ⅱ）

终止浓度/°Bé	初始浓度/°Bé									
	6.0	6.5	7.0	7.5	8.0	8.5	9.0	9.5	10.0	10.5
	C_v/%									
6.5	91.40									
7.0	84.13	92.05								
7.5	77.84	85.16	92.53							
8.0	72.40	79.21	85.96	93.01						
8.5	67.63	73.99	80.38	86.89	93.42					

终止浓度/°Bé	初始浓度/°Bé									
	6.0	6.5	7.0	7.5	8.0	8.5	9.0	9.5	10.0	10.5
	C_v/%									
9.0	63.63	69.40	79.39	81.49	87.62	93.79				
9.5	59.70	66.32	70.96	76.69	82.46	88.27	94.11			
10.0	56.34	61.64	66.96	72.23	77.82	83.31	88.82	94.38		
10.5	53.34	58.36	63.40	68.52	73.67	78.86	84.08	89.35	94.66	
11.0	50.62	55.38	60.16	65.03	69.92	74.85	79.80	84.80	89.85	94.91
11.5	48.15	52.68	57.23	61.86	66.51	71.99	75.90	79.05	85.46	90.27
12.0	45.89	50.21	54.55	58.96	63.39	67.86	72.35	76.88	81.46	86.05
12.5	43.48	47.96	52.10	56.32	60.56	64.82	69.11	73.44	77.81	82.20
13.0	41.97	45.92	49.89	53.92	57.97	62.06	66.17	70.31	74.50	78.79
13.5	40.23	44.01	47.81	51.68	55.57	59.49	63.42	67.39	71.41	75.43
14.0	38.66	43.23	43.38	49.59	53.32	59.07	60.85	64.66	68.51	72.37
14.5	37.10	40.60	44.11	47.66	51.24	54.85	58.48	62.14	65.84	69.55
15.0	35.72	39.08	42.46	45.89	49.34	52.82	56.31	59.84	63.40	66.95
15.5	34.44	37.68	40.93	44.24	47.57	50.92	54.29	57.69	61.13	64.57
16.0	33.23	36.35	39.49	42.69	45.90	49.13	52.38	55.66	58.98	62.30
16.5	32.09	35.11	38.15	41.23	44.33	47.45	50.95	53.76	56.96	60.17
17.0	31.03	33.95	36.89	39.86	42.86	45.80	48.92	51.98	55.07	58.17
17.5	30.04	32.87	35.71	38.59	41.49	44.42	50.32	50.32	53.32	56.32
18.0	29.11	31.84	34.59	37.39	40.20	43.04	45.88	48.76	51.66	54.59
18.5	28.21	30.86	33.53	36.24	38.96	42.71	44.47	47.25	50.07	52.89
19.0	27.28	29.96	32.55	35.18	37.82	40.49	43.14	46.01	48.60	51.34
19.5	26.61	29.12	31.63	34.19	36.76	39.38	41.95	44.72	47.23	49.91
20.0	5.86	28.29	30.73	33.22	35.72	38.24	40.77	43.32	45.90	48.49
20.5	25.15	27.51	29.89	38.31	34.73	37.18	39.64	42.12	44.63	47.15
21.0	24.49	26.79	29.10	31.46	33.82	36.21	38.60	41.62	43.46	45.91
21.5	23.83	26.07	28.32	30.61	32.91	35.23	37.56	39.91	42.29	44.67
22.0	23.24	25.43	29.62	29.86	32.10	34.36	36.64	38.93	41.25	43.57
22.5	22.65	24.58	26.92	29.10	31.29	33.50	35.71	37.95	40.21	42.49
23.0	22.10	24.18	26.27	28.40	30.53	32.68	34.85	37.03	39.23	41.44
23.5	21.57	23.69	25.64	27.71	29.80	31.90	34.01	36.15	38.29	40.45
24.0	21.06	23.04	25.03	27.05	29.09	31.14	33.20	35.28	37.39	39.48
24.5	20.58	22.52	24.47	26.44	20.43	30.43	33.45	34.48	36.53	38.59
25.0	20.21	22.00	23.90	25.82	27.76	29.71	31.68	33.66	35.65	37.65
26.0	14.35	21.06	22.88	24.72	26.57	28.44	30.33	32.22	34.13	36.04
26.25	17.14	18.66	20.27	21.90	23.55	25.20	26.87	28.55	30.24	31.94
27.0	11.55	12.57	13.66	14.75	15.86	16.98	18.10	19.23	20.37	21.51
28.0	7.47	8.13	8.83	9.54	10.26	10.98	11.70	12.44	13.17	13.91
28.5	7.04	7.66	8.32	8.99	9.67	10.35	11.03	11.72	12.41	13.11
29.0	6.57	7.15	7.76	8.39	9.02	9.65	10.29	10.93	11.58	12.23
30.0	5.65	6.15	6.78	7.21	7.75	8.30	8.85	9.40	9.96	10.52
30.2	5.45	5.93	6.44	6.96	7.49	8.01	8.54	9.08	9.61	10.15
31.0	4.98	5.42	5.89	6.37	6.85	7.33	7.81	8.30	8.79	9.28
32.0	4.40	4.78	5.20	5.62	6.04	6.46	6.89	7.32	7.75	8.19
32.4	4.15	4.52	4.91	5.30	5.70	6.10	6.51	6.91	7.32	7.73
33.0	3.86	4.20	4.57	4.93	5.30	5.68	6.05	6.43	6.81	7.19
34.0	3.40	3.70	4.02	4.35	4.67	5.00	5.33	5.67	6.00	6.34
35.0	2.92	3.18	3.46	3.73	4.02	4.30	4.58	4.87	5.16	5.45

表3 不同浓度（海）卤水的体积浓缩率表（Ⅲ）

终止浓度/°Bé	初始浓度/°Bé									
	11.0	11.5	12.0	12.5	13.0	13.5	14.0	14.5	15.0	15.5
	C_v/%									
11.5	95.11									
12.0	90.66	95.32								
12.5	86.60	91.05	95.53							
13.0	82.91	87.17	91.45	95.74						
13.5	79.44	83.56	87.66	91.76	95.85					
14.0	76.25	80.17	84.11	88.04	91.81	95.95				
14.5	73.28	77.65	80.83	84.02	88.38	92.21	96.11			
15.0	70.56	74.19	77.81	81.48	85.11	88.79	92.55	96.29		
15.5	68.03	71.53	75.04	78.55	82.05	85.60	89.22	92.84	96.41	
16.0	65.64	69.01	72.10	75.76	76.17	82.60	86.09	89.56	93.02	96.49
16.5	63.40	66.65	69.93	73.20	76.42	79.77	83.14	86.51	89.84	93.19
17.0	61.30	64.45	67.61	70.78	75.93	77.13	80.39	83.65	86.87	90.10
17.5	59.34	62.39	65.46	68.52	71.57	74.67	77.83	80.98	84.09	87.73
18.0	57.49	60.45	63.42	66.39	69.49	72.35	75.40	78.46	81.48	84.51
18.5	55.72	58.58	61.46	64.34	67.21	70.11	73.08	76.04	78.96	81.91
19.0	54.09	57.87	59.66	62.46	65.24	68.00	70.94	73.81	76.65	79.51
19.5	52.57	55.21	57.99	60.70	63.41	66.16	68.95	71.74	74.50	77.28
20.0	51.09	53.71	56.35	58.99	61.67	64.78	67.00	69.11	72.40	75.09
20.5	49.67	52.23	54.79	56.36	59.91	62.51	65.15	67.79	70.40	73.02
21.0	48.37	50.86	53.35	55.85	58.34	60.87	63.45	66.01	68.55	71.10
21.5	48.07	49.49	51.92	54.35	56.77	59.23	61.73	64.23	66.70	69.19
22.0	45.91	48.27	50.64	53.91	55.37	57.77	60.21	62.65	65.06	67.48
22.5	44.75	47.05	49.36	51.67	53.97	56.31	58.69	61.07	63.42	65.78
23.0	43.66	45.91	48.10	50.47	52.66	54.94	57.26	59.28	61.88	64.18
23.5	42.61	44.80	47.00	49.21	51.40	53.62	55.89	58.15	60.39	62.64
24.0	41.60	43.74	45.89	48.64	50.17	52.35	54.65	56.77	58.95	61.15
24.5	40.66	42.75	44.85	46.95	49.04	51.16	53.32	55.48	57.62	59.77
25.0	39.66	41.69	43.73	45.77	47.83	49.90	51.90	54.06	56.15	58.24
26.0	37.96	39.91	41.86	43.81	45.73	47.77	49.68	51.75	53.57	55.75
26.25	33.64	35.36	37.09	38.82	40.57	42.33	44.02	45.85	47.63	49.40
27.0	22.66	23.82	24.99	26.15	27.33	28.51	29.66	30.89	32.09	33.28
28.0	14.65	15.40	16.16	16.91	17.67	18.43	19.17	19.97	20.74	21.52
28.5	13.81	14.52	15.23	15.94	16.61	17.38	18.07	18.82	19.55	20.28
29.0	12.88	13.54	14.21	14.87	15.54	16.21	16.86	17.56	18.24	18.92
30.0	11.08	11.65	12.22	12.79	13.36	13.94	14.50	15.10	15.69	16.27
30.2	10.69	11.24	11.79	12.34	12.90	13.46	13.99	14.58	15.14	15.70
31.0	9.78	10.28	10.78	11.29	11.79	12.30	12.80	13.33	13.85	14.36
32.0	8.62	9.07	6.51	9.95	10.40	10.85	11.29	11.76	12.21	12.76
32.4	8.14	8.56	8.98	9.40	9.82	10.25	10.66	11.10	11.53	11.96
33.0	7.58	7.97	8.36	8.75	9.14	9.54	9.92	10.33	10.73	11.13
34.0	6.68	7.02	7.36	7.70	8.05	8.40	8.74	9.10	9.45	9.80
35.0	5.74	6.03	6.33	6.62	6.92	7.22	7.51	7.82	8.12	8.42

表4 不同浓度（海）卤水的体积浓缩率表（Ⅳ）

终止浓度/°Bé	初始浓度/°Bé									
	16.0	16.5	17.0	17.5	18.0	18.5	19.0	19.5	20.0	20.5
	C_v/%									
16.5	96.58									
17.0	93.38	96.69								
17.5	90.40	93.60	96.81							
18.0	87.59	90.69	93.60	96.89						
18.5	84.89	87.89	90.90	93.90	96.91					
19.0	82.40	85.32	88.25	91.15	94.08	97.08				
19.5	80.09	82.92	85.76	88.59	91.44	94.35	97.13			
20.0	77.83	80.58	83.34	86.09	88.85	91.68	94.44	97.18		
20.5	75.68	78.36	81.04	83.71	86.40	89.15	89.83	94.49	97.24	
21.0	73.09	76.30	78.91	81.51	84.13	86.81	89.42	92.01	94.68	97.38
21.5	71.70	74.24	76.79	79.32	81.86	84.47	87.61	89.53	92.18	97.75
22.0	69.94	72.42	74.90	77.36	79.85	82.39	84.87	87.33	89.87	92.42
22.5	68.17	71.59	73.01	75.41	77.83	80.25	82.72	85.12	87.60	90.09
23.0	66.82	68.87	71.23	73.58	75.94	78.36	80.72	83.06	85.47	87.40
23.5	64.92	66.22	69.52	71.81	74.12	76.48	78.78	81.06	83.42	85.79
24.0	63.38	65.62	67.87	70.10	72.76	74.66	76.91	79.13	81.43	83.75
24.5	61.94	64.13	66.33	68.52	70.72	72.37	75.17	77.34	79.59	81.85
25.0	60.36	62.62	64.61	66.56	68.88	70.05	73.11	75.94	77.51	80.21
26.0	57.78	59.97	61.85	63.71	65.93	67.05	69.98	72.69	74.20	76.78
26.25	51.20	53.14	54.80	56.46	58.42	59.42	62.01	64.41	65.75	68.84
27.0	34.49	35.80	39.92	38.03	39.36	40.03	41.78	43.39	44.29	45.83
28.0	22.30	23.14	23.87	24.59	25.45	25.88	27.01	28.05	28.63	29.63
28.5	21.62	21.82	22.50	23.18	23.98	24.39	25.46	26.44	26.99	27.93
29.0	19.61	20.35	20.99	21.62	22.38	22.76	23.75	24.67	25.18	26.06
30.0	16.86	17.50	18.05	18.59	19.24	19.57	20.42	21.21	21.65	22.41
30.2	16.28	16.89	17.42	17.95	18.57	18.89	19.71	20.48	20.90	21.63
31.0	14.88	15.45	15.93	16.41	16.98	17.27	18.03	18.73	19.11	19.78
32.0	13.13	13.62	14.05	14.47	14.98	15.23	15.90	16.51	16.86	17.44
32.4	12.40	12.87	13.27	13.67	14.14	14.39	15.01	15.59	15.92	16.47
33.0	11.53	11.97	12.35	12.72	13.16	13.39	13.97	14.51	14.81	15.33
34.0	10.16	10.55	10.88	11.20	11.59	11.79	12.31	12.78	13.05	13.50
35.0	8.73	9.06	9.35	9.63	9.96	10.13	10.57	10.98	11.21	11.60

表5 不同浓度（海）卤水的体积浓缩率表（Ⅴ）

终止浓度/°Bé	初始浓度/°Bé									
	21.0	21.5	22.0	22.5	23.0	23.5	24.0	24.5	25.0	26.0
	C_v/%									
21.5	97.38									
22.0	94.39	97.49								
22.5	92.51	95.08	97.64							

终止浓度/°Bé	初始浓度/°Bé									
	21.0	21.5	22.0	22.5	23.0	23.5	24.0	24.5	25.0	26.0
	C_v/%									
23.0	90.27	92.77	95.11	97.57						
23.5	88.10	90.54	92.82	95.23	97.60					
24.0	86.00	88.38	90.62	92.96	95.27	97.62				
24.5	84.06	86.38	88.56	90.86	93.12	95.41	97.74			
25.0	81.87	84.25	86.25	88.20	90.65	93.46	95.08	97.85		
26.0	78.37	80.65	82.56	84.43	86.77	89.46	91.01	93.67	95.72	
26.25	69.44	71.46	73.16	74.81	76.89	79.27	86.65	83.00	84.32	88.60
27.0	46.78	48.14	49.29	50.43	51.80	53.41	54.33	55.91	57.14	57.70
28.0	30.24	31.12	31.86	32.58	33.49	34.53	35.13	36.15	36.94	38.59
28.5	28.51	89.34	30.03	30.71	31.57	32.54	33.11	34.07	34.82	36.41
29.0	36.59	27.37	28.02	28.65	29.45	30.36	30.89	31.79	32.48	33.94
30.0	22.87	23.53	24.09	24.64	25.32	26.11	26.56	27.33	27.93	29.18
30.2	22.08	22.72	23.26	23.78	24.44	25.20	25.64	26.38	26.96	28.14
31.0	20.19	20.78	21.27	21.75	22.35	23.05	23.45	24.13	24.66	25.76
32.0	17.80	18.32	18.76	19.18	19.71	20.32	20.68	21.28	21.75	22.72
32.4	16.81	17.30	17.71	18.11	18.62	19.19	19.53	20.09	20.54	21.48
33.0	15.64	16.10	16.48	16.85	17.32	17.86	18.17	18.70	19.11	19.96
34.0	13.78	14.18	14.52	14.85	15.26	15.73	16.01	16.47	16.83	17.59
35.0	11.84	12.19	12.48	12.76	13.11	13.52	13.75	14.15	14.46	15.11

表6　不同浓度（海）卤水的体积浓缩率表（Ⅵ）

终止浓度/°Bé	初始浓度/°Bé									
	26.5	27.0	28.0	28.5	29.0	30.0	30.2	31.0	32.0	32.4
	C_v/%									
27.0	67.38									
28.0	43.56	64.65								
28.5	41.09	60.99	94.33							
29.0	38.31	56.85	87.93	93.21						
30.0	32.94	48.88	75.61	80.16	85.99					
30.2	31.76	47.13	72.90	77.29	82.91	96.41				
31.0	29.08	43.15	66.75	70.76	75.91	88.26	91.55			
32.0	25.64	38.06	58.87	62.40	66.94	77.84	80.74	88.19		
32.4	24.25	35.99	55.66	59.01	63.30	73.61	76.35	83.39	94.56	
33.0	22.53	33.44	51.72	54.83	58.80	68.40	70.95	77.49	87.86	92.92
34.0	19.85	29.46	45.57	48.30	51.82	60.25	62.50	68.27	77.40	81.86
35.0	17.06	25.32	39.16	41.51	44.54	61.79	61.79	58.67	66.53	70.35

附录2 地中海海水40℃等温浓缩析盐规律（Usiglio实验结果）

卤水浓度/°Bé	卤水相对密度		卤水体积/L	伴随卤水浓缩析出盐类量/g								
	Ochsenius 式	Clarke 式		Fe_2O_3	$CaCO_3$	$CaSO_4 \cdot 2H_2O$	NaCl	$MgSO_4$	$MgCl_2$	NaBr	KCl	合计
3.5	1.0258	1.0258	1.0000	—	—	—	—	—	—	—	—	—
7.1	1.0506	1.0500	0.5330	0.0030	0.0642	—	—	—	—	—	—	0.0672
11.50	1.0820	1.0836	0.3160	—	最微量	—	—	—	—	—	—	最微量
14.00	1.1067	1.1037	0.2450	—	最微量	—	—	—	—	—	—	最微量
16.75	1.1304	1.1264	0.1900	—	0.0530	0.5600	—	—	—	—	—	0.6130
20.60	1.1653	1.1604	0.1445	—	—	0.5620	—	—	—	—	—	0.5620
22.00	1.1786	1.1732	0.1310	—	—	0.1840	—	—	—	—	—	0.1840
25.00	1.2080	1.2015	0.1120	—	—	0.1600	—	—	—	—	—	0.1600
26.25	1.2208	1.2133	0.0950	—	—	0.0508	3.2614	0.0040	0.0078	—	—	3.3240
27.00	1.2285	1.2212	0.0640	—	—	0.1476	9.6500	0.0130	0.0356	—	—	9.8462
28.50	1.2444	1.2363	0.0390	—	—	0.0700	7.8960	0.0262	0.0434	0.0728	—	8.1084
30.20	1.2627	1.2570	0.0302	—	—	0.0144	2.6240	0.0172	0.0150	0.0358	—	2.7066
32.40	1.2874	1.2778	0.0230	—	—	—	2.2720	0.0254	0.0240	0.0518	—	2.3732
35.00	1.3177	1.3069	0.0162	—	—	—	1.4040	0.5382	0.0270	0.0620	—	2.0316
1L 海水所含盐类质量/g		析出质量		0.0030	0.1172	1.7488	27.1074	0.6242	0.1532	0.2224	—	29.9762
		残留卤水中未析出质量		—	—	—	2.5885	1.9545	3.1640	0.3300	0.5339	8.4709
		合计		0.0030	0.1172	1.7488	29.6959	2.4787	3.3172	0.5524	0.5339	38.4471
1L 海水的含盐类总质量/g				0.0030	0.1170	1.7600	30.1830	2.5410	3.3020	0.5700	0.5180	38.9940
质量增减比较/g				—	+0.0002	−0.0112	−0.4871	−0.0623	+0.0152	+0.0176	+0.0159	−0.5469

附录3　1m³海水浓缩至不同浓度时的钠镁比值（依据 Usiglio 实验）

卤水浓度 /°Bé	1L 海水浓缩至不同浓度卤水含盐量/g			钠质量 /g	镁质量/g			Na/Mg
	氯化钠	硫酸镁	氯化镁		硫酸镁中镁质量	氯化镁中镁质量	总镁质量	
3.50	29.6959	2.4787	3.3172	11.6873	0.4942	0.8362	1.3304	8.785
7.10	29.6959	2.4787	3.3172	11.6873	0.4942	0.8362	1.3304	8.785
11.50	29.6959	2.4787	3.3172	11.6873	0.4942	0.8362	1.3304	8.785
14.00	29.6959	2.4787	3.3172	11.6873	0.4942	0.8362	1.3304	8.785
16.75	29.6959	2.4787	3.3172	11.6873	0.4942	0.8362	1.3304	8.785
20.60	29.6959	2.4787	3.3172	11.6873	0.4942	0.8362	1.3304	8.785
22.00	29.6959	2.4787	3.3172	11.6873	0.4942	0.8362	1.3304	8.785
25.00	29.6959	2.4787	3.3172	11.6873	0.4942	0.8362	1.3304	8.785
26.25	26.4345	2.4747	3.3094	10.4037	0.4934	0.8342	1.3276	7.836
27.00	16.7845	2.4617	3.2738	6.6058	0.4908	0.8252	1.3161	5.019
28.50	8.8885	2.4355	3.2304	3.4982	0.4856	0.8143	1.2999	2.691
30.20	6.2645	2.4181	3.2154	2.4655	0.4821	0.8105	1.2926	1.907
32.40	3.9925	2.3927	3.1914	1.5713	0.4771	0.8045	1.2815	1.226
35.00	2.5885	1.8545	3.1640	1.0187	0.3698	0.7976	1.1673	0.873

附录4　渤海海水浓缩析盐规律（20℃）

编号	相对密度 (d_{20}^{20})	浓度 /°Bé	各离子浓度/（g/L）						Na/Mg	体积变化		
			Ca^{2+}	Mg^{2+}	Cl^-	SO_4^{2-}	Na^+	K^+		以 2°Bé 为 V_1	以 3.5°Bé 为 V_1	
1	1.0130	2.0	0.204	0.640	9.602	1.483	5.330	0.208	8.33	1000		
2	1.0166	2.5	0.260	0.820	12.30	1.884	6.827	0.269	8.33	780.7		
3	1.0202	3.0	0.315	0.985	15.01	2.281	8.332	0.328	8.46	639.7		
4	1.0240	3.5	0.374	1.192	17.89	2.695	9.930	0.391	8.33	536.7	1000	
5	1.0348	5.0	0.540	1.744	26.18	3.848	14.13	0.572	8.10	366.8	683.3	
6	1.0733	10.0	1.122	3.784	56.91	7.650	31.56	1.242	8.34	168.7	314.4	
7	1.0911①	12.19	1.385	4.767	71.74	9.246	39.77	1.564	8.34	133.8	249.4	
8	1.1148	15.0	1.181	6.115	92.10	11.21	51.05	2.006	8.35	104.3	194.2	
9	1.1597	20.0	0.812	8.790	132.6	14.44	73.46	2.884	8.36	72.41	134.9	
10	1.2134	25.5	0.399	12.20	184.4	17.45	102.06	4.002	8.42	52.07	97.02	
11	1.2173②	25.88	0.371	12.46	188.3	17.63	104.21	4.087	8.36	50.99	95.01	1000
12	1.2185	26.0	0.362	13.00	188.2	18.19	103.20	4.262	7.94	48.88	91.08	958.5
13	1.2237	26.5	0.299	17.70	187.8	23.38	95.81	5.730	5.41	35.89	66.89	704.0
14	1.2289	27.0	0.216	22.27	187.5	28.44	88.73	7.235	3.98	28.53	53.17	559.5
15	1.2342	27.5	0.164	26.77	187.4	33.46	81.82	8.590	3.06	23.73	44.23	465.4
16	1.2395	28.0	0.130	31.15	187.5	38.33	75.22	9.980	2.41	20.40	38.01	400.0
17	1.2448	28.5	0.105	35.06	187.9	43.07	68.93	11.33	1.97	18.12	33.77	355.4
18	1.2502	29.0	0.088	39.55	188.4	47.75	62.84	12.68	1.59	16.07	29.94	315.0
19	1.2557	29.5	0.074	43.65	189.2	52.37	56.97	14.90	1.31	14.56	27.12	285.5
20	1.2612	30.0	0.063	47.60	190.2	56.84	51.44	15.30	1.08	13.35	24.87	261.8
21	1.2667	30.5	0.055	51.40	191.4	61.16	46.24	16.55	0.90	12.36	23.04	242.4
22	1.2723	31.0	0.048	55.12	192.9	65.40	41.30	17.78	0.75	11.53	21.48	226.1
23	1.2779	31.5	0.043	58.69	194.6	69.49	36.70	18.98	0.63	10.83	20.17	212.3

① 自此 $CaSO_4 \cdot 2H_2O$ 开始析出；② 自此 NaCl 开始析出。

注：计算体积时，NaCl 析出之前以水中 Cl^- 浓度为依据，NaCl 析出以后以 Mg^{2+} 浓度为依据。

附录5 海水元素溶存形式及含量

元素	主要溶存形式	固相形式	海水中元素量		
			浓度/ (mg/dm^3)	元素总量/t	在盐度为35的海水中的范围或平均浓度
H	H_2O	—	10800	—	—
He	He	—	6.9×10^{-6}	8×10^6	—
Li	Li^+	—	0.17	260×10^9	25 μmol/kg
Be	$BeOH^+$，$Be(OH)_2$	—	6×10^{-7}	1×10^6	4～30 pmol/kg；20 pmol/kg
B	H_3BO_3	—	4.6	7.1×10^{12}	0.416 mmol/kg
C	HCO_3^-，CO_3^{2-}，CO_2，有机碳	$CaCO_3$，$CaMg(CO_3)_2$	28	4×10^{13}	2.0～2.5 mmol/kg；2.3 mmol/kg
N	NO_3^-，N_2（气），NO_2^-，NH_4^+，有机氮	—	0.5	7.8×10^{11}	< 0.1～45 μmol/kg；30μmol/kg
O	H_2O，O_2（气）；SO_4^{2-}、CO_3^{2-} 等含氧负离子	—	857000	—	0～300 μmol/kg
F	F^-，MgF^+	—	1.3	2×10^{12}	68 μmol/kg
Ne	Ne（气）	—	0.00014	1.5×10^8	—
Na	Na^+	硅酸盐	10500	16.3×10^{15}	0.468 mol/kg
Mg	Mg^{2+}，$MgSO_4$	硅酸盐	1350	2.1×10^{15}	53.2 mmol/kg
Al	$Al(OH)_4^-$，$Al(OH)_3^0$	$Al_2SiO_3(OH)_4$	0.01	1.6×10^{10}	5～40 nmol/kg；20 nmol/kg
Si	$Si(OH)_4$，$SiO(OH)_3^-$	SiO	3.0	4.7×10^{12}	< 1～180 μmol/kg；100 μmol/kg
P	HPO_4^{2-}，$NaHPO_4^-$，$NaHPO_4^-$，$MgHPO_4^0$，PO_4^{3-}，$H_2PO_4^-$，$H_3PO_4^0$	$Ca(PO_4)_3$ (OH，F)	0.07	1.1×10^{11}	< 1～3.5 μmol/kg；2.3 μmol/kg
S	SO_4^{2-}，$NaSO_4^-$，$MgSO_4^0$	—	885	1.4×10^{15}	28.2 mmol/kg
Cl	Cl^-	—	19000	29.3×10^{15}	0.546 mol/kg
Ar	Ar（气）	—	0.6	9.3×10^{11}	—
K	K^+	硅酸盐	380	0.6×10^{15}	10.2 mmol/kg
Ca	Ca^{2+}	硅酸盐	400	0.6×10^{15}	10.3 mmol/kg
Sc	$Sc(OH)_3$	$ScPO_4(?)$	4×10^{-5}	6.2×10^7	8～20 pmol/kg；15 pmol/kg
Ti	$Ti(OH)_4$	TiO_2	0.001	1.5×10^9	< 20 nmol/kg
V	HVO_4^{2-}，$H_2VO_4^-$，$NaHVO_4^-$	—	0.002	3×10^9	20～35 nmol/kg；30 nmol/kg
Cr	CrO_4^{2-}，$NaCrO_4^-$，$Cr(OH)_3$	—	5×10^{-5}	7.8×10^7	2～5 nmol/kg；4 nmol/kg
Mn	Mn^{2+}，$MnCl^+$，$MnSO_4$，$Mn(OH)_{3(4)}$	MnO_2	0.002	3×10^9	0.2～3 nmol/kg；0.5 nmol/kg
Fe	$Fe(OH)_3^0$，$Fe(OH)_2^+$，$Fe(OH)_4^-$	FeOOH；$Fe(OH)_3$	0.01	16×10^9	0.1～2.5 nmol/kg；1 nmol/kg
Co	Co^{2+}，$CoCO_3$，$CoSO_4$，$CoCl^+$	CoOOH	0.0001	2×10^8	0.01～0.1 nmol/kg；0.02 nmol/kg
Ni	Ni^{2+}，$NiCO_3$，$NiCl^+$		0.002	3×10^9	2～12 nmol/kg；8 nmol/kg
Cu	$CuCO_3^0$，$CuOH^+$，$Cu(OH)_2$，Cu^{2+}	$Cu(OH)_{1.5}Cl_{0.5}$	0.003	5×10^9	0.5～6 nmol/kg；4 nmol/kg
Zn	Zn^{2+}，$ZnOH^+$，$ZnCO_3$，$ZnCl^+$，$Zn(OH)_2$	—	0.01	1.6×10^{10}	0.05～9 nmol/kg；6 nmol/kg

元素	主要溶存形式	固相形式	海水中元素量		
			浓度/(mg/dm^3)	元素总量/t	在盐度为 35 的海水中的范围或平均浓度
Ga	$Ga(OH)_4^-$	—	3×10^{-5}	4.6×10^7	0.3 nmol/kg
Ge	H_4GeO_4，$H_3GeO_4^-$，$H_2GeO_4^{2-}$	—	6×10^{-5}	1.1×10^8	$\leqslant 7 \sim 115$ pmol/kg；70 pmol/kg
As	$HAsO_4^{2-}$，$H_2AsO_4^-$，$H_3AsO_4^0$	—	0.003	5×10^9	$15 \sim 25$ nmol/kg；23 nmol/kg
Se	SeO_3^{2-}，$HSeO_3^-$，SeO_4^{2-}	—	0.0004	6×10^8	$0.5 \sim 2.3$ nmol/kg；1.7 nmol/kg
Br	Br^-	—	65	1×10^{14}	0.84 mmol/kg
Kr	Kr(气)	—	2.5×10^{-4}	5×10^8	—
Rb	Rb^+	—	0.12	190×10^9	1.4 μmol/kg
Sr	Sr^{2+}，$SrSO_4$	$SrCO_3$	8.0	12×10^{12}	90 μmol/kg
Y	$Y(OH)_3$，YOH^{2+}，Y^{3+}，$Y(OH)_3^{3-n}$	YPO_4	3.0×10^{-4}	5×10^8	0.15 nmol/kg
Zr	$Zr(OH)_4^0$，$Zr(OH)_n^{4-n}$ ($n=5$)	—	2.2×10^{-5}	5×10^7	0.3 nmol/kg
Nb	$Nb(OH)_6^-$，$Nb(OH)_5^0$	—	1.0×10^{-5}	1.5×10^6	$\leqslant 50$ pmol/kg
Mo	MoO_4^{2-}	—	0.01	16×10^9	0.11 μmol/kg
Tc	TcO_4	—	—	—	无稳定同位素
Ru	?	?	—	—	—
Rh	?	?	$(7 \sim 11) \times 10^{-6}$	12×10^6	—
Pd	?	?	—	—	—
Ag	$AgCl_2^-$，$AgCl_3^{2-}$	—	4×10^{-5}	6×10^7	$0.5 \sim 35$ pmol/kg；25 pmol/kg
Cd	$CdCl_2^0$，Cd^{2+}，$CdCl^+$，$CdCl_3^-$	—	1.1×10^{-4}	15×10^7	$0.001 \sim 11$ nmol/kg；0.7 nmol/kg
In	$In(OH)_3^0$，$In(OH)_2^+$	—	4×10^{-6}	6×10^6	1 pmol/kg
Sn	$SnO(OH)_3^-$	SnO_2?	8×10^{-4}	1.2×10^9	$1 \sim 12$ pmol/kg，4 pmol/kg
Sb	$Sb(OH)_6^-$	—	5×10^{-4}	7×10^7	1.2 nmol/kg
Te	$HTeO_3^-$，TeO_3^{2-}	—	—	—	—
I	IO_3^-，I^-	—	0.06	3.1×10^{10}	$0.2 \sim 0.5$ μmol/kg；0.4 μmol/kg
Xe	Xe(气)	—	—	8×10^7	—
Cs	Cs^+	—	—	8×10^8	—
Ba	Ba^{2+}	$BaSO_4$	0.03	47×10^9	$32 \sim 150$ nmol/kg；100 nmol/kg
La	La^{3+}，$La(OH)_3$，$LaCO_3^+$，$LaCl^{2+}$	$LaPO_4$?	$3 \times 10^{-6} \sim 1.2 \times 10^{-5}$	$<1.5 \times 10^7$	$13 \sim 37$ nmol/kg；30 pmol/kg
Ce	Ce^{3+}，$Ce(OH)_3$，$CeCO_3^+$，$CeCl^{2+}$	CeO_2?	$1 \times 10^{-6} \sim 5 \times 10^{-8}$	$<7 \times 10^6$	$16 \sim 26$ pmol/kg；20 pmol/kg
Pr	Pr^{3+}，$Pr(OH)_3$，$PrCO_3^+$，$PrSO_4^+$	—	$6 \times 10^{-7} \sim 2.6 \times 10^{-6}$	$<4 \times 10^6$	4 pmol/kg
Nd	Nd^{3+}，$Nd(OH)_3$，$NdCO_3^+$，$NdSO_4^+$	—	$3 \times 10^{-6} \sim 9.2 \times 10^{-8}$	$<1.2 \times 10^7$	$12 \sim 25$ pmol/kg；20 pmol/kg

元素	主要溶存形式	固相形式	海水中元素量		
			浓度/(mg/dm^3)	元素总量/t	在盐度为 35 的海水中的范围或平均浓度
Pm	Pm^{3+}，$Pm(OH)_3$，$PmCO_3$，$PmSO_4$	—			
Sm	Sm^{3+}，$Sm(OH)_3$，$SmCO_3$，$SmSO_4$	—	$5\times10^{-7}\sim$ 1.7×10^{-6}	$<3\times10^6$	2.7~4.8 pmol/kg；4 pmol/kg
Eu	Eu^{3+}，$Eu(OH)_3$，$EuOH^{2+}$，$EuCO_3^+$	—	$1\times10^{-7}\sim$ 4.6×10^{-7}	$<7\times10^5$	0.6~1.0 pmol/kg；0.9 pmol/kg
Gd	$Gd(OH)_3$，$GdCO_3^+$，Gd^{3+}	—	$7\times10^{-7}\sim$ 2.4×10^{-7}	$<4\times10^6$	3.4~7.2 pmol/kg；6 pmol/kg
Tb	$Tb(OH)_3$，$TbCO_3^+$，Tb^{3+}，$TbOH^{2+}$	—	1.4×10^{-6}	3×10^6	0.9 pmol/kg
Dy	$Dy(OH)_3$，$DyCO_3^+$，Dy^{3+}，$DyOH^{2+}$	—	$9\times10^{-7}\sim$ 2.9×10^{-6}	$<4\times10^6$	4.8~6.1 pmol/kg；6 pmol/kg
Ho	$Ho(OH)_3$，$HoCO_3^+$，Ho^{3+}，$HoOH^{2+}$	—	$2\times10^{-7}\sim$ 8.8×10^{-7}	$<1.2\times10^6$	1.9 pmol/kg
Er	$Er(OH)_3$，$ErCO_3^+$，Er^{3+}，$ErOH^{2+}$	—	$9\times10^{-7}\sim$ 2.4×10^{-6}	$<4\times10^6$	4.1~5.8 pmol/kg；5 pmol/kg
Tm	$Tm(OH)_3$，$TmCO_3^+$，$TmOH^{2+}$，Tm^{3+}	—	$2\times10^{-7}\sim$ 5.2×10^{-7}	$<7\times10^5$	0.8 pmol/kg
Yb	$Yb(OH)_3$，$YbCO_3$，$YbOH^{2+}$，Yb^{3+}	—	$8\times10^{-7}\sim$ 2×10^{-6}	$<3\times10^6$	3.5~5.4 pmol/kg；5 pmol/kg
Lu	$Lu(OH)_3$，$LuCO_3^+$，$LuOH^{2+}$，Lu^{3+}	—	$1\times10^{-7}\sim$ 4.8×10^{-7}	$<7\times10^5$	0.9 pmol/kg
Hf	$Hf(OH)_4^0$，$Hf(OH)_5^-$	—	$<8\times10^{-6}$	$<1.2\times10^7$	<40 pmol/kg
Ta	$Ta(OH)_5^0$	—	$<2.5\times10^{-6}$	$<4\times10^6$	<14 pmol/kg
W	WO_4^{2-}	—	0.0001	150×10^6	0.5 nmol/kg
Re	ReO_4	—	8×10^{-6}	1.2×10^7	14~30 pmol/kg；20 pmol/kg
Os	?	—	—	—	—
Ir	?	—	—	—	—
Pt	?	—	—	—	—
Au	$AuCl_2^-$	—	4×10^{-6}	6×10^6	25 pmol/kg
Hg	$HgCl_4^{2-}$，$HgCl_3^-$，$HgCl_2^0$	—	3×10^{-5}	4.6×10^7	2~10 pmol/kg；5 pmol/kg
Tl	Tl^+，$Tl(OH)_3^0$，$TlCl^0$	—	$<1\times10^{-5}$	1.5×10^7	60 pmol/kg
Pb	$PbCO_3^0$，$Pb(CO_3)_2^{2-}$，$PbCl^+$，$PbCl_2^0$，Pb^{2+}，$PbOH^+$，$PbCl_3^-$	PbO	3×10^{-5}	4.6×10^7	5~175 pmol/kg；10 pmol/kg
Bi	BiO^+，$Bi(OH)_2^+$，$Bi_6(OH)_{12}^{6+}$(?)	—	1.5×10^{-5}	2×10^7	≤0.015~0.24 pmol/kg

元素	主要溶存形式	固相形式	海水中元素量		
			浓度/(mg/dm^3)	元素总量/t	在盐度为35的海水中的范围或平均浓度
Po	—	—	—	—	—
At	—	—	—	—	—
Rn	Rn(气)	—	$6×10^{-16}$	$1×10^{-3}$	—
Fr	—	—	—	—	—
Ra	—	—	$1×10^{-10}$	150	—
Ac	—		—	—	—
Th	$Th(OH)_4$, $Th(OH)_n^{4-n}$, $Th(CO_3)_n^{4-2n}$ (?)	—	$5×10^{-5}$	$78×10^6$	—
Pa	?	—	$2×10^{-9}$	3000	—
U	$UO_2(OH)_3$, $UO_2(CO_3)_4^{2-}$	铀的水解产物	0.003	$4.5×10^9$	—

注：1．本表摘自张正斌，海洋化学．青岛：中国海洋大学出版社，2015。
2．"？"表示该元素目前的溶存形式或固相形式尚未揭示。

附录6　Na^+、$Mg^{2+}//Cl^-$、$SO_4^{2-}-H_2O$ 体系相平衡数据

温度/℃	液相			固相
	耶内克指数（J）			
	Na^+	$\frac{1}{2}SO_4^{2-}$	H_2O	
-5	100	1.9	942.5	$NaCl \cdot 2H_2O + S_{10}$
	80	3.4	922.5	$NaCl \cdot 2H_2O + S_{10}$
	60	6.0	897.5	$NaCl \cdot 2H_2O + S_{10}$
	47.6	9.1	865	$NaCl + NaCl \cdot 2H_2O + S_{10}$
	45.9	0	900	$NaCl + NaCl \cdot 2H_2O$
	40	12.2	835	$NaCl + S_{10}$
	36.0	14.7	815	$NaCl + S_{10} + Eps$
	20	10.0	777.5	$NaCl + Eps$
	5.2	5.0	675	$NaCl + Eps$
	0.6	2.9	500	$NaCl + Bis + Eps$
	0.6	0	505	$NaCl + Bis$
	0	2.9	510	$Bis + Eps$
	29.6	20	935	$S_{10} + Eps$
	19.5	40	1255	$S_{10} + Eps$
	16.2	60	1240	$S_{10} + Eps$
	14.7	70	1265	$S_{10} + Eps$
	100	9.8	3670	$S_{10} +$ 冰

温度/℃	液相			固相
	耶内克指数（J）			
	Na^+	$\frac{1}{2}SO_4^{2-}$	H_2O	
−5	67.5	20	3625	S_{10}+ 冰
	40.0	40	3125	S_{10}+ 冰
	27.0	60	2450	S_{10}+ 冰
	18.8	80	1850	S_{10}+ 冰
	12.6	100	1262.5	S_{10}+冰+$Na_2SO_4 \cdot 12H_2O$
25	100	19.9	795	NaCl+ Na_2SO_4
	90	23.2	782.5	NaCl+ Na_2SO_4
	75.7	29.0	752.5	NaCl+ Na_2SO_4+ Ast
	60	25.3	772.5	NaCl+ Ast
	40	23.1	757.5	NaCl+ Ast
	20	22.6	705	NaCl+ Ast
	16.8	22.6	690	NaCl+ Ast+ Eps
	10	17.8	652.5	NaCl+ Eps
	5.1	13.7	602.5	NaCl+ Eps+ Hex
	1.7	9.6	530	NaCl+ Hex+ Pen
	1.2	8.2	570	NaCl+ Pen+ Tet
	0.7	4.9	462.5	NaCl+ Tet+ Bis
	0.7	0	475	NaCl+ Bis
	100	46.5	864.5	Na_2SO_4+ S_{10}
	80	64.1	777.5	Na_2SO_4+ S_{10}
	69.8	74.2	740	Na_2SO_4+ S_{10}+ Ast
	75.2	40	772.5	Na_2SO_4+ Ast
	72.9	60	765	Na_2SO_4+ Ast
	60	88.5	715	S_{10}+ Ast
	50.8	100	685	S_{10}+ Ast
	33.7	100	675	Ast+ Eps
	31.8	80	737.5	Ast+ Eps
	29.6	60	767.5	Ast+ Eps
	25.5	40	782.5	Ast+ Eps
	0	12.6	605	Eps+ Hex
	0	9.5	532.5	Hex+ Pen
	0	7.5	505	Pen+ Tet
	0	4.9	465	Tet+ Bis

注：数据源自 БУКШТЕЙН В М, ВАЛЯШКО М Г, ПЕЛЬШ А Д. ЭКСПЕРИМЕНТАЛЬНЫХ ДАННЫХ ПОРАСТВОРИМОСТИ МНОГОКОМПОНЕНТНЫХ ВОДНО-СОЛЕЫХ СИСТЕМ(ТОМ Ⅱ). ЛЕНИНГРАД: ГОСУДАРСТВЕННОЕ НАУЧНО-ТЕХНИЧЕСКОЕ ИЗДАТЕЛЬСТВО, 1954, 954-955.

附录 7 25℃时 Na⁺、Mg²⁺、K⁺//Cl⁻、SO₄²⁻-H₂O 体系介稳相平衡数据

序号	液相组成 mol/100mol($2K^+ + Mg^{2+} + SO_4^{2-}$)					固体
	$2K^+$	Mg^{2+}	SO_4^{2-}	$2Na^+$	H_2O	
A	46.61	32.20	21.20	101.5	2604	NaCl+ KCl+ Gla
B	32.54	42.38	25.08	66.7	1959	NaCl+ KCl+ Gla
C	25.13	51.04	23.86	44.1	1613	NaCl+ KCl+ Pic
D	24.00	52.70	23.30	38.1	1552	NaCl+ KCl+ Pic
E	22.79	54.38	22.83	39.4	1554	NaCl+ KCl+ Pic
F	20.20	58.09	21.80	32.4	1465	NaCl+ KCl+ Pic
G	15.80	63.90	20.30	22.6	1315	NaCl+ KCl+ Pic
H	18.62	31.80	49.57	70.7	1510	NaCl+ Na₂SO₄+ Pic
I	17.17	32.93	49.90	66.5	1410	NaCl+ Na₂SO₄+ Pic
J	17.83	33.89	48.28	65.0	1454	NaCl+ Na₂SO₄+ Pic
K	14.18	38.40	47.42	58.6	1385	NaCl+ Ast+ Pic
L	13.48	30.68	46.84	55.9	1353	NaCl+ Ast+ Pic
M	12.46	40.72	46.82	54.3	1329	NaCl+ Ast+ Pic
N	12.12	41.71	46.17	66.7	1585	NaCl+ Ast+ Pic
O	11.36	43.88	44.76	48.3	1269	NaCl+ Ast+ Pic
P	10.80	44.89	44.31	47.4	1297	NaCl+ Ast+ Pic
Q	9.93	51.84	38.23	45.8	1342	NaCl+ Ast+ Pic
R	8.13	61.55	30.32	47.9	1102	NaCl+ Ast+ Pic
S	8.06	64.39	27.54	14.8	1104	NaCl+ Ast+ Pic
T	8.76	66.75	24.46	12.1	1106	NaCl+ Eps+ Pic
U	8.98	69.02	21.11	10.0	1100	NaCl+ Eps+ Pic
V	9.57	70.51	19.93	7.0	1051	NaCl+ Eps+ Pic
W	9.03	73.02	17.95	5.1	1049	NaCl+ Eps+ KCl
X	8.55	74.75	16.70	4.7	1042	NaCl+ Eps+ KCl
Y	7.99	75.23	16.77	3.9	1007	NaCl+ Eps+ KCl
Z	7.32	77.05	15.63	3.9	1024	NaCl+ Eps+ KCl
a	7.53	78.26	14.21	2.1	1034	NaCl+ Eps+ KCl
b	6.58	79.26	14.16	2.4	1027	NaCl+ Eps+ KCl
c	5.72	81.34	12.94	1.5	1014	NaCl+ Eps+ KCl
d	4.88	82.00	13.12	1.6	987	NaCl+ Eps+ KCl
e	4.52	83.64	11.84	1.2	1025	NaCl+ Eps+ KCl
f	2.66	85.73	11.61	0.0	1002	NaCl+ Eps+ KCl
g	2.39	86.87	10.74	0.9	1010	NaCl+ Eps+ KCl
h	24.69	25.45	49.86	99.9	1957	NaCl+ Na₂SO₄+ Gla

序号	液相组成					固体
	mol/100mol($2K^+ + Mg^{2+} + SO_4^{2-}$)					
	$2K^+$	Mg^{2+}	SO_4^{2-}	$2Na^+$	H_2O	
i	24.36	26.62	49.03	93.9	1901	NaCl+ Na$_2$SO$_4$+ Gla
j	23.08	28.46	48.46	83.3	1720	NaCl+ Na$_2$SO$_4$+ Gla
k	3.17	55.68	41.15	34.2	1213	NaCl+ Eps+ Ast
l	7.04	62.30	30.66	31.6	1380	NaCl+ Eps+ Ast
m	4.42	45.94	49.64	97.8	2121	NaCl+ Na$_2$SO$_4$+ Ast
n	7.55	41.52	50.93	0.0	1663	NaCl+ Na$_2$SO$_4$+ Ast
o	10.09	39.37	50.54	76.4	1655	NaCl+ Na$_2$SO$_4$+ Ast
p	80.62	0.00	19.38	192.0	3970	NaCl+ KCl+ Gla
q	26.00	49.00	25.00	44.0	1630	NaCl+ KCl+ Gla+ Pic
r	9.87	72.40	17.73	8.3	1095	NaCl+ KCl+ Eps+ Pic
s	6.37	80.47	13.17	1.8	1016	NaCl+ KCl+ Eps+Car
t	8.68	91.31	0.00	4.2	1283	NaCl+ KCl+ Car
u	0.16	99.84	0.00	0.4	950	NaCl+ Car+ Bis
v	43.30	0.00	56.70	222.0	3888	NaCl+ Na$_2$SO$_4$+ Gla
w	22.43	30.47	47.10	77.5	1646	NaCl+ Na$_2$SO$_4$+ Gla+ Pic
x	14.47	37.19	48.34	63.0	1432	NaCl+ Na$_2$SO$_4$+ Ast+ Pic
y	8.41	64.66	26.93	15.4	1096	NaCl+ Eps+ Ast+ Pic
z	0.00	47.50	52.50	107.0	2230	NaCl+ Na$_2$SO$_4$+ Ast
α	0.00	51.90	48.10	80.0	2000	NaCl+ Eps+ Ast
β	0.16	90.26	8.64	0.3	932	NaCl+ Eps+ Bis+ Car

注：本表摘自张正斌，海洋化学，中国海洋出版社，2015。

附录 8 矿物盐名称一览表

化学式	中文名称	英文名称	符号
Na$_2$SO$_4 \cdot$ 10H$_2$O	芒硝	mirabilite	S$_{10}$
MgCl$_2 \cdot$ 6H$_2$O	水氯镁石	bischofite	Bis
MgSO$_4 \cdot$ 4H$_2$O	四水泻盐	tetrahydrite	Tet
MgSO$_4 \cdot$ 5H$_2$O	五水泻盐	pentahydrite	Pen
MgSO$_4 \cdot$ 6H$_2$O	六水泻盐	hexahydrite	Hex
MgSO$_4 \cdot$ 7H$_2$O	泻利盐	epsomite	Eps
Na$_2$SO$_4 \cdot$ 3K$_2$SO$_4$	钾芒硝	glaserite	Gla
Na$_2$SO$_4 \cdot$ MgSO$_4 \cdot$ 4H$_2$O	白钠镁矾	astrakhanite	Ast
KCl $\cdot$ MgCl$_2 \cdot$ 6H$_2$O	光卤石	carnallite	Car
K$_2$SO$_4 \cdot$ 2MgSO$_4 \cdot$ 6H$_2$O	软钾镁矾	picromerite	Pic